新手專用！
兩棲爬蟲類飼育書

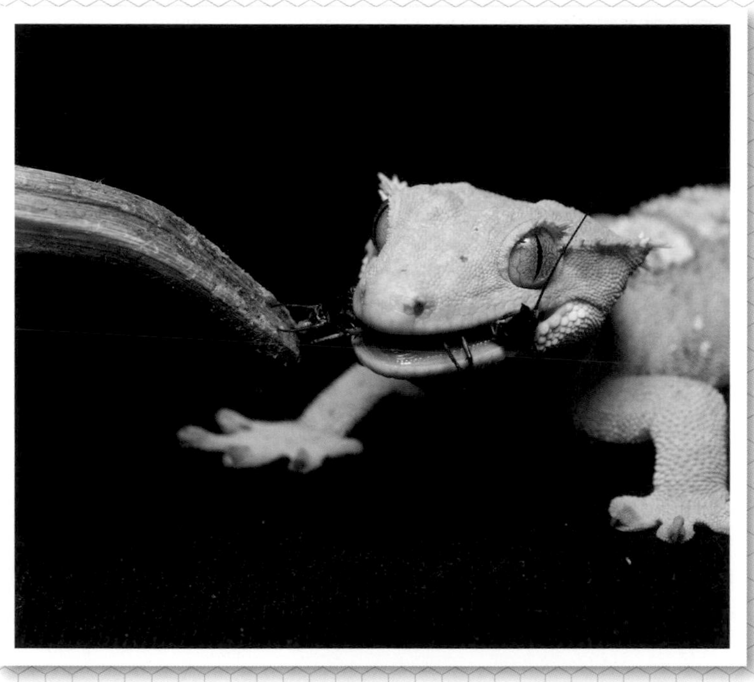

冨水 明／著
王怡山／譯

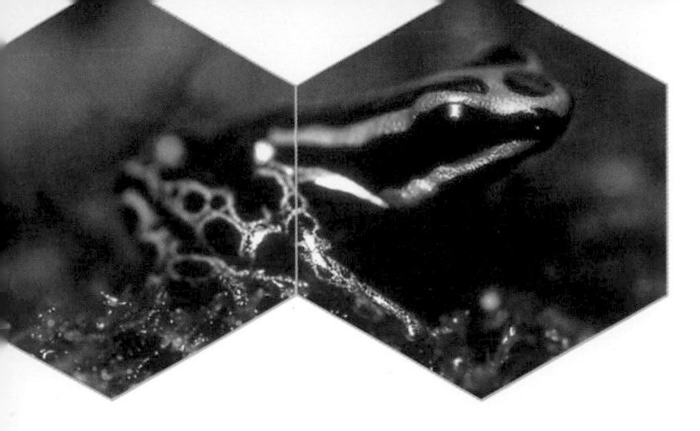

CONTENTS

新手專用！兩棲爬蟲類飼育書

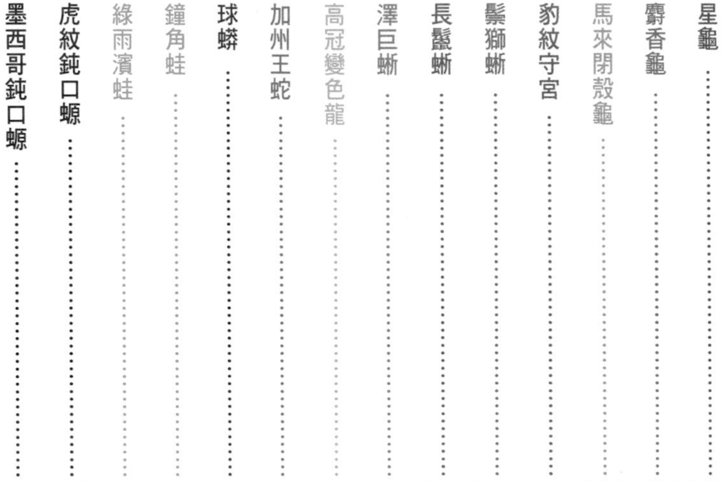

特選高人氣品種！一看就懂的飼養實例

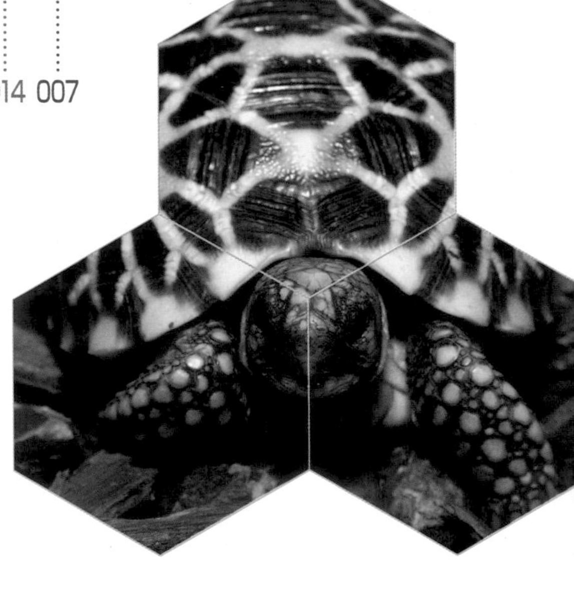

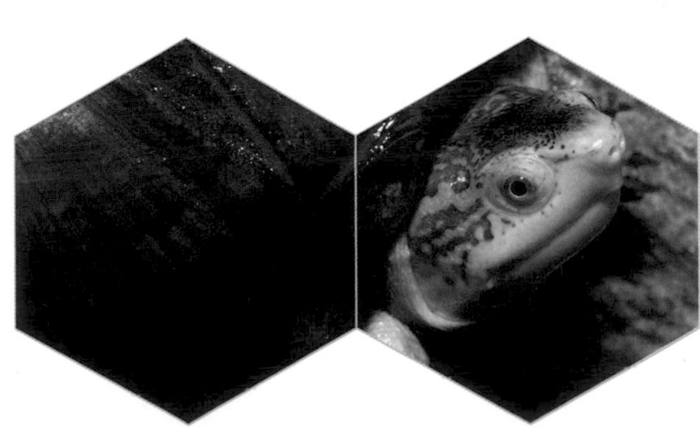

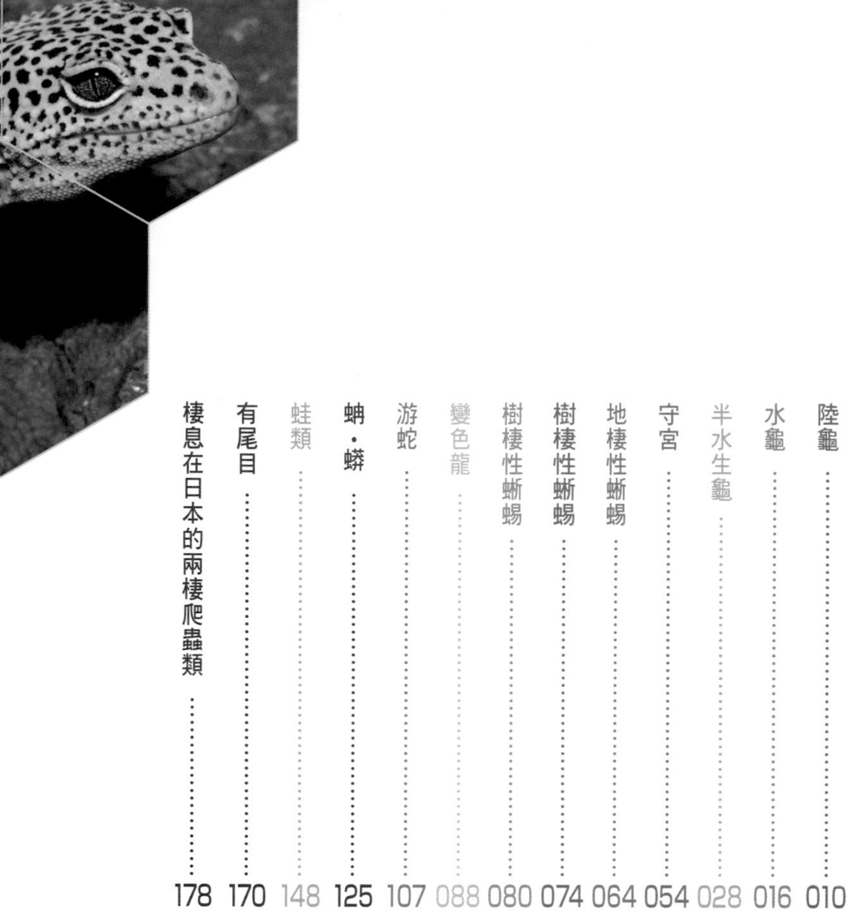

找出自己的最愛！
各個種類的圖鑑

為了讓每個個體都長命百歲
依種類選擇適合的飼養方式

飼養時須具備的知識

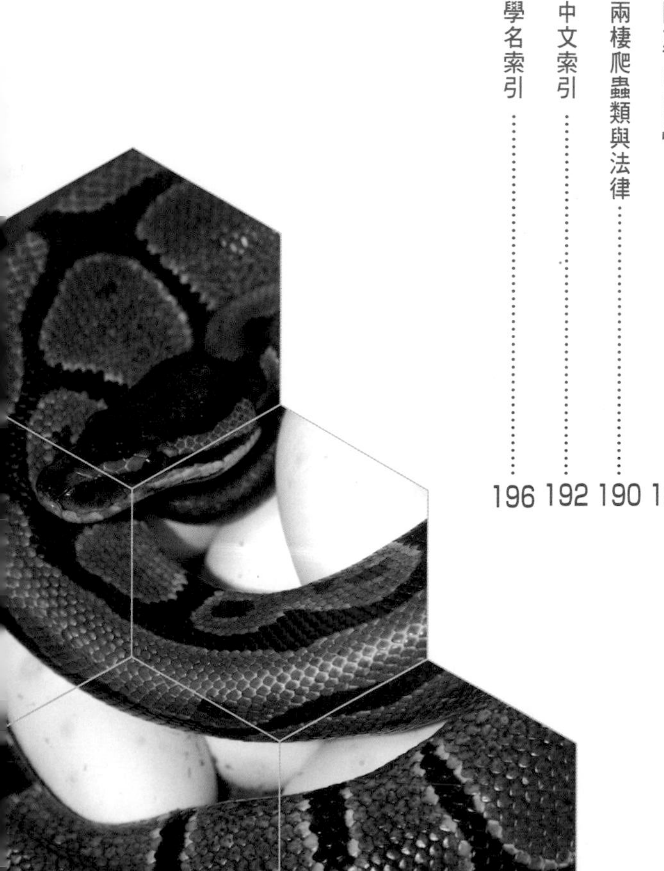

前言

致各位讀者

兩棲爬蟲類的飼養並不困難。

但卻非常辛苦。

這就是我想給各位的第一句話。

文／冨水 明
（P4～143・爬蟲類項目、P178～183・日本產項目、P186～191・黑白頁）
海老沼 剛
（P144～177・兩棲類項目）
攝影／冨水 明
飼養箱攝影／石渡俊晴

本書的使用方式

這邊將簡單介紹圖鑑中出現的各種用語。

俗名…各類群幾乎都有中文名稱，如果該名稱普及，則以中文名統一。一般來說會以俗稱為其俗名。若有複數種稱呼則會在特徵項目另外說明。

學名…使用現今適切的學名。通常只會記載到種名，但像蛇類等需要分別亞種的情況下，為了不損失其中樂趣，會增加亞種名的記載。

分布…分布於特定區域的品種則記載其地名。通常使用大陸等較廣的區域來標示。

全長…鼻端到尾端的長度。如果是蛙類則指鼻端至臀部。基本上會標示最大尺寸，平均則指飼養下的一般大小。

CITES…華盛頓公約的縮寫。本書記載2014年5月為止的資料，因為內容今後也會改變，若有新增項目可記錄在空白欄位中。

特徵…該品種的特徵與飼養重點。

［龜類］

甲長…背甲的直線測量長度。基本上會標示最大尺寸，平均則指飼養下的一般大小。

溫度…
普通＝在室內穿著T恤會感到有點熱的溫度。
偏高＝在室內穿著T恤仍會流汗的溫度。
偏低＝在室內穿著T恤會感到舒適的溫度。

濕度…
普通＝沒有特別處置的狀態。
潮濕＝盛夏夜晚的感覺。
乾燥＝冬季夜晚的感覺。

［龜類］

水流…
普通＝龜類不需要花太多力氣游動。
偏強＝若龜類沒有游動的意願就會被水流沖走。需要準備休息地點。
偏弱＝雖然有水流流動，卻不會直接影響龜類的生活。

［蛙類］

水深…
普通＝與蛙類全長相同。
偏深＝蛙類全長的兩倍以上。

［有尾目］

生態…
水生＝不需要陸地，可像魚類一般飼養。
半水生＝水深較淺，需要陸地。

◎編按：兩棲爬蟲類的專門術語請見P140。

TORTOISE & TURTLE

[龜類]

筆者認為龜類可以獨立於爬蟲類之外。龜類就是龜類。牠們就是這麼特別的生物。現今生存的龜類不到300種。而除了海龜及一部分的稀有種、一級保育類（CITESI）之外，幾乎所有品種都可以在日本見到。是最接近我們，消失速度也最快的爬蟲類。

東部網目雞龜

陸龜的飼養實例・星龜篇

人氣品種 PICKUP

[*Geochelone elegans*]

主要食物

●葉菜類　●水果
●野草　●人工飼料

● 照明

不需要太強的紫外線照射，但應使用爬蟲類專用的螢光燈

● 飼養箱

愈寬敞愈好。照片中為寬60cm×深45cm。陸龜就是需要暢快的走動空間

● 保溫燈

將距離調整成燈的正下方為35℃左右。選用含有紫外線的燈泡

● 底材

只要有經過濕潤處理，即使是椰殼纖維也可以。選擇每天噴水也不會腐爛的材質吧

● 水容器

陸龜喜歡在水中洗澡，水容器也能有效維持濕度，所以選用大尺寸為佳

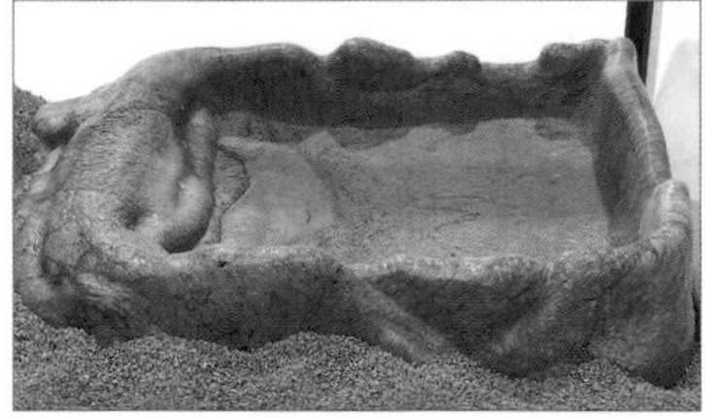

● 遮蔽物

太過明亮的環境並不理想，一定要設置遮陽處

龜類比想像中更常使用遮蔽物。可選擇不會讓愛龜整天躲在裡頭的類型

● 遠紅外線加熱墊

因為腹部著涼會使龜類身體不適，所以要從飼養箱底部加熱。只靠加熱墊可能不夠，這時可以加裝無光的燈泡型加熱器

● 溫・溼度計

可以的話，最好是在將龜類放進飼養箱前就掌握好內部溫度。測量每個位置在各時間帶的溫度吧。如果只是暫時，濕度可以提高到100%沒關係

放射狀花紋較粗的個體並不常見，「粗手掌型」花紋的星龜相當珍貴

星龜

學名：*Geochelone elegans*
分布：西亞　**甲長**：30cm（平均25cm）
溫度：偏高　**濕度**：潮濕　**CITES**：附錄Ⅱ

特徵：相較於緬甸星龜，此種稱為印度星龜，一般所說的星龜大多是指此種。背甲上的放射狀花紋是其特徵。幼體時線條較粗，往後會隨著成長逐漸變細。雖然市面上買得到俗稱「乒乓星」的幼龜，但牠們非常害怕乾燥與低溫，在錯誤的飼養環境中很容易死亡。另外，若是長期在乾燥的環境給予含有高蛋白質的食物，甲殼就會一塊一塊隆起，變成凹凸不平的龜甲。喜愛小松菜、青江菜、長蒴黃麻等葉菜類，以這些蔬菜為主食是最好的。

飼養星龜的ONE POINT

一般人常覺得「星龜的飼養很困難」，真的是如此嗎？這種龜類基本上非常強壯，但飼主如果不知道「飼養星龜」的重點，牠們就會變成「很容易死亡」的弱小龜類。不是「飼養陸龜」而是「飼養星龜」這一點尤其重要。其他種類的陸龜飼養技巧也可通用，但飼主還是應該學習「星龜的飼養方式」。如果只將星龜當成陸龜的一種，大多會招致失敗。星龜就是星龜。

只要先掌握兩個原則，就可以正常飼養星龜。就是「高溫」與「潮濕」的環境。一般來說「陸龜要在夜間降低溫度，在乾燥的環境下飼養」，此說法較為普遍。但這種方式只適用於非洲與歐洲的品種。星龜就不同了。首先應將飼養箱內星龜活動範圍的溫度維持在至少30℃以上。再加裝保溫燈，將一個定點維持在36℃左右。像這樣設定好基本溫度後，就來觀察一下每個個體的狀況吧。如果愛龜不太接近保溫燈，而是想躲在陰涼處的話，可以降低一點溫度。這部分應該依照個體的狀況作微調。接下來是

1.此個體的花紋細且多。挑選喜歡的個體也是飼養的樂趣之一
2.成體的尺寸大約是這種大小
3.黑色素減量（hypo-melanistic）的個體。星龜的色彩突變很少見

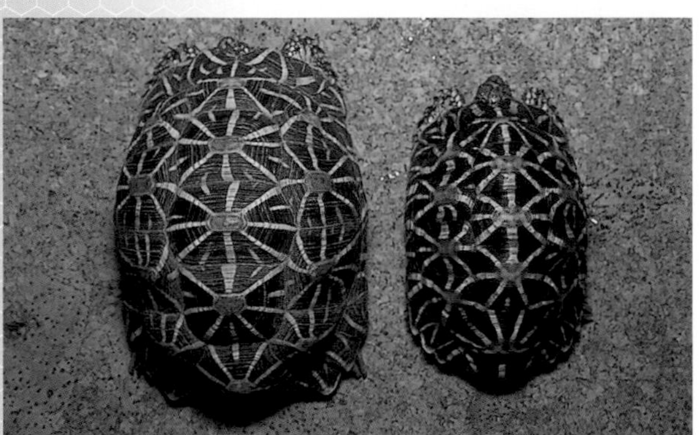

雌雄的辨別方式

從上往下看，可以發現右邊的公龜明顯較為細長。而母龜則是身軀較龐大。由腹部來看，公龜（右）的尾巴長，可以向旁邊彎曲，母龜（左）尾巴非常短。如果是成體的話，公龜的腹甲會凹陷，較年幼的個體除了尾巴之外較難以分辨

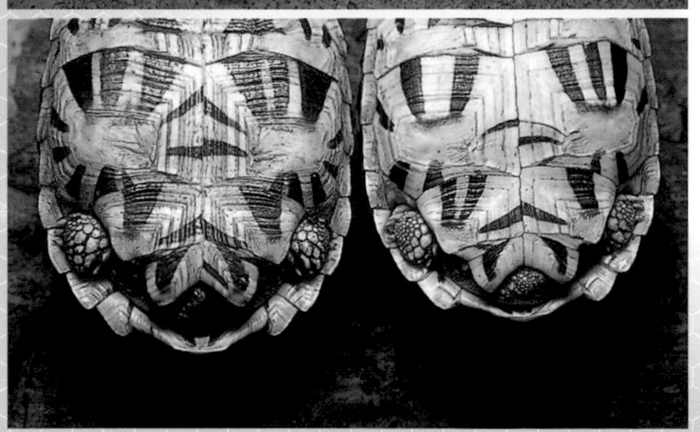

濕度。此種養起來常會出現頭部皮膚乾燥的問題，這就是環境過於乾燥的後果。飼養箱內應備有可以隨時讓星龜進入的水容器，底材也要保持濕潤。即使這些都有做到，大多數時候、尤其是冬季還是有可能會太過乾燥，所以應該經常噴水，或是使用市售的噴霧加濕器。冬天的飼養箱蓋可替換為玻璃製，總之需要非常注意濕度的維持。只要依照這些飼養原則，就可以避免愛龜突然出現身體不適的情況。

豹紋龜

學名：*Geochelone pardalis*
分布：非洲　**甲長：**70cm（平均40cm）
溫度：偏高　**濕度：**乾燥　**CITES：**附錄Ⅱ

特徵：有些說法指出豹紋龜分為較扁平且黑色部分較多的納米比亞、及一般常見的巴布科克的2個亞種。此種一旦適應了環境便非常強壯，剛進口的幼體卻很脆弱。請注意如果為了加速成長而給予含有高蛋白質的食物，背甲很容易就變得凹凸不平。想養出漂亮的蛋形背甲是很困難的。WC個體身上常寄生著大隻的蝨子，飼主應好好檢查其四肢根部。

智利陸龜

學名：*Geochelone chilensis*
分布：南美　**甲長：**40cm（平均25cm）
溫度：偏高　**濕度：**普通　**CITES：**附錄Ⅱ

特徵：類似小型版的蘇卡達象龜，但飼養方式上仍有許多不明之處，很難說是容易飼養的品種。最好能維持空氣濕度，不過如果太悶也會造成個體不適。進口量不多，也偶有從阿根廷進口的CB個體。有報告顯示此種偏好食用仙人掌等多肉植物，但餵食各種蔬菜飼養也沒有問題。能夠採集到蒲公英等野草的時期餵食野草是最好的，並調整人工飼料分量。

蘇卡達象龜

學名：*Geochelone sulcata*
分布：非洲　**甲長：**70cm（平均50cm）
溫度：偏高　**濕度：**乾燥　**CITES：**附錄Ⅱ

特徵：除了體積龐大之外，可以說是最容易飼養的陸龜，但由一般家庭來養還是太巨大了。至少是不太可能終生養在室內環境的。此種食量大也長得快，但也容易因此缺乏鈣質，導致成長上的異常。想養這種龜類，甚至可說是只需要準備空間與其維持費用。數量在國外不斷的增加，也常有白化或象牙色的品種出現。

亞達伯拉象龜

學名：*Geochelone gigantea*
分布：塞席爾共和國　**甲長：**120cm（平均100cm）
溫度：偏高　**濕度：**普通　**CITES：**附錄Ⅱ

特徵：一般人可飼養的最大型陸龜，無法在室內飼養。即使甲長已達20cm，背甲的硬度仍然不足，從這種尺寸還算是幼龜時期這點就可略知一二。如果不注意紫外線與食物等飼養條件，背甲就容易變形。在狹窄的場地無法盡情走動時會造成後肢肌肉不發達，使步行狀況異常。大型個體即使本身沒有敵意，其巨大身軀和力量也有可能使人受傷，需要格外小心。

西里貝斯陸龜

學名：*Indotestudo forstenii*
分布：印尼　**甲長：**30cm（平均25cm）
溫度：偏高　**濕度：**潮濕　**CITES：**附錄Ⅱ

特徵：雖與黃頭陸龜相似，但此種有較多顏色偏黑的個體。幼體時身體扁平，從背甲上方俯瞰幾乎是圓形，後方邊緣呈尖尖的鋸齒狀。是一種喜歡潮濕環境的陸龜，偏雜食性。與南美產的紅腿象龜及黃腿象龜可以想像成同一種類。飼養起來非常簡單，但剛進口的WC個體有可能因嚴重的寄生蟲感染而身體不適，發現有異常時應迅速尋求獸醫的幫助。

黃腿象龜

學名：*Geochelone denticulata*
分布：南美　**甲長：**80cm（平均40cm）
溫度：偏高　**濕度：**潮濕　**CITES：**附錄Ⅱ

特徵：與紅腿象龜相似，四肢和頭部是與其名稱相符的橘黃色。包括此種，所有眼睛較為濕潤的陸龜都不喜強光，照射到太強的光容易使眼球發生病變，飼養時一定要設置遮陽處。基本上算是強壯的龜類，幼體時期卻非常怕冷。另外，因為這種龜類飲水量多，飼養箱內應隨時準備水容器。進口量較紅腿象龜稀少。

紅腿象龜

學名：*Geochelone carbonaria*
分布：南美　**甲長：**50cm（平均30cm）
溫度：偏高　**濕度：**潮濕　**CITES：**附錄Ⅱ

特徵：最近此種常附註產地，並以不會成長成大型的「櫻桃紅腿象龜」等名稱進口。實際上，頭部及四肢比較紅的個體的確有長不大的傾向。另外，紅色部分明顯的個體群比較偏好潮濕的環境。如果不在冬季多加注意，皮膚馬上就會乾燥變白。幾乎可說是雜食性，可以人工飼料為主食餵養。是種非常適合生活在日本環境的陸龜。

特拉凡柯陸龜

學名：*Indotestudo travancorica*
分布：東南亞　**甲長：**30cm（平均25cm）
溫度：偏高　**濕度：**普通　**CITES：**附錄Ⅱ

特徵：此屬在過去只分為2種，到近幾年才加入此種成為3種。和黃頭陸龜不同，此種沒有項甲板。顏色上很接近黃頭陸龜，但背甲比較偏橘色，頭部與四肢也比較偏白。另外，可能是因為棲息在較為乾燥的環境，牠們的皮膚質感很特殊。除此以外，能與其他2種以同樣的方式飼養。進口量非常稀少，很難見到。

黃頭陸龜

學名：*Indotestudo elongata*
分布：東南亞　**甲長：**30cm（平均25cm）
溫度：偏高　**濕度：**潮濕　**CITES：**附錄Ⅱ

特徵：全身偏黃為其特徵。性喜潮濕，如果將牠們當成非洲或歐洲的陸龜飼養，常常會失敗。此屬的3種都有強烈的肉食傾向，有例子指出牠們會襲擊並吃掉其他較弱的陸龜，所以必須極力避免與其他品種養在一起。雖然長成成體後不需要太注意，但幼體或身體不適的個體如果太過乾燥就會嚴重耗損體力。在適應環境之前最好可以在飼養箱內鋪設濕潤的水苔。

靴腳陸龜

學名：*Manouria emys*
分布：東南亞、印尼　**甲長：**70cm（平均50cm）
溫度：普通　**濕度：**潮濕　**CITES：**附錄Ⅱ

特徵：又稱亞洲大型陸龜、亞洲的象龜。分為緬甸靴腳陸龜與蘇門答臘靴腳陸龜2個亞種。最近的進口量以後者為多。幾乎完全是雜食性，飼養時可以人工飼料為主食。過去的進口狀況不佳，給人一種難以飼養的印象，但最近進口的個體只要不暴露在過於乾燥的環境就很容易飼養。是種體態厚實的帥氣陸龜，但大小也是最難克服的一關。

荷葉折背龜

學名：*Kinixys homeana*
分布：非洲　**甲長**：21cm（平均18cm）
溫度：普通　**濕度**：略偏潮濕　**CITES**：附錄Ⅱ

特徵：背甲形似樹葉的折背龜。類似的品種有鋸齒折背龜，但此種的進口量極其稀少。牠們特殊的外型很受歡迎，卻不能算是好飼養的品種。剛進口的個體比起水果與蔬菜，反而對剁碎的乳鼠或搗碎的蟋蟀較有反應。也有個體是只對蛞蝓有反應。飼養時需鋪設足夠挖掘藏身的底材，以及大型的水容器。

壘包折背龜

學名：*Kinixys natalensis*
分布：非洲　**甲長**：15cm（平均15cm）
溫度：偏高　**濕度**：乾燥　**CITES**：附錄Ⅱ

特徵：此種不只在此屬內，在所有陸龜之中也算是最小型的。有少數體長達20cm的個體會冠上此種的名稱販賣，但其實幾乎都是鐘紋折背龜。真正的壘包折背龜是非常稀有的。與鐘紋折背龜一樣，顏色與花紋的個體差異甚大，要憑這些資訊分辨是不可能的。從上俯瞰背甲的形狀幾乎是圓形，與後半部較寬的鐘紋折背龜能作出區別。飼養箱內隨時準備水容器會比較保險。

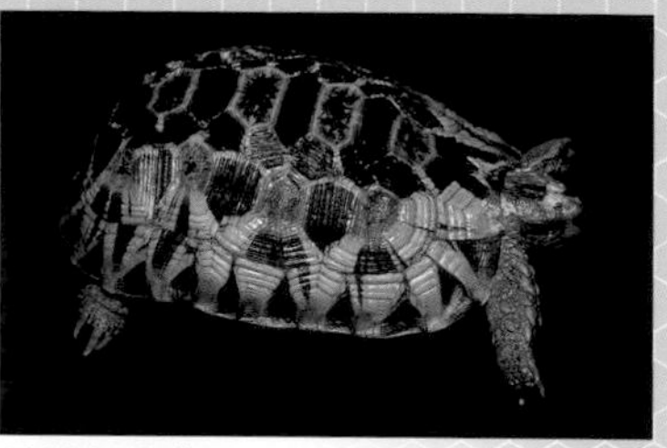

鐘紋折背龜

學名：*Kinixys belliana*
分布：非洲、馬達加斯加　**甲長**：25cm（平均20cm）
溫度：普通　**濕度**：普通　**CITES**：附錄Ⅱ

特徵：有數個亞種，棲息環境會根據分布地區而不同，飼養時應視個體的情況調整溫度與濕度。即使是同一亞種，色彩與紋路有時也會有很大的差別。雖然屬於雜食性，但剛進口的個體常有偏食的傾向，這時可以先餵食多種食物，測試出偏好的食物再增強體力。此種幾乎都是WC個體，待體力恢復到一定程度後，最好能交由獸醫進行驅蟲。

地鼠穴龜

學名：*Gopherus polyphemus*
分布：北美　**甲長**：40cm（平均30cm）
溫度：偏高　**濕度**：乾燥　**CITES**：附錄Ⅱ

特徵：在原產地受到嚴格的保育，只能從歐洲等地進口少量的CB個體。和牠的名稱相同，野生的地鼠穴龜會挖洞，夜晚或天氣悶熱的時候就住在裡面。適應環境之前並不容易飼養，在氣候潮濕的夏天特別容易身體不適。食物是以蔬菜等植物性為主，也會攝取少量的動物性食物。人工飼養下很難滿足牠們挖洞的習性，所以放入遮蔽物讓牠們感到安心會比較好。

鬆餅龜

學名：*Malacochersus tornieri*
分布：非洲　**甲長**：18cm（平均16cm）
溫度：偏高　**濕度**：普通　**CITES**：附錄Ⅱ

特徵：扁平的身軀很有特色，不會與其他品種混淆。腹甲和背甲都很柔軟，如果不在飼養箱內準備可藏身的隙縫，就可能長成厚厚的體型。通常養在略為乾燥的環境，每天朝飼養箱內噴水一次，暫時提高濕度會比較有活力。牠們的空間活動力很強，一不小心就可能溜走，所以必須要留意。另外，牠們跑起來也很快，飼養在室外時應該小心謹慎。

德州穴龜

學名：*Gopherus berlandieri*
分布：北美　**甲長**：23cm（平均20cm）
溫度：偏高　**濕度**：乾燥　**CITES**：附錄Ⅱ

特徵：在此屬中屬於小型，與其他外型偏橢圓形的品種相比，此種看起來就像是偏黑的蘇卡達象龜。跟其他品種比起來，在市面上流通的數量較多，但也不是隨時都能見到的品種。只要適應了環境就很容易飼養，算是非常強壯的品種。牠們也是很活潑好動的龜類，需要有寬敞的飼養箱。另外，此種的挖洞習性沒有那麼強，所以能飼養在與其他陸龜相同的環境。

挺胸龜
學名：*Chersina angulata*
分布：非洲　**甲長**：30cm（平均25cm）
溫度：偏高　**濕度**：乾燥　**CITES**：附錄Ⅱ

特徵：雌雄之間的體型差異很大，母龜最大只能長到15cm左右。幼體時的形狀與其他陸龜一樣是圓形，隨著成長會逐漸變細長，喉甲板也會變長，成為很特殊的形狀。是非常稀有的品種，只能從歐洲等地進口少數養殖的個體。過去曾被認為是難以飼養的龜類，但最近的CB個體只要不飼養在過於潮濕的環境就非常健壯。食物應以低蛋白質的蔬菜或野草為主。

赫曼陸龜
學名：*Testudo hermanni*
分布：歐洲　**甲長**：20cm（平均18cm）
溫度：普通　**濕度**：普通　**CITES**：附錄Ⅱ

特徵：與希臘陸龜相似，但可以從大腿上沒有顆粒狀鱗片這點作區別。而且此種的色彩對比也比較鮮明。原名亞種可分為西部赫曼陸龜與東部赫曼陸龜，在愛好者之間更有細分化的趨勢。現今在市面上流通的幾乎都是CB個體，從棲息數量漸漸減少的陸龜的整體現況來看是較為理想的情況。對環境的要求並不高，很容易飼養。如果是氣候溫暖的地區，可以通年飼養在室外。

希臘陸龜
學名：*Testudo graeca*
分布：歐洲、非洲局部地區、中近東　**甲長**：25cm（平均20cm）
溫度：普通　**濕度**：略偏乾燥　**CITES**：附錄Ⅱ

特徵：分布區域甚廣，存在多個亞種，即使是同一亞種，色彩等個體差異也很大，除非是特徵明顯的個體否則很難分辨。而且喜歡的環境也都不太相同。成長後的體型不會太大，在國內外也多有養殖，可以說是最值得推薦的陸龜品種。此種的CB與WC有很大的差異，可以先從比較不挑環境的CB個體開始飼養。大型個體即使在不加溫的情況下飼養也沒有問題。

四爪陸龜
學名：*Testudo horsfieldi*
分布：俄羅斯、中國、中近東　**甲長**：22cm（平均20cm）
溫度：普通　**濕度**：乾燥　**CITES**：附錄Ⅱ

特徵：又稱俄羅斯陸龜、草原龜。已知有3個亞種，此種也常被獨立分類在一個屬內。龜甲偏扁平，再加上其表面質感很容易讓人聯想到菠蘿麵包。飼養起來算是容易，卻有些WC個體會因進口時狀況不佳而難以存活。是現今價格最便宜的陸龜，不過因為原產地的大量濫捕而急遽減少，將來很可能會受到嚴格的保育。

緣翹陸龜
學名：*Testudo marginata*
分布：歐洲　**甲長**：35cm（平均25cm）
溫度：偏高　**濕度**：乾燥　**CITES**：附錄Ⅱ

特徵：與希臘陸龜和赫曼陸龜相比，幼體時的體型就較為細長，成年公龜的背甲後半部呈裙擺狀，形狀相當特殊。幼體時有點神經質，但適應後就與同屬的其他品種沒有太大差別。與比較小型的伯羅奔尼撒分為2個亞種，要從外觀分辨非常困難。如果餵食太多高蛋白的食物，體型就會變得厚實而非本來細長的模樣，須特別注意。

水龜的飼養實例・麝香龜篇

人氣品種 PICKUP

[*Kinosternon minor*]

麝香龜

學名：*Kinosternon minor*
分布：北美　甲長：15cm（平均12cm）
溫度：普通　水流：普通　CITES：
特徵：有2個亞種，以原名亞種的大頭麝香龜最為常見。牠們的頭部就如其名，會隨著生長而巨大化。亞種的虎紋麝香龜體態扁平且長不大，後頸有明顯的條紋。是非常好養的龜類，一般來說能在室內以全年不加溫的環境飼養。什麼食物都吃，年幼的個體如果只吃人工飼料可能造成咬合不正、嘴巴無法閉合。此種本來就以螺類為主食，最好可以餵食堅硬的食物。

WC成體。在佛羅里達的河川發現的個體。成體能潛到很深的水域，幼體則常棲息在淺灘的水草間

年幼的CB個體。CB個體背甲上的放射狀花紋與頭部的斑點較多

雌雄的辨別方式

公龜（右）尾巴較長。母龜（左）只有一點點長度，從上往下幾乎看不見尾巴

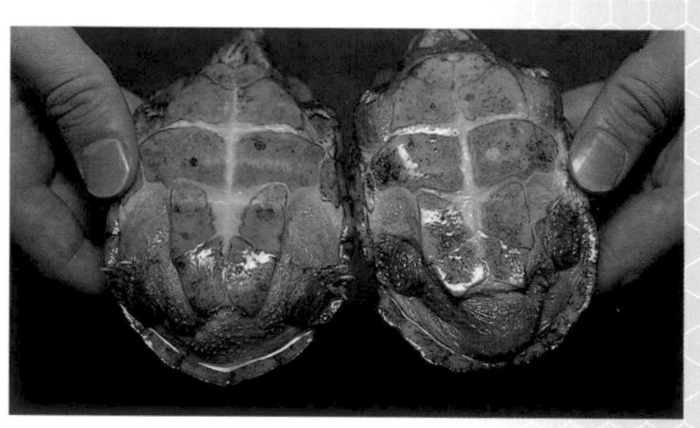

1.CB幼體。小時候背甲比較厚　2.只要習慣人類，看到人的臉就會自動靠近。食量雖大，只要常常游泳就不會有肥胖的問題　3.亞種的虎紋麝香龜。進口量比原名亞種少，價格也較高

飼養麝香龜的ONE POINT

此種幾乎是完全水生的龜類，飼養上須注意水質的維持、設置足夠的陸地，以及水流這3點。本書示範的水槽有使用外掛式過濾器，初學者使用外掛式或上部式過濾器比較好保養。另外，一開始就選擇大一點的水槽讓水量充足，清理起來也比較輕鬆。因為少量的水更容易髒，請記住這一點。過濾器這類工具基本上「只能除去肉眼可見的雜質」，要維持水質清淨主要還是靠換水。飼主必須養成定期換水的習慣，沒有比較輕鬆的方法。只要抓到訣竅，換水也不是如此辛苦的事。話說回來，為什麼要換水呢？對水龜來說，水裡就是牠們的生活場域。「生活」需要進食、喝水，以及排便。這些事全都會在「水」中進行。只要換個立場想想，就可以發現將髒水放置不管是很有問題的。

接下來要提到的「陸地」與「水流」之間有著密切的關係。此種龜類比較特別的是，除了幼體之外不會很積極的上岸，但陸地依然是必要的。不管使用哪一種過濾器都可以在水槽中製造水

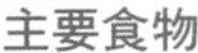

主要食物

●人工飼料
●乾燥蝦
●小魚
●螺類
●活體的蝦或螯蝦

照明

使用含紫外線的燈泡較為理想，觀賞魚用的也可以

保溫燈

因為水龜喜歡在水中做日光浴，最好能使用保溫燈。這時應選購噴到水也不會壞掉的類型

水槽

這裡使用的是規格60cm的水槽。這種大小可以觀察到龜類活潑好動的一面

底沙

鋪設河沙。沒有常常清理就會變成水質惡化的元凶，所以應使用市售的虹吸管定期清理

加熱器

基本上非必要，但如果是飼養幼體或希望龜類全年活動的話可以設定在26℃左右。另外，加熱器若是外露，龜類就有可能被夾到而燙傷，所以要加蓋

過濾器

這裡使用的是外掛式，再多加點水並改成上部式會比較好保養

如果是養在狹小的塑膠水槽內，很難看到牠們富有活力的表情。水龜就是應該自在的游泳

流，有水流總是比較理想。同時，能讓龜類休息的地點也是必要的。可以在水槽中放置障礙物製造沒有水流的地點。如果龜類游累了，才可以踩在上面呼吸。另外，圖中有保溫燈朝向水中照射，因為水生龜類大多都在水中進行日光浴。還有，根據有沒有設置沉木等物品，牠們的行動也會有很大的差別。

平背麝香龜

學名：*Sternotherus depressus*
分布：北美　**甲長：**9cm（平均8cm）
溫度：普通　**水流：**偏強　**CITES：**

特徵：分布區域狹小，在原產地也受到嚴格的保育，幾乎可以說是夢幻的稀有麝香龜。只能在日本國內或歐洲見到養殖的個體。在所有龜類之中也算是最小型的一種。飼養本身並不困難，但牠們非常膽小，而且剛開始飼養時常會出現只吃貝類的偏食傾向。身形與其名稱相符，是非常扁平的特殊形狀，能親眼見到此種的機會很少。

屋頂麝香龜

學名：*Sternotherus carinatus*
分布：北美　**甲長：**15cm（平均14cm）
溫度：普通　**水流：**普通　**CITES：**

特徵：此屬中最大型的一種。有著獨特的尖錐狀龜甲，所以也被稱為剃刀麝香龜。順帶一提，麝香龜的英文是「Musk turtle」。「Musk」即為麝香的意思。WC成年個體的龜甲有時候會因磨損而變得扁平，人工飼養下則多能維持相當的厚度。幼體時期對水質惡化有點敏感，已經適應的個體就會很強壯。食物以人工飼料為主即可。

密西西比麝香龜

學名：*Sternotherus odoratus*
分布：北美　**甲長：**12cm（平均10cm）
溫度：普通　**水流：**普通　**CITES：**

特徵：英文名稱叫「stinkpot」。在日本從秋天到冬天會大量進口不到十元硬幣大小的幼體。輸送過程中消耗體力的個體不會沉入水中，而是浮在水面上。這樣的個體大多無法恢復健康，請挑選游泳起來很有精神的個體。一開始會吃人工飼料，但初期也可以餵食乾燥蝦增強體力。另外牠們也很喜歡做日光浴，所以應設置一部分陸地。

斑紋泥龜

學名：*Kinosternon actum*
分布：墨西哥　**甲長：**13cm（平均12cm）
溫度：普通　**水流：**普通　**CITES：**

特徵：小型的泥龜，公龜的頭部有鮮豔的橘色，不過也有極少數的母龜身上會出現漂亮的色彩。也稱為塔巴斯哥泥龜，過去可以說是幾乎沒有進口，但最近包括CB個體，市面上開始固定有少數個體流通。很擅長游泳，但若是一直飼養在淺水中，突然來到深水的環境就會沒辦法好好的下潛。對這樣的個體，飼主應該循序漸進的加高水位。

頭盔泥龜

學名：*Kinosternon subrubrum*
分布：北美　**甲長：**13cm（平均10cm）
溫度：普通　**水流：**普通　**CITES：**

特徵：在北美產的泥龜之中與條紋泥龜同為小型品種。已知的亞種有3種，圖為密西西比泥龜，有些亞種顏色較淡。水生性強烈，但也常常曬太陽所以需要陸地。在原產地會進入半海水域。身體強壯，容易飼養。在不容易找到飼養空間的日本從很久以前就相當重視不占空間的小型麝香龜與泥龜，近年來這種潮流有更加強的趨勢。

紅面泥龜

學名：*Kinosternon cruentatum*
分布：中美、南美　**甲長：**27cm（平均20cm）
溫度：普通　**水流：**偏弱　**CITES：**

特徵：以前曾被當作是廣域分布種的蠍泥龜的亞種。此種的特徵是厚實的體型與鮮紅色的臉，但是一般看到的以深橘色較為常見。體型在年幼時期偏扁平狀。色彩和體型都會根據產地與個體差異而不同。瓜地馬拉產的個體顏色會最紅，但也不能完全一概而論。照片中的個體比一般看到的紅面泥龜顏色更淡，可能是有色彩上的突變。

窄橋麝香龜

學名：*Claudius angustatus*
分布：墨西哥、中美　**甲長：**17cm（平均15cm）
溫度：偏高　**水流：**普通　**CITES：**

特徵：因為腹甲非常狹窄，而且看起來與日本民間故事金太郎所穿的肚兜很像，所以日本通稱為肚兜（ハラガケ）龜。雖然是小型品種性格卻很凶暴，特別是在上岸之後會頻頻張嘴作勢威嚇。這種時候牠們常常會咬到自己的前腳而受傷，所以要注意別讓牠們太激動。近幾年的進口量大減，已經幾乎看不到了。公龜的成體數量特別稀少。很擅長游泳，最好可以準備適當的水深讓牠們活動。

大麝香龜

學名：*Staurotypus triporcatus*
分布：墨西哥、中美　**甲長：**38cm（平均30cm）
溫度：偏高　**水流：**普通　**CITES：**

特徵：一般被稱為巨型麝香龜，也有另一個名稱叫三弦麝香龜。此種沒有亞種，但依產地分為瓜地馬拉產與墨西哥產。請注意有另一相似種叫做薩氏麝香龜，這種龜也會被稱為墨西哥巨型麝香龜。大型個體會襲擊並捕食其他龜類，基本上必須單獨飼養。另外，此種龜類上陸後就會開口咬人，飼主自己應多加注意。身體強壯也容易飼養，整體來說需要將近90cm大小的水槽空間。

黃泥龜

學名：*Kinosternon flavescens*
分布：北美、墨西哥　**甲長：**16cm（平均13cm）
溫度：普通　**水流：**偏弱　**CITES：**

特徵：泥龜屬分為許多相似而難以分辨的種類，但此種很好區分。雖說有幾個亞種，卻也有人提倡將其分為各個獨立的品種。以前曾是相當稀有的品種，但近年來包含CB個體，市面上已經有固定的數量在流通。剛孵化的個體就有一定體高，臉上有花紋、顏色也深，乍看之下很難判別是此種。很容易飼養，但生性不合群，會攻擊其他的個體。

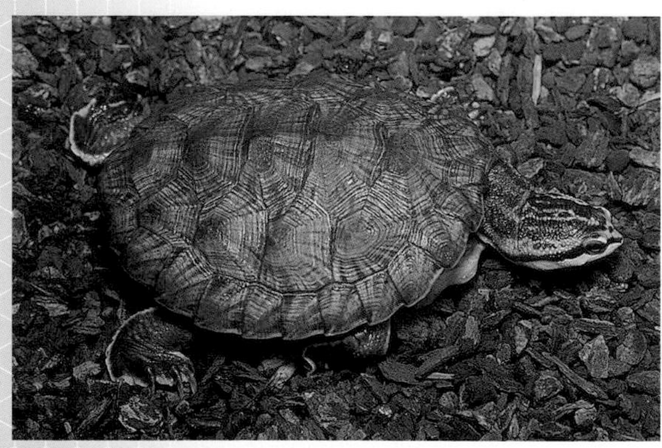

威廉氏蟾頭龜

學名：*Phrynops williamsi*
分布：南美　**甲長：**33cm（平均20cm）
溫度：普通　**水流：**普通　**CITES：**附錄II

特徵：背甲幾乎是圓形，在自然環境下以貝類為主食，所以這種蟾頭龜的臉部特徵給人一種厚實的感覺。文獻顯示牠們的體型有一定的成長空間，但人工飼養下卻成長緩慢，想養大很困難。性格意外的不合群，常常會攻擊其他個體。此種在蟾頭龜之中算是咬合力很強的品種，有可能會讓人受到嚴重的咬傷，與牠們同住時要注意。有些個體的背甲上會出現漂亮的放射狀花紋。

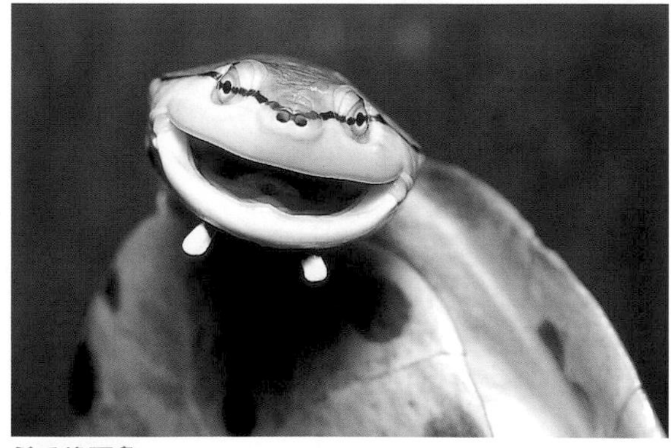

希氏蟾頭龜

學名：*Phrynops hilarii*
分布：南美　**甲長：**40cm（平均30cm）
溫度：普通　**水流：**普通　**CITES：**

特徵：是現在市面上流通量最多的蟾頭龜。身體非常強壯，飼養也容易。除了體型會變得很大這點以外，牠們顏色特別、個性也大膽，可以說是很適合初學者飼養的龜類。雖然不會攻擊其他個體，但因為個性活潑，和別的品種同養可能會有與其他個體搶奪食物，應多加注意。生性不怕冷，長成成體之後可以不加溫飼養。幼體時特別喜歡做日光浴，一定要設置陸地。

范氏蟾頭龜

學名：*Phrynops vanderhaegei*
分布：南美　**甲長：**27cm（平均25cm）
溫度：普通　**水流：**普通　**CITES：**

特徵：本來是非常稀有的品種，但在數年前突然開始進口。雖然此種特殊到可以成立一個獨立的亞屬，外表卻很缺乏特徵。沒有興趣的人很難分出此種與姬蟾頭龜的差別。整體來說是很粗壯的體型，在蟾頭龜中屬於少見的凶暴性格。頭部厚實，攻擊力高且不合群，避免多隻龜類一起飼養較為保險。容易飼養，對高溫和低溫都很能適應。

亞馬遜蟾頭龜

學名：*Phrynops raniceps*
分布：南美　**甲長：**35cm?（平均25cm）
溫度：偏高　**水流：**普通　**CITES：**

特徵：在市面上的蟾頭龜之中頭部最巨大。這一點在幼體時期就很顯著。與稱為蓋亞那蟾頭龜的品種類似，但蓋亞那的頭部沒有花紋，此種卻有明顯的2條線。幼體與剛進口的個體皮膚比較脆弱，應盡量以弱酸性的水飼養。如果給予缺乏營養價值的食物，本來為其優點的頭部也會萎縮，飼養時可以將牠們養胖到不會過重的程度。

結節蟾頭龜

學名：*Phrynops tuberculatus*
分布：南美　**甲長：**25cm（平均20cm）
溫度：普通　**水流：**普通　**CITES：**

特徵：也稱疣蟾頭龜。基本上只有CB個體在市面上流通。以前進口的WC個體有些頭部非常巨大，會被誤認成巨頭蛇頸龜而受到珍視，不過人工飼養下的個體沒有這種情況。是非常強壯的品種，但性格粗暴會攻擊其他個體。食物以人工飼料為主食即可。雖然也與個性有關，但此種似乎有較多個體不喜歡日曬。

姬蟾頭龜

學名：*Phrynops gibbus*
分布：南美　**甲長：**23cm（平均20cm）
溫度：普通　**水流：**普通　**CITES：**

特徵：有某種程度上的個體群，體型和色彩上會出現突變。最常見的是蘇利南產，頭部有明顯類似蟲蛀的紋路，與圓形龜甲的祕魯產不同，非常珍貴。基本上算是強壯的品種，但也會依進口狀況而不同。潰瘍嚴重的個體大多無法恢復健康，選購時應避免。另外，牠們夜行性傾向強烈，不喜歡太明亮的環境。有些個體在太亮的飼養箱內甚至不會做日光浴。

黃環蟾頭龜

學名：*Phrynops heliostemma*
分布：南美　**甲長：**30cm（平均25cm）
溫度：普通　**水流：**普通　**CITES：**

特徵：近幾年才新登記的品種。過去會與亞馬遜蟾頭龜一起從祕魯進口。即使是現在也幾乎不會單獨進口，是非常稀少的品種。與亞馬遜相比臉部更尖銳，給人鼻子較長的印象。幼體時期頭部有鮮豔的黃色，成長後會變淡。飼養本身並不算難，但剛進口時容易感染皮膚病，如果不留意就容易變成致命傷，要特別注意。

紅頭側頸龜

學名：*Podocnemis erythrocephala*

分布：南美　**甲長：**32cm（平均25cm）

溫度：偏高　**水流：**偏強　**CITES：**附錄Ⅱ

特徵：不只是頭部，連背甲也色澤鮮紅的美麗品種。其特徵的紅色紋路成長後會變淡，不過人工飼養下即使已經長到相當尺寸還清晰可見。龜甲與皮膚有些脆弱，在髒水或太新的水中飼養容易引起皮膚病或潰瘍。要準備弱酸性且高溫的水，並設置可以好好做日光浴的環境飼養。與黃頭側頸龜一樣，草食傾向遲早會變強，但此種會比較偏雜食性。進口量非常稀少。

黃頭側頸龜

學名：*Podocnemis unifilis*

分布：南美　**甲長：**68cm（平均40cm）

溫度：偏高　**水流：**偏強　**CITES：**附錄Ⅱ

特徵：頭部的黃色花紋很有特色的大型側頸龜。有分為淡色背甲與深色背甲兩種。有些在成長後會變成幾乎全草食性，要注意牠們很怕低溫。幼體為雜食性，任何食物都很會吃。很喜歡游泳，如果長期放在水量少的狹小水槽等無法游泳的環境就會讓身體狀態惡化。飼養訣竅是盡量讓牠們待在水量充足的高溫環境。另外，此種也喜歡做日光浴，所以要確實設置陸地。

楓葉龜

學名：*Chelus fimbriatus*

分布：南美　**甲長：**46cm（平均30cm）

溫度：偏高　**水流：**偏弱　**CITES：**

特徵：分為2種；一種是背甲略偏細長，喉部有明顯線條的奧里諾科水系的個體群；另一種個體群是背甲接近圓形，喉部沒有線條的亞馬遜水系。CB化幾乎都沒有成功，進口的都是WC個體。雖然是大型品種，成長卻很緩慢，很少看到長成的個體。幾乎完全吃魚，不會進食人工飼料。訣竅是在高溫下飼養，並給予大量小型的魚。基本上不會上岸，所以不需要陸地。想在深水中飼養時應該放入沉木方便牠們呼吸。

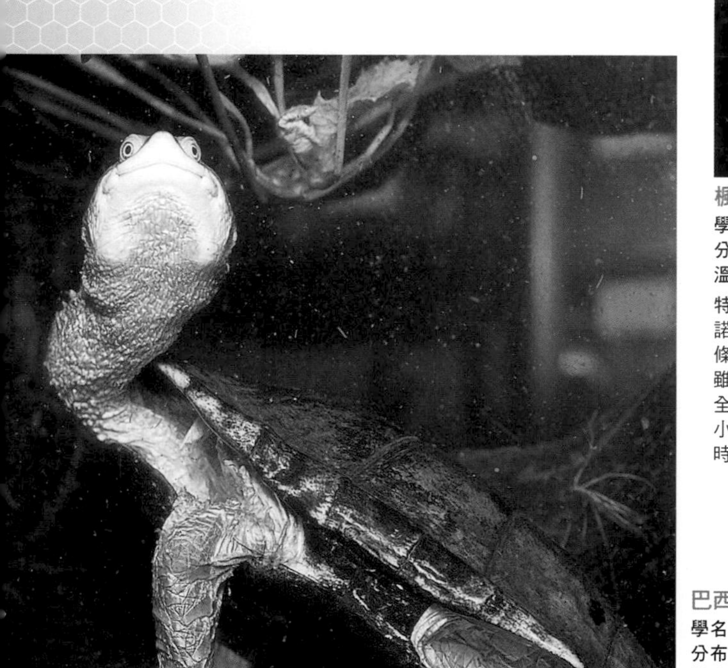

巴西蛇頸龜

學名：*Hydromedusa maximiliani*

分布：南美　**甲長：**30cm?（平均20cm）

溫度：普通　**水流：**偏強　**CITES：**

特徵：這大概是現今最頂級的蛇頸龜了吧。日本國內的數量屈指可數。幾乎沒有飼養資料，但只要看原產地的棲息環境照就可以知道大多是在溪流之類的地點，所以飼養時可以製造水流，溫度不要太高會比較保險。可是牠們不耐高溫的印象並不強烈。有些個體曾被觀察到夜晚上岸休息的樣子，所以要設置陸地。雖然喜歡吃小魚，但也吃人工飼料。今後的進口量仍無望增加，依然會是夢幻的品種。

刺股蛇頸龜

學名：*Acanthochelys pallidipectoris*
分布：南美　**甲長：**18cm（平均16cm）
溫度：普通　**水流：**普通　**CITES：**

特徵：因為其後腳根部長有刺狀突起而得名。背甲偏圓形扁平狀，與同屬的其他品種在外觀上有很大的不同。另外，狀態優良的個體在四肢與頭部會呈現漂亮的粉紅色。很容易進食人工飼料，飼養起來不太困難，但因為數量極少，幾乎沒什麼機會見到實體。進口的主要是成年個體，所以牠們獨特的尖刺常會受到磨損，這點很可惜。

阿根廷蛇頸龜

學名：*Hydromedusa tectifera*
分布：南美　**甲長：**30cm（平均20cm）
溫度：普通　**水流：**普通　**CITES：**

特徵：這種龜類以前給人一種難以飼養的印象，但最近進口的CB個體卻很容易進食人工飼料。對水質惡化很敏感，如果牠們開始頻繁的上岸做日光浴就要趕緊換水。如果不管很容易造成龜甲腐爛。有人認為牠們不耐高溫，但其實不然。這只是因為高溫下水質容易惡化的關係。不怕低溫，在20℃左右也能自在的進食。

放射蛇頸龜

學名：*Acanthochelys radiolata*
分布：南美　**甲長：**23cm（平均18cm）
溫度：普通　**水流：**普通　**CITES：**

特徵：此種也可以算是夢幻中的品種。有一部分人甚至懷疑牠的存在與否，到近幾年才有第一次輸入。進口時很難分辨牠們與巨頭蛇頸龜的差別，但因為牠們的頭部比巨頭蛇頸龜小，脖子較長，另外，從側面看背甲的曲線也比較明顯，可從這點區分。其名稱由來的腹甲花紋反而難以分辨。放入沉木等物就容易躲到縫隙內，性格不活潑，但養起來很容易。

黑腹蛇頸龜

學名：*Acanthochelys spixii*
分布：南美　**甲長：**17cm（平均15cm）
溫度：普通　**水流：**普通　**CITES：**

特徵：在此屬中最早開始輸入，是熱門品種，但近年來進口量大減。幼體時期腹甲上有像蠑螈一樣的紅黑色斑點，隨著成長會變成與其名相同的一片漆黑。後頸上的棘刺很多，散發著一種異樣的氛圍。飼養起來很容易，對高低溫的適應力佳。在南美產的側頸亞目中，此屬的皮膚與龜甲抵抗力強，不需要太小心翼翼的照顧。食物以人工飼料為主即可。

扁頭長頸龜

學名：*Chelodina rugosa(siebenrocki)*
分布：印尼　**甲長：**30cm（平均25cm）
溫度：偏高　**水流：**普通　**CITES：**

特徵：很久以前是夢幻中的龜類，價格甚至有到數十萬日圓，現在則是最熱門的長頸龜。游泳本性很強，泳姿會令人聯想到遠古時代的蛇頸龍。飼養起來雖然簡單，幼體卻常常不吃人工飼料，頂多吃乾燥蝦。這種時期可以餵食紅蟲或青鱂一口氣將個體養大。因為養到一定大小之後，就會不可思議地開始進食人工飼料。人工飼養下在20cm左右時成長就會極度趨於緩慢。

鱗背長頸龜

學名：*Chelodina reimanni*
分布：印尼　**甲長：**20cm（平均18cm）
溫度：普通　**水流：**普通　**CITES：**

特徵：脖子較短而頭部大，外型在長頸龜之中也很特別。特別是巨頭化的成體會很像某種蟾頭龜。在人工飼養下想重現頭部的巨大化很困難。除了定期給予貝類之外別無他法。一般的飼養以人工飼料為主食就沒有問題。近年來進口量銳減，見到的機會變少。因為過度的濫捕讓麥氏成為屬中唯一被列入CITES附錄的品種，此種也一樣有保護的必要。

東澳長頸龜

學名：*Chelodina longicollis*
分布：澳洲　**甲長：**27cm（平均20cm）
溫度：普通　**水流：**普通　**CITES：**

特徵：這個類型中有麥氏、新幾內亞、普氏、坎氏等相似的種類，有許多是從外表難以辨別的。其中多數是個性比較溫和、不活潑的品種，須注意如果與長頸的龜類一起飼養就會變得畏畏縮縮。有被固定繁殖，親眼見到的機會也多。非常喜歡做日光浴，有準備陸地會比較理想。食物可以人工飼料為主食。在人工飼養下成長緩慢，很難長大。

長身蛇頸龜

學名：*Chelodina oblonga*
分布：澳洲　**甲長：**40cm（平均30cm）
溫度：普通　**水流：**普通　**CITES：**

特徵：最棒的長頸龜。愛好者會帶著敬意稱牠們為「oblonga」。細長的龜甲與粗而長的頸部、巨大的頭部，在長頸龜之中也算是相當沒有平衡感的體型。照片中是珍貴的幼體。成體的龜甲會略偏葫蘆狀。皮膚與龜甲的質感和其他品種不同，有點像布料。大概是因為牠們棲息在泥質的環境中吧。因為此種太過稀有而幾乎沒有飼養資料，但據說只要適應了環境就不會很難飼養。

寬甲長頸龜

學名：*Chelodina expansa*
分布：澳洲　**甲長：**48cm（平均35cm）
溫度：普通　**水流：**偏強　**CITES：**

特徵：在愛好者之間又稱「expansa」。從很久以前就是長頸龜愛好者望之垂涎的品種。棲息地澳洲基本上是禁止野生動物輸出，所以只在歐美等地極少量的流通養殖個體。背甲是末端稍微寬的圓形且扁平。脖子長，頭部也大。食物偏好小魚和蝦子、螯蝦，但也會吃人工飼料。是屬中最大種，游泳天性強，飼養需要相對巨大的水槽。另外，成長速度也很快。

新幾內亞盔甲龜

學名：*Elseya novaeguineae*
分布：印尼　**甲長：**30cm（平均20cm）
溫度：普通　**水流：**普通　**CITES：**

特徵：近幾年從此種分出了桃紅側頸龜以及布氏癩頸龜等品種。除此之外也存在可以明確區分出來的個體群，今後的分類很令人玩味。背甲通常接近圓形，也有些是很細長的形狀。太過多變反而很難舉出典型的個體。此種性格活潑飼養也簡單，但對水質惡化很敏感，龜甲容易潰瘍。喜愛日曬所以需要陸地。任何食物都很會吃。

隱龜

學名：*Elusor macrurus*
分布：澳洲　**甲長：**40cm（平均25cm）
溫度：普通　**水流：**偏強　**CITES：**

特徵：澳洲特有的稀有品種。背甲扁平、後半部寬。頭部小，四肢的蹼很發達，非常擅長游泳。人工飼養下不會變得太大，但還是應盡量養在寬敞的水槽讓牠們游泳。偏強的水流似乎可以讓牠們維持比較好的狀態。食物以人工飼料為佳，牠們不太做日光浴所以陸地面積可以少一點。也因為原產地是澳洲，所以只能從歐洲等地進口極少數的個體。

布氏癩頸龜

學名：*Elseya branderhorsti*
分布：印尼　**甲長：**40cm（平均25cm）
溫度：普通　**水流：**普通　**CITES：**

特徵：從新幾內亞盔甲龜分出的一個品種。眼白與虹膜的顏色接近，和新幾內亞盔甲龜與桃紅側頸龜比起來有著一張可愛的臉。腹甲幾乎是白色、沒有紋路。另外，頭部的盔甲也沒有那麼明顯。最大的差別是沒有項甲板這一點。在被分出來的品種中是最大型，有些甚至會超過40cm。繁殖的幼體有在市面上流通，很容易取得。擅長游泳，在深水中也沒問題，但是牠們常常做日光浴所以需要陸地。

鋸齒盔甲龜

學名：*Elseya latisternum*
分布：澳洲　**甲長：**28cm（平均20cm）
溫度：普通　**水流：**普通　**CITES：**

特徵：在此屬中頭部特別大，盔甲狀的鱗片發達。另外，背甲後半部與其名相同呈鋸齒狀。被以此名稱呼的龜類有數種類型，人們對其中的真偽爭論不休，常常讓愛好者傷透腦筋。飼養本身很容易，食物以人工飼料為主即可。游泳本性很強，因為牠們會積極的游動，所以要準備寬敞的水槽，並設置日光浴用的陸地。此種也是澳洲產，市面上的流通量極少。

瑪瑞曲頸龜

學名：*Emydura macquarrii*
分布：澳洲　**甲長：**40cm（平均25cm）
溫度：普通　**水流：**偏強　**CITES：**

特徵：同為曲頸龜的龜類幾乎都是澳洲產，所以流通的種類就會受到極度的限制。此種在其中算是比較有固定繁殖的，所以常有機會見到。已知有幾個亞種，但因為現在所見品種的親種不明，所以要確定其生物分類就很困難。此種在色彩上很樸素，但因為牠們很有活力所以讓人看不膩。而且很強壯，飼養也容易。如果不讓牠們游泳，身體健康就可能會出問題，應該飼養在寬大的水槽中。

紅腹側頸龜

學名：*Emydura subglobosa*
分布：印尼　**甲長：**25cm（平均20cm）
溫度：普通　**水流：**普通　**CITES：**

特徵：資深的愛好家會以其舊學名稱呼「albertisii」。在多個樸素的品種中，有著鮮豔的紅、橘、粉紅、黃色，因此很受歡迎。從飼養下不會太過巨大化，以及強壯又活潑的特性來看，可以說是能讓初學者得到不少樂趣的品種。最近也可以發現不到十元硬幣大小的幼體進口。此種即使還小也不會太脆弱，飼養時只要在偏高的溫度中有準備日曬用的陸地即可。

沼澤側頸龜

學名：*Pelomedusa subrufa*
分布：非洲　**甲長：**32cm（平均20cm）
溫度：普通　**水流：**普通　**CITES：**附錄Ⅲ

特徵：是很熱門的非洲產側頸龜，既有3個亞種又有個體差異和地區差異，有些差別會大到看不出是同一亞種。是極強壯的品種也容易飼養，不合群的個體卻不少，只要體型有點差距就會扯咬對方的四肢，養在一起時要注意。體型並不會長太大，以這類型龜類當入門品種很適合。任何食物都很會吃，以人工飼料為主也沒問題。

黑側頸龜

學名：*Pelusios niger*
分布：非洲　**甲長：**26cm（平均20cm）
溫度：普通　**水流：**普通　**CITES：**附錄Ⅲ

特徵：過去以加彭側頸龜的名義販售的個體應該都是此種。因為曾有一時以相當的數量進口所以容易被誤認是普通品種，其實是相當稀有的。此屬有進口中非側頸龜、羅得西亞側頸龜、安氏非洲泥龜、棱背側頸龜、東非側頸盒龜等，但幾乎都只有進口一次，之後就沒有輸入了。在樸素的品種多的非洲側頸龜屬中，此種的年輕個體頭部有橘色與黑色的美麗蟲蛀狀花紋。很容易飼養。

西非側頸龜

學名：*Pelusios castaneus*
分布：非洲　**甲長：**24cm（平均20cm）
溫度：普通　**水流：**普通　**CITES：**附錄Ⅲ

特徵：腹甲為可動式，會先收好四肢再蓋起來。廣泛分布於非洲，在大量繁殖的非洲側頸龜屬中是最受歡迎的品種。色彩的個體差異甚大，這種個體有少數會被以不同的名稱販售，不過基本上在非洲側頸龜屬中除了此種之外很少有個體流通。非常強壯且容易飼養、不會變得太大，所以初學者也能享受其中樂趣。食物可以人工飼料為主。

馬達加斯加大頭側頸龜

學名：*Erymnochelys madagascariensis*
分布：馬達加斯加　**甲長：**46cm（平均30cm）
溫度：普通　**水流：**普通　**CITES：**附錄Ⅱ

特徵：就如其名，是馬達加斯加特有的單屬單種。跟鄰近的非洲大陸分布的沼澤側頸龜和非洲側頸龜屬比起來，與南美產的側頸龜在型態與生態上還比較接近，是很不可思議的品種。非常強壯，對高低溫適應力佳。有些不合群，不管是與同種還是別種都會打鬥，想一起飼養時要注意。另外，牠們喜歡日曬所以要設置陸地。擅長游泳，水位很高也沒關係。食物可以人工飼料為主。

加彭側頸龜

學名：*Pelusios gabonensis*
分布：非洲　**甲長：**30cm（平均20cm）
溫度：普通　**水流：**普通　**CITES：**附錄Ⅲ

特徵：現在進口的非洲側頸龜屬中最珍貴的品種之一。巨大的頭部與扁平的體型比較容易讓人聯想到沼澤側頸龜。幼體在背甲中心有明顯的黑色線條。另外，小時候的頭部很大且顯眼。飼養資料幾乎沒有，但基本上似乎是強壯的品種。此屬除了西非側頸龜以外的分布區域都很有限，幾乎是在政局不安的國家，所以沒辦法有穩定的進口量，非常可惜。

大鱷龜

學名：*Macroclemys temminckii*
分布：北美　**甲長：**80cm（平均50cm）
水溫：普通　**水流：**普通　CITES：附錄Ⅲ

特徵：因為被認定為危險動物，所以飼養時需要提出申請（請參照P.190）。會在水中張開嘴，以蚯蚓狀的舌頭為誘餌捕食而聞名。電視上常播放牠們動怒的模樣，但在水中卻不會有什麼特別的行動，和凶暴根本沾不上邊。另外，因為脖子短動作也不快，比起擬鱷龜較容易應付。飼養算是非常容易，不過從遲早會巨大化這一點來看，實在不是一般家庭應該飼養的動物。

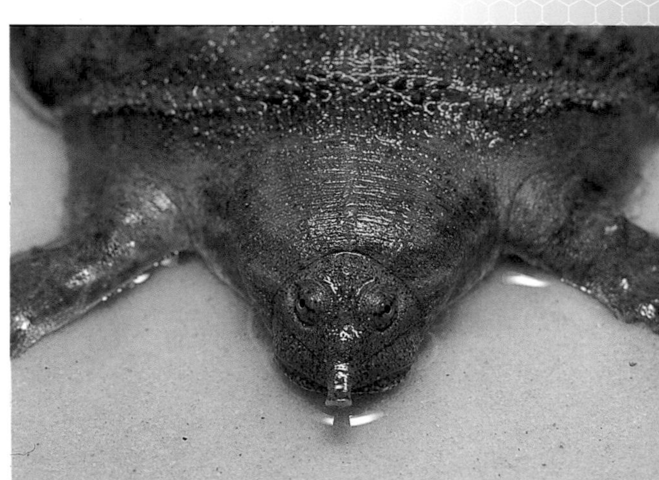

花背鼁

學名：*Pelochelys bibroni*
分布：印尼　**甲長：**100cm?（平均50cm）
水溫：偏高　**水流：**普通　CITES：附錄Ⅱ

特徵：與全身滑溜的鼁屬於同屬，但此種的嘴脣和脖子有皺褶，背甲也是粗糙的質感所以很好區分。是非常稀有的品種。飼養起來與小頭鱉一樣，很常潛入沙中。剛進口的個體常常會有消瘦或是感染皮膚病的現象。這種情況下使用綠水飼養，並大量投入小魚就可以讓牠們快速恢復健康。資料上常常與鼁搞混，實際上在尺寸等資訊還有許多不明的地方。

山瑞鱉

學名：*Palea steindachneri*
分布：中國　**甲長：**45cm（平均30cm）
水溫：普通　**水流：**普通　CITES：附錄Ⅱ

特徵：頭部的黃色花紋很有特色的中型品種。進口量非常稀少。對水質有點敏感，不過只要濾水器有在運作、有定期換水就沒有問題。此種的年輕個體也有做日光浴的傾向，用沉木設置陸地比較好。只要適應了環境就是強壯的品種，餵食人工飼料也沒什麼問題。不只是此種，所有的鱉類都會在淺灘做日光浴，所以最好可以使用含紫外線的照明設備。

亞洲巨鱉

學名：*Amyda cartilaginea*
分布：東南亞、印尼　**甲長：**70cm（平均45cm）
水溫：偏高　**水流：**普通　CITES：附錄Ⅱ

特徵：雖然名稱叫做巨鱉，但還是有很多比此種更大型的鱉。是非常活潑的品種，有攻擊性的個體也不少。在產地有淡綠色到深咖啡色等多樣化的色彩。此外，有許多年輕的個體在頭部有細密的點狀花紋。用手拿鱉類不太方便，大小能放入網子的個體以觀賞魚用的網子移動比較好。如果被牠們咬傷會很嚴重，對待時要十分注意。很容易飼養。

歐氏圓鱉

學名：*Cycloderma aubryi*
分布：非洲　**甲長**：55cm（平均40cm）
水溫：偏高　**水流**：普通　**CITES**：

特徵：鱉在龜類之中已經很特殊了，此種在其中又是更奇特的一種。體色以及相似的嘴巴皺褶令人聯想到楓葉龜，生態也很像，會將食物與水一起吸進口中。似乎是生活在落葉堆積的環境，但如果鋪設沙子牠們也會潛進去。嘴巴並不大，餵食訣竅是大量給予小型的魚或蝦子。有報告說牠們不太進食人工飼料。是非常稀有的品種，因此進口量極少。

塞內加爾盤鱉

學名：*Cyclanorbis senegalensis*
分布：非洲　**甲長**：35cm（平均25cm）
水溫：偏高　**水流**：普通　**CITES**：

特徵：雖然不像箱鱉那麼完全，但在頭部與前腳收起的時候會蓋起來呈圓盤狀而得名。是很有活力的品種，很會四處游動。雖然背上和頭部有花紋，卻在個體上有很大的差異，因為這樣還導致牠們常以其他品種的名義被從原產地進口到國內。鼻子不長這點給人有點特異的感覺。因為此種幾乎不做日光浴，所以不需要陸地。以人工飼料為主食應該不會有什麼大問題。

豬鼻龜

學名：*Carettochelys insculpta*
分布：印尼、澳洲　**甲長**：80cm（平均45cm）
溫度：偏高　**水流**：普通　**CITES**：附錄II

特徵：已經完全適應了水中的生活，四肢演化成海龜的模樣。以前曾是夢幻中的龜類，在市場上被以數百萬日圓交易，後來因為某時期的大量進口而廉價化。隨後因為被列入CITES的附錄中，現在的商業交易已經受到規範。基本上算是強壯的品種，可是如果不在相當寬敞的水槽讓牠們游泳，身體狀況就會漸漸惡化。食物以人工飼料為主即可。同種之間特別容易相處不佳、會互咬，所以應該單獨飼養。

印度箱鱉

學名：*Lissemys punctata*
分布：西亞　**甲長**：37cm（平均25cm）
溫度：普通　**水流**：普通　**CITES**：附錄II

特徵：照片中是外表華麗的亞種——北印度箱鱉。將前腳、後腳、頭部收起來後，腹甲會動起來將身體完全蓋起，因此得名。身體有些高度，以鱉來說有點奇特。此外，牠們喜愛日曬，上岸次數很頻繁。背甲與頭部的黃色斑點有個體差異，很少有機會可以看見幾乎沒有斑點的個體。體型不會長到太大，不過因為牠們是很活潑的品種所以需要比較大的水槽。食物可以人工飼料為主。

半水生龜的飼養實例・馬來閉殼龜篇

[*Cuora amboinensis*]

人氣品種 PICKUP

馬來閉殼龜

學名：*Cuora amboinensis*
分布：亞洲廣域、印尼
甲長：20cm（平均18cm）
溫度：普通　水流：普通
CITES：附錄Ⅱ

特徵：有幾個亞種，以腹甲的花紋區分，每一種都有龜甲很高且細長的特徵。這種體型乍看之下像陸龜，容易被人誤會是陸生品種，可是牠們的水生性相當強烈，也很擅長游泳。就如同閉殼龜這個名稱，牠們縮起四肢與頭部之後，可以用腹甲將身體封起來。個性膽小的個體可能會維持同樣的狀態數十分鐘之久，不過適應力強且大膽的個體也很多。是雜食性，從蔬菜或人工飼料到小魚等食物都吃。在亞洲箱龜屬中是分布區域最廣的，進口量也多。很容易飼養。

1.印尼產的細長個體。體型上的突變也多　2.一般來說幼體頭部的黃色很鮮明，外型扁平。依據亞種的差異，也有些個體一開始就有相當的體高，如果不知道這點就會以為是別的種類　3.珍貴的白化個體。數量非常稀少，已經成長到一定程度的個體更是稀奇　4.攝於中國市場。因為受到濫捕與食用的消耗，促使此屬全部都被列入CITES附錄

飼養馬來閉殼龜的ONE POINT

在某種意義上，與完全水生龜的配置沒有什麼不同。唯一不同的是有沒有確實設置陸地、以及這些陸地是不是日曬地點的差別。接下來只要降低水位，就可以飼養大部分的半水生龜了。這種龜類大多應該用較淺的水位飼養，這種狀況下就沒辦法使用上部式濾水器，所以要改用外掛式或沉水式的過濾器。馬來閉殼龜在亞洲箱龜屬中算是水生性特別強的。但這也不代表牠們會一直待在水中。此種會頻繁的上岸，也會在陸上活動。硬要說的話幼體的水生性比較強，所以照片中的陸地面積分配得比較少。等個體長大之後就可以加大陸地面積了。使用市售的浮島當作陸地也可以，但須確認愛龜能不能爬得上去。難得準備好的陸地如果爬不上去就沒有意義了。另外，陸地部分必須確實經過乾燥。半水生龜上岸有部分原因是為了調節體溫，將身體曬乾也是另一個很重要的理由。有許多品種如果飼養在無法曬乾身體的環境，四肢與頭部就會像是泡脹一樣變白。而且如果水質太髒，更

主要食物

●人工飼料
●蔬菜

● 濾水器

飼養半水生龜的水位不高不低，所以無法使用上部式濾水器。這時應該改用外掛式或內置的沉水式過濾器。個體還小的時候使用沉水式比較簡單

● 保溫燈

燈泡選用含紫外線，而且碰到水不會破裂的類型

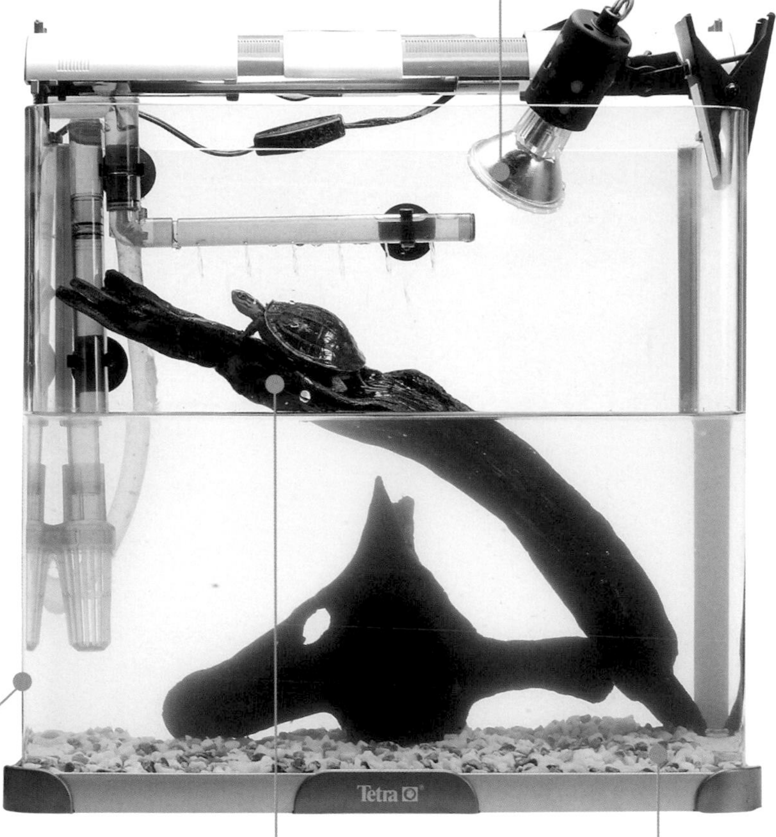

● 水槽

這裡使用的是410×250×380（高）mm的高型水槽，以一組販售的45cm或60cm的水槽也很推薦

● 陸地

這裡用沉木組合成陸地，市售的浮島型陸地也可以。可是塑膠製的產品被太過高溫的燈泡照射會融化，要特別注意

● 底沙

只要水量與龜類有達到平衡，建議可以鋪設沙礫來維持水質清淨。不過相較於水槽，飼養較大的龜類時，什麼都不鋪會比較方便處理

以龜甲封住身體的模樣。這是頭部端。力道相當強，手指被夾到會很痛

會因此感染皮膚病。此外，如果牠們不喜歡水中的溫度就會一直待在陸地，導致過度乾燥，要特別注意。相反的，想上岸卻因為岸上溫度太高而待不久，這種情況也可能發生。這種時候應該好好觀察並隨時調整。本書歸類在完全水生龜的品種中也有不少都會做日光浴。就結論來說，如果要區別完全水生與半水生龜，只能看「是否也會在陸地上進食」這一點而已。

星點水龜

學名：*Clemmys guttata*
分布：北美、加拿大　**甲長：**13cm（平均12cm）
溫度：普通　**水流：**普通　**CITES：**附錄Ⅱ

特徵：漆黑的龜甲上有美麗鮮黃色斑點的小型品種。嬌小體型以及可全年不加溫飼養的優點使日本國內有許多繁殖的案例。是非常活潑的品種，很會游泳，也會在陸地上活動。基本上很強壯，幼體要在略偏高溫的環境，並給予昆蟲與植物性等營養均衡的食物，否則身體狀況容易一下子惡化。此外，日曬也很重要。斑點花紋有個體上的差異，但有隨著成長增加的趨勢。

石斑龜

學名：*Clemmys marmorata*
分布：北美、墨西哥　**甲長：**20cm（平均18cm）
溫度：普通　**水流：**普通　**CITES：**

特徵：幼體的頭部感覺略大，但經過成長四肢就會發達，成為很粗壯的體型。是非常稀有的品種，近幾年卻也有少量進口。只要適應環境就很強壯，WC個體中有不少個體有挑食傾向，想讓牠們進食有點困難。幾乎完全是水陸兩棲，當然需要能游泳的空間，最好也能有寬敞的陸地。雖然食物可以人工飼料為主，但牠們也喜歡植物性食物。有2個亞種，進口的主要是北石斑龜。

布氏擬龜

學名：*Emydoidea blandingii*
分布：北美、加拿大　**甲長：**28cm（平均25cm）
溫度：普通　**水流：**略偏強　**CITES：**附錄Ⅱ

特徵：有巨大的頭部與長長的脖子，外型奇異的品種。游泳技巧很高超，養在狹窄的水槽或不能游泳的環境會讓身體狀態惡化。對水溫和水質都沒有那麼要求，飼養起來也容易。雖然肉食性強也很貪吃，不過牠們的個性合群，所以跟其他品種同養也沒有問題。因為是很喜歡日曬的品種，所以應確實設置陸地。背甲有個體差異，有黑色與咖啡色兩種。

木雕水龜

學名：*Clemmys insculpta*
分布：北美、加拿大　**甲長：**24cm（平均20cm）
溫度：普通　**濕度：**偏高　**CITES：**附錄Ⅱ

特徵：雖然是很樸素的品種，卻有很死忠的人氣。一開始就不是從原產國美國輸入，少數的CB個體會從歐洲進口。從甲長超過10cm的時候就算是非常強壯的龜類，幼體卻意外的脆弱，想好好養大並不容易。幼體時期可以給予蟋蟀等昆蟲為主食，放在整體略偏潮濕的環境飼養比較容易成功。因為牠們喜歡鑽到東西裡面，可以在飼養箱內鋪設一些溼透的水苔或椰殼纖維土。

黑瘤地圖龜

學名： *Graptemys nigrinoda*
分布： 北美　**甲長：** 19cm（平均15cm）
溫度： 普通　**水流：** 偏強　**CITES：** 附錄Ⅲ

特徵： 龜甲邊緣是鋸齒狀，背甲頂端有黑色的瘤狀凸起為其特徵。原名亞種的北部黑瘤地圖龜是市面上的主流，亞種的南部黑瘤地圖龜、三角地圖龜則是極端稀少。幼體時期的龜甲有點圓，隨著成長會變成樹葉形狀。這種類型的地圖龜如果不加強水流讓牠們游泳，身體狀況就會漸漸變差。明確區分出游泳的地方、休息的地方、做日光浴的地方是最大的飼養祕訣。

黃斑地圖龜

學名： *Graptemys flavimaculata*
分布： 北美　**甲長：** 18cm（平均15cm）
溫度： 普通　**水流：** 偏強　**CITES：** 附錄Ⅲ

特徵： 此種大概是市面上的地圖龜之中最美麗，也最昂貴的品種了吧。類似的品種有眼斑地圖龜，這個品種的數量也相當稀少。以前曾被認為對水質很敏感又難以飼養，實際上只要注意飼養地圖龜的基礎：水流與日曬，就不是那麼難養的品種。特別是幼體時期可以昆蟲和乾燥河蝦為主食，飼養到一定程度之後換成人工飼料餵養即可。

亞拉巴馬地圖龜

學名： *Graptemys pulchra*
分布： 北美　**甲長：** 27cm（平均20cm）
溫度： 普通　**水流：** 偏強　**CITES：** 附錄Ⅲ

特徵： 與其他的地圖龜相比，從幼體時期開始頭部就較大，雌性成體會發生稱為巨頭化的現象，變成完全不一樣的臉。雖然人們認為這是起因於專吃貝類，但在人工飼養下也會發生。令人意外的，包含在飼養上有特殊習慣品種的地圖龜類，這些會巨頭化的種類並沒有發生問題的紀錄，可以說很容易飼養。食物可以人工飼料為主，多餵食一些昆蟲也很好。水溫與水質等部分也不需要太過注意。

灰色地圖龜

學名： *Graptemys* spp.
分布： 北美　**甲長：** 25cm（平均20cm）
溫度： 普通　**水流：** 略偏強　**CITES：** 附錄Ⅲ

特徵： 實際上根本沒有叫做「灰色地圖龜」或是「Gray map」的品種存在。這是密西西比地圖龜、沃希托地圖龜、偽地圖龜以及其混種龜的總稱。最近常分成各個品種進口，但分不清楚的個體也不在少數。以灰色地圖龜的名義進口的話，很可能因為價格低廉而遭到粗魯的對待，狀況不佳的個體多，所以最好不要輕忽，用與其他品種同規格的環境與設備飼養。

地圖龜

學名： *Graptemys geographica*
分布： 北美、加拿大　**甲長：** 27cm（平均20cm）
溫度： 普通　**水流：** 略偏強　**CITES：** 附錄Ⅲ

特徵： 頭部的黃色紋路鮮豔而美麗，有著橘色眼睛這個其他品種沒有的特徵。是比較有名的品種，但其實流通量並不多，很少有機會能遇見非常有特色的個體。飼養起來很容易，只要有寬敞的水槽讓牠們游泳，基本上可說是不會有什麼大問題。雖然每個品種都差不多，但地圖龜的紫外線需求量特別大，螢光燈及燈泡都應該使用紫外線較強的類型。使用金屬鹵化物燈也有效果。

塔巴斯哥紅耳龜

學名：*Trachemys scripta venusta*
分布：墨西哥、中美
甲長：50cm（平均30cm）
溫度：偏高　**水流：**普通　**CITES：**

特徵：此種也是黃腹彩龜的亞種。是背甲上有明顯的橘色眼狀斑紋的美麗品種，體型在亞種內也是最大型的。牠們很喜歡做日光浴，在適應環境之前就如同滑龜的名稱一樣，一看到人類就會迅速滑入水中。強壯且大膽、很容易飼養，但因為此種不適合養在日本含鈣量高的水中，飼養時常有個體的龜殼會堆積鈣質，變成像是蒙上一層白霧的模樣。

黃腹彩龜

學名：*Trachemys scripta scripta*
分布：北美　**甲長：**27cm（平均20cm）
溫度：普通　**水流：**普通　**CITES：**

特徵：紅耳龜的原名亞種。幼體有深綠色的背甲，隨著成長會慢慢變化成咖啡色。與紅耳龜相比，從幼體開始龜甲就有點厚度，體型厚實。腹甲上沒有花紋，與其名相同是黃色。此種有許多亞種，而且亞種內還有紅耳、黃耳、黃腹、滑龜、孔雀等不同的名字，非常難記。飼養上只要注意紫外線，基本上很容易。

紅耳龜

學名：*Trachemys scripta elegans*
分布：北美、墨西哥（已歸化至全世界）
甲長：28cm（平均20cm）
溫度：普通　**水流：**普通　**CITES：**

特徵：就是俗稱的巴西龜。因沙門氏菌的問題而有些週期性出現的傳言，但這並不是專屬於此種的問題。是非常健壯的品種，即使在相當惡劣的環境下也能生存，因此常有飼主厭倦後不知道怎麼處理，最後遺棄並歸化於當地環境的問題。現在日本的池塘中最常見的就是此種，希望飼主可以避免沒有謹慎考量過的飼養行為。對於會認真飼養的人來說無疑是一種強壯又便宜的好品種。

佛羅里達紅肚龜

學名：*Pseudemys nelsoni*
分布：北美　**甲長：**34cm（平均25cm）
溫度：普通　**水流：**普通　**CITES：**

特徵：又稱佛羅里達紅莓。雖然名稱是紅肚，但其色彩也有呈線條狀延伸到背甲。雖然是大眾化的品種，不過幼體及成體都很漂亮，是非常好動、讓人看不膩的好品種。對水質、水溫不挑剔，很容易養，可是如果不準備夠大的水槽，此種的魅力就會打對折。食物可以人工飼料為主，但牠們的飲食習慣隨著成長，植物性食物的攝取量會增加，所以要轉換食物以免肥胖。

南美彩龜

學名:*Trachemys dorbigni*
分布：南美　**甲長：**27cm（平均20cm）
溫度：偏高　**水流：**普通　**CITES：**

特徵：有2個亞種，圖為阿根廷產南美彩龜。亞種的巴西產南美彩龜頭部的黃色花紋更粗。是比較熱門的品種，不過以此屬所有品種來看，此種的幼體外型就比較華麗醒目，就算體色會隨著成長改變，也可以說是美麗程度首屈一指的龜類。會吃各式各樣的食物，可以人工飼料為主，再加上昆蟲或魚、葉菜類餵食。雖然是南美產的品種卻不會特別怕冷，身體健壯且容易飼養。

德州偽龜

學名：*Pseudemys texana*
分布：北美、墨西哥　**甲長：**32cm（平均20cm）
溫度：普通　**水流：**略偏強　**CITES：**

特徵：有點樸素的品種，和紅腹偽龜同屬，包括熱門的甜甜圈龜等河偽龜，以及半島偽龜等品種都統稱為偽龜。有不少與紅耳龜等滑龜之間看不出分別，使牠們常常直接被分成滑龜&偽龜的一個類別。飼養方式也幾乎一樣，只要有達到充足的水量、確實的陸地、較強的紫外線這三點，就沒什麼大問題了。

雞龜

學名：*Deirochelys reticularia*
分布：北美　**甲長：**26cm（平均20cm）
溫度：偏高　**水流：**略偏強　**CITES：**

特徵：與布氏擬龜很像，但背甲看起來更圓潤，也有點體高。此種的泳技也很好，會很積極的在水中活動。如果不在幼體時注意日曬環境和食物的營養是否均衡，背甲就沒辦法養成漂亮的弧度，變成扁平且凹凹凸凸的模樣。要小心牠們的龜甲比其他品種還要容易變形。有3個亞種，背甲是否有明顯的格子花紋會根據亞種而不盡相同。基本上很容易飼養。

錦龜

學名：*Chrysemys picta*
分布：北美、加拿大、墨西哥　**甲長：**25cm（平均20cm）
溫度：略偏高　**水流：**偏強　**CITES：**

特徵：有4個亞種，照片中是東部錦龜。最熱門的是南部錦龜，其背甲中心有明顯的線條。基本上是很強壯的品種，但卻有點神經質，如果讓牠們和其他種類同住，身體狀態就會漸漸惡化。此外，因為對紫外線的需求量很大，如果沒有能徹底曬乾身體的陸地與夠強的紫外線就無法養好牠們。只有塑膠盒與陸地的飼養方式會讓牠們的龜甲在短時間內軟化，導致死亡。

南美木紋龜

學名：*Rhinoclemmys pulcherrima*
分布：中美、墨西哥　**甲長：**20cm（平均16cm）
溫度：偏高　**濕度：**潮濕　**CITES：**

特徵：有4個亞種，照片中是外型最亮眼的油彩木紋龜。可以說幾乎是陸生，不太擅長游泳。可以養在與龜甲厚度同高的淺水中，或是鋪設濕潤的椰殼纖維或水苔並放置較大的水容器在飼養箱內。成長到一定程度的個體養在哪一種環境都可以，但幼體似乎最好可以飼養在有土可鑽的地方。食物可以人工飼料為主，牠們也會吃水果和肉類。

鑽紋龜

學名：*Malaclemys terrapin*
分布：北美　**甲長：**25cm（平均20cm）
溫度：普通　**水流：**略偏強　**CITES：**附錄Ⅱ

特徵：常被稱為金剛背泥龜。是單屬單種的龜類，卻有多達7個亞種，每一種都很有各自的特色。照片中的是佛羅里達東岸鑽紋龜。根據亞種，臉部有時候是全白，有時候是白底黑斑的大麥町花紋，都相當美麗。此種會棲息在半海水域。人工飼養下沒有必要在水中添加鹽分，不過有報告指出這種方式對狀況不佳的個體或WC個體很有效。

希臘石龜

學名：*Mauremys rivurata*
分布：歐洲　**甲長：**23cm（平均15cm）
溫度：普通　**水流：**普通　**CITES：**

特徵：過去一直被當作裡海石龜亞種，最近幾年才成為一個獨立的品種。裡海石龜有3個亞種，在市面上流通的是原名亞種。裡海石龜連接背甲與腹甲的甲橋是黃色的，而此種則是黑色所以能區分。剛進口的個體皮膚脆弱，要準備可以曬乾身體的陸地讓牠們做日光浴。因為此種擅長游泳，給牠們較大的水槽比較好。食物以人工飼料為主即可。

眼斑水龜

學名：*Sacalia bealei*
分布：中國、越南　**甲長：**14cm?（平均14cm）
溫度：普通　**水流：**普通　**CITES：**附錄Ⅱ

特徵：最大標記為14cm，但還會更大。相似品種的四眼斑水龜在頭部有明顯的兩對眼狀斑點，相較之下，此種只有前方有一對不明顯的斑點，故能以這點作區別。雄性成體的眼睛是紅色，眼狀斑點也不明顯。母龜或年輕個體的眼狀斑點是黃色。以前是少見的品種，最近的進口量更是大大減少。只要狀況穩定下來就是強壯的品種，如果疏於保養，龜甲上就容易產生潰瘍。另外，具有攻擊性的個體也不少。

地中海石龜

學名：*Mauremys leprosa*
分布：歐洲、北非　**甲長：**20cm（平均15cm）
溫度：略偏高　**水流：**普通　**CITES：**

特徵：眼睛後方的橘色為其特徵。背甲上有不明顯的花紋，與相似品種的裡海石龜比起來頭部特別顯眼。是相當稀有的品種，流通量極少。飼養起來沒有那麼困難，是強壯的品種。有些說法指出此種有8個亞種，但其定義也很曖昧不明。而許多愛好者也對於此種與裡海石龜、希臘石龜、黃喉擬水龜及安南龜是同一屬這件事抱持疑問。

西瓜龜

學名：*Callagur borneoensis*
分布：東南亞、印尼　**甲長：**76cm（平均50cm）
溫度：偏高　**水流：**偏強　**CITES：**附錄Ⅱ

特徵：外觀與一般的烏龜沒什麼兩樣，卻幾乎像是海龜，除了年輕個體以外大多不會上岸。成體的腹甲會往前突出，從側面看起來是完美的流線型。飼養時一旦發現到這個特徵的出現，就可以考慮移除陸地了。公龜成熟之後會在頭部出現像照片中的紅色，幼龜或母龜就只有一片灰色。基本上很強壯，但也要注意牠們有對水質的惡化敏感的一面。狀況不佳的時候加入一些鹽可以改善。

巨龜

學名：*Orlitia borneensis*
分布：東南亞、印尼　**甲長：**80cm（平均50cm）
溫度：偏高　**水流：**偏強　**CITES：**附錄Ⅱ

特徵：此種也和西瓜龜一樣，幾乎是完全水生。幼體時就像會游泳的亞達伯拉象龜一樣可愛，但想飼養的人都不應該忘記牠們遲早會巨大化。是會積極游泳的品種，不讓牠們游泳的話身體狀況會惡化，所以需要相當巨大的水槽。此外，因為牠們的下顎非常強而有力，具攻擊性的個體也多，與其他品種同養的時候如果不多加注意，對手轉眼間就會被咬得體無完膚。雖然食物能以人工飼料為主，肉食性也相當強烈。

冠背龜

學名：*Hardella thurjii*
分布：印度、巴基斯坦、孟加拉　**甲長：**55cm（平均30cm）
溫度：偏高　**水流：**普通　**CITES：**附錄Ⅱ

特徵：頭部的黃色或橘色花紋非常漂亮，且愈年輕的個體愈明顯。分為原名亞種的恆河冠背龜與印度冠背龜的2個亞種，很難看出兩者差異。雖然是大型品種，公龜卻頂多長到17cm，只要運氣好挑到公龜就可以不必準備巨大的設備。只不過幼體的雌雄辨別很困難。性喜高溫，會頻繁的做日光浴。草食性較強，可給予葉菜類當主食，也可以使用觀賞魚的琵琶鼠魚專用飼料。

食螺龜

學名：*Malayemys subtrijuga*
分布：東南亞、印尼　**甲長：**20cm（平均15cm）
溫度：偏高　**水流：**普通　**CITES：**附錄Ⅱ

特徵：因為專吃田螺而得名。以前是不輕易進食、難以飼養的龜類，不過近幾年進口的幼體也會吃人工飼料，很好飼養。因為是會在水底爬行的龜類，有不喜歡漂浮型食物的傾向。應盡量給予會下沉的食物。另外，牠們也對低溫沒有抵抗力，特別是幼體更應該在高溫下飼養。因為會頻繁上岸做日光浴，一定要設置陸地。動作很慢，與其他品種同養時也要注意。

廟龜

學名：*Hieremys annandalii*
分布：東南亞　**甲長：**60cm（平均40cm）
溫度：偏高　**水流：**普通　**CITES：**附錄Ⅱ

特徵：在原產地的寺廟有大量飼養，使牠們有了「聖龜」之稱，其屬名也是同樣的意思。頭部的亮黃色花紋在幼體時期比較不明顯，甲長約20cm左右的年輕個體是最明顯的。之後又會隨著成長而變得不明顯。可是這種色彩會根據飼養環境與食物改變，不適合的環境就會讓花紋模糊。幼體的龜甲是圓形，但會隨著成長而逐漸變得細長。是強壯且好飼養的龜類，不過體型的巨大化依然會是最難克服的一點。

花龜

學名：*Ocadia sinensis*
分布：中國、台灣、越南　**甲長：**25cm（平均20cm）
溫度：普通　**水流：**普通　**CITES：**附錄Ⅲ

特徵：此種和三線閉殼龜交配生下的費氏花龜、與安南龜交配生下的廣西花龜都曾被登記為新品種，但現今已被刪除，只剩下單屬單種。幼體有點不耐皮膚病的傾向，但只要適應了環境就是強壯的品種。非常擅長游泳，只要有設置陸地，水位高一點也沒有問題。陸地要以保溫燈照射，讓牠們能確實曬乾身體。可以人工飼料為主食餵養，但牠們也喜歡吃葉菜類以及昆蟲等食物。

亞洲巨龜

學名：*Heosemys grandis*
分布：東南亞
甲長：43cm（平均40cm）　**溫度：**偏高
濕度：潮濕　**CITES：**附錄Ⅱ

特徵：幼體與齒緣攝龜相似，但此種中色彩明亮的個體較多。因為牠們不擅游泳，可以飼養在與體高同等的水位，或是鋪設濕潤的底材，並在飼養箱內放置容易替換的水容器。任何食物都很會吃，可以人工飼料為主食，身體強壯也容易飼養，可是因為成長快速，感覺會像是將大型陸龜養在潮濕的環境中，所以不建議以過於隨便的態度開始飼養。近年來的進口量一口氣銳減。

太陽龜

學名：*Heosemys spinosa*
分布：東南亞、印尼　**甲長：**22cm（平均18cm）
溫度：普通　**濕度：**潮濕　**CITES：**附錄Ⅱ

特徵：龜甲邊緣有許多尖刺，外型就像是手裏劍。這些刺甚至尖銳得可以刺傷人的手。有點神經質，飼養起來並不容易。雖然陸生性強卻不耐乾燥，可以放入淺淺的水，以有點悶濕的環境飼養。可是牠們很怕高溫，夏天的時候要將牠們的飼養箱放在陰涼處（日本的夏天濕度高，就算通風良好也沒有問題）。食物以人工飼料為主即可，但此種也會吃水果。

地龜

學名：*Geoemyda spengleri*
分布：中國、越南、印尼　**甲長：**16cm（平均15cm）
溫度：普通　**濕度：**潮濕　**CITES：**附錄Ⅱ

特徵：與身為日本天然紀念物的琉球長尾山龜是近親。狀況優良的個體相當活潑，也很擅長在立體空間移動。只要看到牠們追著想吃的蟋蟀，就會讓飼主感覺自己好像養了一隻蜥蜴。只要避免過度的高溫和乾燥，飼養起來並沒有那麼困難。雌雄之間很好辨別，公龜的臉上沒有明顯的花紋，幼龜與母龜則有從白到黃的線條。最近的進口量已經銳減。

亞洲山龜

學名：*Heosemys depressa*
分布：緬甸　**甲長：**25cm（平均20cm）
溫度：偏高　**濕度：**潮濕　**CITES：**附錄Ⅱ

特徵：只棲息在緬甸的一部分區域，在亞洲的龜類之中也是屈指可數的稀有種。雖然已知名稱，但用清晰的照片介紹是最近的事。幾乎沒有飼養資料。似乎是陸生性強且偏好潮濕，比起乾燥的環境，養在淺水位的飼養箱內會比較理想。牠們對溫度好像沒有那麼挑剔，但設定在偏高的溫度會比較保險。食物以人工飼料為主，再給予一些水果會比較好。

雷島東方龜

學名：*Siebenrockiella leytensis*
分布：菲律賓　**甲長：**30cm?（平均20cm）
溫度：偏高　**水流：**普通　**CITES：**附錄Ⅱ

特徵：直到最近都被認為與太陽龜等品種同屬。只棲息在菲律賓的一部分島嶼，到數年前都還是夢幻中的龜類，其生態及飼養方式都不明，卻已經漸漸發現牠們是種水生性強烈的品種。需要可以做日光浴的陸地，水池也最好有足夠大小，深一點也無妨。因為牠們對水質惡化很敏感，應使用較強的濾水器。可以人工飼料為主食。與白頰龜成為同屬之後，名稱也有可能會改變。

白頰龜

學名：*Siebenrockiella crassicollis*
分布：東南亞、印尼　**甲長：**20cm（平均15cm）
溫度：偏高　**水流：**普通　**CITES：**附錄Ⅱ

特徵：脖子與臉頰、下巴有白色的紋路，其餘則幾乎都是黑色，因此而得名。過去是單屬單種，最近則有雷島東方龜加入這個屬。不是很活潑，是種難以看出狀態是否良好的品種，但只要將水溫設定在偏高的30℃並給牠們可以做日光浴的環境，就不會感染特有的皮膚病。皮膚病的病因大多可以確定是水溫過低的關係。食物以人工飼料為主，幾乎什麼都吃。

齒緣攝龜

學名： *Cyclemys dentata*
分布： 亞洲廣域、印尼　**甲長：** 25cm（平均20cm）
溫度： 普通　**水流：** 普通　**CITES：** 附錄Ⅱ

特徵： 又稱鋸背圓龜。雖然沒有名稱如此誇張，其背甲後半部邊緣呈鋸齒狀。與圓龜這個別名一樣，龜甲很接近圓形，相似品種中也有蛋形或細長型存在。或許以其英文名稱「leaf turtle」翻譯為齒葉龜會比較恰當。是強壯的品種，只要不暴露在低溫下，可以飼養在任何環境中。泳技意外的好，只要有準備陸地，水位高一點也無妨。可以人工飼料為主食。

蘇拉威西葉龜

學名： *Leucocephalon yuwonoi*
分布： 印尼　**甲長：** 30cm（平均25cm）
溫度： 偏高　**濕度：** 潮濕　**CITES：** 附錄Ⅱ

特徵： 年輕個體與雌性的下顎是白色，成熟的雄性則是整個頭部及前腳的一部分也會變白。是1994年才登記的較新品種，很難說是已經有明確的飼養方式，但因為牠們喜歡高溫潮濕的環境，可以在大型水槽或是塑膠衣箱鋪一些濕潤的椰殼纖維或水苔再確實加蓋，飼養在悶濕的環境中似乎是現有最好的方式，因為牠們即使身體濕潤，只要呼吸到乾燥的空氣身體狀況就容易惡化。食物可以人工飼料為主較佳。

六板龜

學名： *Notochelys platynota*
分布： 東南亞、印尼　**甲長：** 30cm（平均20cm）
溫度： 偏高　**濕度：** 潮濕　**CITES：** 附錄Ⅲ

特徵： 一般來說大部分龜類的椎甲板都是5塊，而此種是6塊，因此而得名。幼體外觀華麗，有些甚至有綠色背甲，但隨著成長變化，年輕個體會從黃色轉為橘色，成體後會變成咖啡色。因為牠們不擅游泳，可以養在與龜甲同高的水位，以及略偏高溫的環境。在自然環境中大多進食植物性食物，但在人工飼養下可以人工飼料為主，再偶爾給予水果或葉菜類即可。

黑山龜

學名： *Melanochelys trijuga*
分布： 西亞　**甲長：** 38cm（平均20cm）
溫度： 偏高　**濕度：** 潮濕　**水流：** 普通　**CITES：** 附錄Ⅱ

特徵： 已知有6個亞種，但其中難以判別的品種不少。照片中是最常見的緬甸黑山龜。基本上每個亞種的背甲上都有3條明顯的稜線。雖然外型樸素的亞種多，但斯里蘭卡黑山龜特別在幼體時期的頭部有明顯的黃色花紋，非常美麗。對水質惡化沒有抵抗力，在惡劣的環境下龜甲容易剝離，或是感染皮膚病。基本上算是強壯的龜類，但也不能疏於照顧。可以人工飼料為主食。

阿薩姆棱背龜

學名： *Kachuga sylhetensis*
分布： 印度、孟加拉　**甲長：** 20cm（平均15cm）
溫度： 普通　**水流：** 偏強　**CITES：** 附錄Ⅱ

特徵： 一直到幾年前都還是夢幻般的品種。在棱背龜中是最小型，背甲也是最尖的。對高溫和低溫都很有適應力，基本上算是強壯的品種，但卻唯獨對環境的變化很敏感，如果將剛進口的個體與其他品種同養，或是將已經適應的個體突然放到不同的環境中，狀況就會瞬間惡化。只要習慣了環境就是很有膽量的龜類。也不容易感染特有的皮膚病。比較偏好植物性食物，但以人工飼料為主也沒有問題。

紅圈鋸背龜

學名：*Kachuga tentoria*
分布：印度、孟加拉　**甲長：**25cm（平均20cm）
溫度：普通　**水流：**偏強　**CITES：**附錄II

特徵：已知的亞種有3個。原名亞種以及黃肚鋸背龜不會和此亞種一樣在背甲上有粉紅色。牠們匆匆忙忙四處游動的模樣相當可愛，可是具有攻擊性的個體卻出乎意料的多，不論是同種還是他種的其他個體都會攻擊。很常游泳和做日光浴，就像是典型半水生龜的品種。飼養起來容易，但剛進口時常有許多狀況不佳的例子。選購時最好避免不游泳而是浮在水面上的個體。食物可以人工飼料為主。

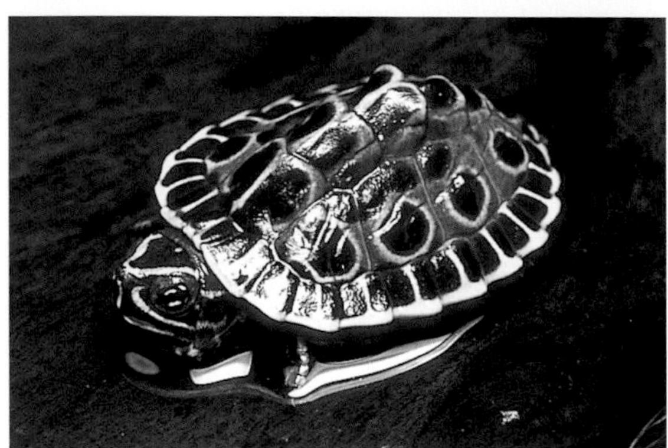

印度孔雀龜

學名：*Morenia petersi*
分布：印度、孟加拉　**甲長：**20cm（平均18cm）
溫度：偏高　**水流：**普通　**CITES：**附錄II

特徵：也稱為印度沼龜。隆起的背甲、眼狀斑點、深綠與鮮黃的色彩對比，這些特徵都讓牠們魅力無窮，但飼養起來很困難。如果沒有在相當高溫的環境給予葉菜類等植物性食物為主食，就會漸漸無法沉入水中，最後浮在水面上迎接死亡。觀賞魚的琵琶鼠魚飼料或許對牠們很有效。水深最好是讓牠們站起來就可以呼吸的程度，也不喜歡太強勁的水流。此屬的另一個品種——緬甸孔雀龜在CITES附錄中屬於I類。

紅冠棱背龜

學名：*Kachuga kachuga*
分布：西亞　**甲長：**50cm（平均40cm）
溫度：偏高　**水流：**偏強　**CITES：**附錄II

特徵：此屬的大型品種。如同紅冠這個名稱，成熟的雄性會在頭部出現紅色或粉紅色、藍色。特別是在發情期，會出現近乎鮮紅的顏色。母龜和年輕個體則只會有花紋而沒有華麗的色彩。此種的四肢龐大，長有發達的蹼，因此很擅長游泳。牠們的龜甲愈扁平則水生性愈強。飼養本身並不難，但因為是很有活力的品種，所以需要相當大的水槽。

金頭閉殼龜

學名：*Cuora aurocapitata*
分布：中國　**甲長：**15cm（平均12cm）
溫度：普通　**水流：**普通　**CITES：**附錄II

特徵：在亞洲的箱龜當中屬於最小型。包含此種在內的三線、百色、潘氏閉殼龜等有黃色頭部的龜類在中國當地被視為珍貴的藥材，因此在野外有濫捕而數量銳減的問題。幾乎沒有WC個體的流通，只能在歐洲或日本國內看到極少數養殖的個體。飼養本身並不是太困難，以水池和陸地各半的感覺來養即可。此種很擅長游泳，所以水位高也沒有關係。

歐洲澤龜

學名：*Emys orbicularis*
分布：歐洲、西亞、北非　**甲長：**20cm（平均18cm）
溫度：普通　**水流：**普通　**CITES：**

特徵：澤龜科是繁衍在北美到中南美的種類，此種是唯一主要分布在歐洲的品種。也許是因為如此，此單一品種就在各地分化為10個以上的亞種。如果再加上地域變異的個體群，數量相當驚人。基本上與同為澤龜科的北美產品種：布氏擬龜以及石斑龜很像，背甲的顏色是黑色到深褐色為底，上面有黃色的放射狀紋路。是相當強壯的品種，可全年不加溫飼養。

三線閉殼龜

學名：*Cuora trifasciata*
分布：中國、越南、寮國
甲長：20cm（平均18cm）　**溫度：**普通
水流：普通　**CITES：**附錄Ⅱ

特徵：背甲上有3條黑色的線因而得名。臉上的花紋也很明顯，給人一種獨特的感覺。在所謂的亞洲箱龜之中算是較大型的品種。在陸地上也很好動，但幼體時期水生性比較強烈。如果用人工飼料一口氣養大，龜甲的形狀就容易扭曲，應該用營養均衡的食物餵食，不要太急促成長會比較好。此種的人氣非常高，但進口量少，所以價格高昂。

平背龜

學名：*Pyxidea mouhotii*
分布：中國、寮國、越南、其他　**甲長：**20cm（平均18cm）
溫度：普通　**濕度：**潮濕　**CITES：**附錄Ⅱ

特徵：分為兩個亞種，一種是腹甲上沒有花紋，只有一圈黑色鑲邊的穆奧平背龜（原名亞種），另一種是有放射狀線條的歐普斯特平背龜。是森林性，喜歡潮濕的陸地，但放置水容器的話牠們也會常常進去。雖然食物可以人工飼料為主，不過因為會挑食的個體也不少，也可以試著給予各種食物，例如香蕉或是切碎的乳鼠。此外，在餵食前對牠們均勻噴一些溫水也對恢復食欲很有幫助。

黃額閉殼龜

學名：*Cuora galbinifrons*
分布：中國、越南、寮國、柬埔寨　**甲長：**20cm（平均18cm）
溫度：偏高　**濕度：**潮濕　**CITES：**附錄Ⅱ

特徵：有3個亞種。背甲的獨特紋樣很受歡迎，很久以前就曾輸入，但卻因為牠們是很神經質的品種，於是其中有許多個體在不願進食的狀況下死去。近年來人們才漸漸理解牠們的特質，發現在進口後要讓牠們待在安靜的環境等重點，長期飼養成功的例子才逐漸增加。要準備空氣濕度高的環境，先給予各式各樣的食物，藉此找出該個體的喜好是很重要的。只要適應環境，牠們其實出乎意料的強壯。

錦箱龜

學名：*Terrapene ornata*
分布：墨西哥、北美　**甲長：**15cm（平均13cm）
溫度：偏高　**濕度：**略偏乾燥　**CITES：**附錄Ⅱ

特徵：有北部錦箱龜與南部錦箱龜兩個亞種。與卡羅萊納箱龜比起來偏好乾燥的環境，特別是照片中的南部錦箱龜甚至有沙漠箱龜的別名，也會棲息在乾燥的地區。不過，幼體還是需要一些溼度，養在過於乾燥的環境會讓龜甲變形。是相當活潑的品種，如果將活體蟋蟀放進飼養箱，牠們就會追上去捕食。以昆蟲為主食，再輔以適量水果或人工飼料是最理想的。

卡羅萊納箱龜

學名：*Terrapene carolina*
分布：北美、墨西哥　**甲長：**21cm（平均17cm）
溫度：偏高　**濕度：**潮濕　**CITES：**附錄Ⅱ

特徵：已知的亞種有6個，在日本國內流通的主要是照片中的三趾箱龜或東部箱龜，以及灣岸箱龜、佛羅里達箱龜等。亞洲的箱龜是屬於地龜科，而相較之下，北美的箱龜則是澤龜科。以前是便宜「陸龜」的代表品種，後來因為商業交易受到規範而進口量大減。成體可以忍耐乾燥，但幼體要養在淺水中，或是鋪一層厚厚的濕潤水苔維持濕度。食物可以人工飼料為主，也會吃昆蟲或水果。

龜類的飼養方式

陸龜

・什麼是陸龜

要將龜類大略的分門別類時，都會出現「陸龜」與「水龜」這種籠統的稱呼。就像字面上的意思，「陸生的龜」就被稱為陸龜，那麼一部分的陸生山龜和箱龜能稱為陸龜嗎？那倒也不是。相對於水龜這種更籠統的分類，只有在生物分類上被歸類在「陸龜科」的才能稱之為陸龜。

除了澳洲以外，陸龜分布在亞洲、非洲、南美、北美。畢竟稱為陸龜，其中並沒有棲息在水中的品種。不過牠們的生活環境五花八門，從乾燥地帶到濕地，已經適應了多樣化的環境。就這層意義上來說，並沒有所謂的「陸龜的飼養方式」存在。定義籠統的水龜反而能在相似的環境飼養多個種類，如果用極端一點的說法，陸龜就是會依據品種而不同。

寵物店有時會將複數種陸龜放在一起，但這應該只是售出前的暫時處置

有時候，寵物店等地方會將複數種陸龜放在同一個籠內，每個個體彼此忍受著某些不適合的環境這種情況也不少。當然，就算是完全不同的種類，只要偏好的環境相同就可以同養。可是，「因為都是陸龜所以可以養在一起」的想法，就像是在說「因為都是烏龜所以可以養在一起」，並將海龜與陸龜相提並論一樣。舉例來說，比起將蘇卡達象龜和星龜同養，將在分類上完全不同的刺尾飛蜥等生活在乾燥地區的蜥蜴與蘇卡達象龜養在一起還比較正確。陸龜並不是一個品種，請不要忘記這只不過是一個分類的範疇。

另外，也請記得陸龜因為被濫捕作為寵物，所以所有品種都已經被列入CITES附錄之中。牠們本來就已經是在逐漸（而且是相當迅速的）減少的物種。而且除了一部分以外，CB化進行的很慢。也就是說牠們都是WC——野外採集的個體。飼養時必須非常慎重。

・挑選方式

大多數時候，飼養生物是在挑選個體的時間點就大勢底定。除非是對飼養手腕相當有自信的人，一般人只要選到狀況不佳的個體，接下來就只會漸漸逼近死亡。特別是陸龜，從來沒有養過爬蟲類的人通常不可能看出牠們的狀況到底是好是壞。在日本「烏龜就是很悠閒而且動作慢」的想法已經根深柢固。如果用這種眼光來看，因狀況不佳而沒有動作的龜類在人們眼中也很正常。龜類閉上眼睛是因為在睡覺還是身體不適，能分辨這種狀況的能力不是那麼容易就有的。另外，一般人常會認為因為陸龜不是生活在水中的龜類，所以牠們的皮膚理所當然會乾巴巴的。但其實健康陸龜的皮膚很有彈性，看起來很水潤。這種細膩的「眼光」是不管讀多少書、在網路上搜尋多久都培養不出來的。關鍵在於怎麼看實體。而這些經驗的累積就是飼養爬蟲類最重要的部分。

這邊先舉出一些比較容易看出的「不能選的個體」。這也只是一個基準。希望讀者可以先培養看的眼光。

1：總是閉著眼睛的個體⋯再加上如果拿起來很輕就算出局。這表示身體已經相當衰弱了。

2：很輕的個體⋯這是最簡單，也是最難懂的一點。會這麼說，是因為輕重是種感覺，不是普通

或平均的形容詞可以介入的領域。用比喻來說，就跟挑選蔬菜或水果時很像。即使外表好看，水分已經蒸發的蔬果內部會有許多空洞。陸龜也一樣，健康的個體拿起來會比外觀看起來還要沉。不過，有些剛進口的個體會特別輕，但只要進食幾天馬上會變重，所以就算體重輕，食欲良好的個體也沒有問題。

希望各位在選購時能確認以上2點。在某種意義上，這些都是一定要到現場才有辦法確認的重點。陸龜的一生漫長。接下來與牠們相處的日子很多，所以一定要好好檢查牠們的健康狀況。常有人說百聞不如一見，只要多去幾次寵物店，就算看不出不健康的個體，也能馬上分辨出健康的個體。牠們會四處走來走去，胃口也大。已經習慣環境的個體甚至會四腳一張、大剌剌的睡起覺。一直縮在龜甲裡面的個體就不可能是健康的。

在個體面前和店員閒聊一下的話，大多可以聽到更詳細的說明，店員也會以實際看到的例子說明選擇好個體的方法。如果遇到的人不認真講解的話，只要換一家店即可。如果是熱心的店員，甚至連「這個已經不行了」之類的話都會誠實告訴消費者。

陸龜・♂♀的分辨方式

幼體尺寸的差別很細微，不過一到拳頭大小就會比較好分辨。基本上不建議多隻一起飼養。因為如果是養公母一對，母龜會因為公龜的持續逼迫而累積壓力；如果都是公龜，較弱小的個體則容易因此退縮。因此如果要飼養複數個體，必須盡量都選擇母龜。就這層意義上來說，飼主最好可以學會如何分辨雌雄。

尾巴明顯較長。總排泄孔為「狹長縫隙」的形狀。這點在水龜身上也一樣，這與陰莖的收放有關係

以他種龜類的傾向來說，公龜的股甲板是「倒V型」，母龜為了產卵所以是「倒U型」，陸龜雖然也有差異卻很難分辨

從後方看的樣子。公龜的尾巴長，所以可以彎著收起來

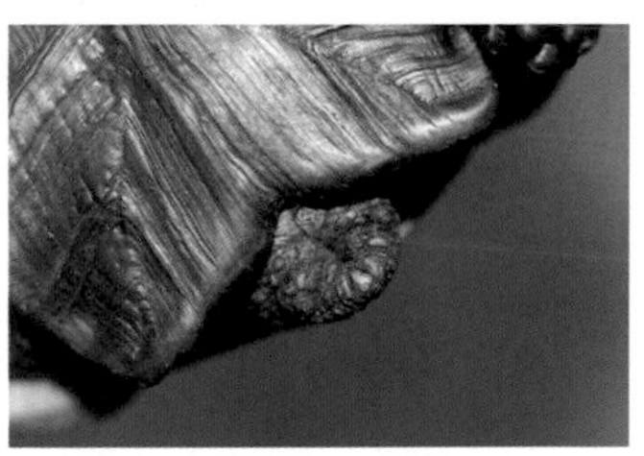

因為尾巴較公龜短，幾乎無法彎曲。總排泄孔的形狀像是「※」，這點在水龜身上也一樣

COLUMN 01

龜類的咬合不正

最近飼養龜類的人們都隨時在注意紫外線、飼養箱的大小、水質以及各式營養劑等資訊，在過去被當成烏龜疾病代名詞的「佝僂病」或是眼瞼會變白腫脹的「維他命A缺乏症」等病症已大大減少。這是很令人高興的事。不過如此一來「咬合不正」的問題相對地浮上檯面。簡單來說就是嘴（喙）的過度生長。這種狀況在陸龜與水龜身上都有可能發生。

龜類的嘴喙過度生長會怎麼樣呢？嘴巴會因此無法閉合，如果情況更加嚴重，就會造成無法進食的後果。上顎包覆下顎的類型、下顎過度突出的類型，不管是哪一種，只要放置不管，龜類的身體狀況就會惡化。

首要原因在於沒有咬食堅硬的食物，但實際上不只如此。如果聽到牠們的嘴巴發出嘰嘰嘰的摩擦聲響，或是臉看起來「好像有點怪怪的」，就馬上帶愛龜去看獸醫吧。獸醫會幫忙削掉一些的。

照片中鋪著一般稱之為貓尾草的乾草，也設置了遮蔽物和保溫燈。塑膠盆的尺寸是90×50cm

・在迎接新成員之前

要飼養爬蟲類的時候，一開始最難理解的就是保溫和保濕。因此本書並沒有採用「飼養此種適合的溫度是30℃、濕度是70%」的記載方式。這是在飼養箱內的哪裡測量出來的呢？雖然也和使用的加溫裝置有關，但飼養箱內的溫度相當多樣。要將箱內的溫度統一是很困難、也不該有的行為。飼養時一味拘泥在數字上通常會失敗。這跟爬蟲類這種生物的特性有關，爬蟲類的體溫並不是恆溫，而是會被外界氣溫左右。

大致上，牠們的故鄉白天很炎熱，夜晚很溫暖（有時候很涼快）。即使是在白天的炎熱時分，牠們也會利用烈日或陰影、樹蔭等細微的環境差別調節體溫。設定固定溫度不只沒有意義，有時候還是相當危險的行為。特別是日行性的生物，活動起來最適當的體溫常常是過熱前一點點的尷尬溫度。可以想成是為了活動將體溫提升到極限。如此一來，將整個飼養箱內都調整成這種溫度的話，一定會讓牠們衰弱致死。

只要理解這一點，就可以知道維持基本溫度的加熱器與做日光浴用的保溫燈有多麼必要。保溫燈就等同於太陽，晚上就要關掉。而在牠們的故鄉「已經不會再下降了」的溫度，就是關掉燈後的基本溫度。

好了，到這邊各位應該已經了解溫度的結構。接下來是飼養箱的配置。這必須事先準備好。舉例來說，如果自己另外還有養別的爬蟲類，也對房間乃至住家（放置飼養箱的場地）的溫度與環境有一定的認識，只要備齊了用品，等龜類到手再組裝也沒有問題。但如果是第一次，最好可以在包含假日的幾天內好好觀察一下房間。為什麼呢？因為閱讀本書的讀者不可能所有人的家都是同樣的環境。冷氣的有無、是木造還是鋼筋水泥、飼養箱是接近地面、玄關或是窗戶……等等各式各樣的原因都會影響。以更長遠的眼光來看，日本是有四季之分的。同樣的配置在溫暖的季節沒有問題，到冬天就有可能會出現問題了。

基本上，飼養箱並不是組裝一次就結束的。請記住，飼主有必要視個體的情況隨時作微調。牠們沒有辦法因為覺得冷就自己開暖氣，也沒辦法因為覺得熱就脫掉衣服。所以調整溫度就是我們飼主的責任。首先要把飼養箱組合好、裝上加熱器和保溫燈，看看有沒有達到想要的溫度、能不能維持，並觀察數天的時間。當然，關掉保溫燈後的狀況也要。是否有開空調的變化也一樣。設想任何可能的情況，跟溫度計玩大眼瞪小眼吧。

首先，把身為本體的飼養箱裝起來。愈大愈容易處理。會這麼說，也是因為愈小的飼養箱愈容易受到外在因素的影響。太小的飼養箱只要一打開保溫燈，整個箱內都會過熱，很令人困擾。當然，預算和房內的空間也是一個問題，飼主應設想愛龜往後的體型，選擇足夠大小的飼養箱。

那麼，飼養箱要放在哪裡呢？窗邊或是冷氣出風口附近是絕對不行的。對於非常需要日曬的陸龜來說，窗邊看似是很理想的環境，但其實是最危險的地方。只要設身處地想想就可以知道。冬天窗邊有多寒冷。夏天窗邊有多炎熱。另一方面，冬天如果有照射到太陽，溫度就會急速上升，而太陽角度傾斜就會急速下降。在這樣的地方可以好好的控制住溫度嗎？這是不可能的。在冷氣的正下方也一樣。重點是太過乾燥了。就算是偏好乾燥環境的陸龜都會變得乾巴巴的。

最理想的方式是找出房間內環境變化最小的地方。放置飼養箱的高度也很重要。地板也一樣，如果房間沒有裝地板暖氣，地上就是容易受涼的地方。而且如果放在地板上，飼主就會隨時俯瞰牠們。大部分的爬蟲類都討厭被從上方做任何動作。所以放在與視線同高是最好的。如果要將飼養箱放在地上，最好在下面鋪一塊保麗龍板等物。

放好飼養箱就可以裝加熱器了。通常，基本的保溫會使用遠紅外線加熱器或是平板式的加熱墊，從飼養箱底部加熱。使用箱底面積一半大小的加熱墊，並在飼養箱後方的側面再加上一片是最理想的。只要能藉此讓龜甲的頂點再上去一點的高度都能達到期望的溫度就沒有問題。如果溫度還不夠高，也可以同時使用陶瓷加熱燈或夜間保溫燈、上部式的遠紅外線加熱器等產品。不管怎麼做，這部分其實可以大略就好。假如理想溫度是26℃，就算箱內同時有30℃和23℃的地點也沒關係。個體自己會做出選擇。

接下來是保溫燈。選擇保溫燈可以說是最困難的。保溫燈通常是為了提供熱源。就像前面提到的一樣，它代表了太陽。而太陽提供的並不只是熱度。沒錯，還有紫外線，也就是UV。日行性的爬蟲類需要UVA與UVB，如果沒有這些，身體狀態就會逐漸惡化。最棘手的不是沒有日曬就會馬上死亡，而是無法以肉眼確認其效果這一點。

供給紫外線的器具有顯著的進步，市面上可以看到各式各樣的產品。這邊就要做出選擇：是要選能照射出紫外線的保溫燈，還是要將保溫與紫外線的供給分開來考慮呢？這能以個人的作風、想法來作決定，不過對於初學者，筆者比較建議分開來考慮。也就是將不含UV的保溫燈與紫外線照明搭配使用。不過陸龜會依據種類不同而有不同的紫外線需求量。個體之間也會有差異。雖然想取暖但不想照射到紫外線，或是雖然想沐浴紫外線但再曬下去就要過熱了；像這樣的情況也有可能發生。

所以紫外線可以使用螢光燈等不會發熱的類型，需求量高的個體可以使用金屬鹵化物燈，並使用不含紫外線的保溫燈就很好理解。關於保溫燈的溫度，也可以大概就好。總之可以先裝好，等個體住進來之後再微調即可。

關於底材，也會依陸龜的種類而有很大的變化。基本上，星龜、紅腿象龜、黃腿象龜、黃頭陸龜類、凹甲陸龜、除了壘包折背龜之外的折背龜等喜歡潮濕環境的品種，可以鋪上濕潤的椰殼纖維等材質。不管是哪個品種，雖然適應了環境的大型個體可以不用太在意，但小型個體只要過於乾燥馬上就會身體不適。除此之外的品種只要不是裸露的玻璃或報紙等表面光滑的材質，使用什麼都可以。會滑的底材最後容易引發四肢的病變，應避免。

大多數情況要隨時備有水容器，喜歡潮濕環境的品種要有可以全身進去的尺寸，其他種陸龜則可以選擇不會被推倒且容易飲水的容器。

大多數陸龜不需要遮蔽物，但如果將遮蔽物當作乘涼處而非藏身處設置的話，比較不會有意外。

對於森林性且喜好潮濕的品種來說，保溫燈常常是只需要提供熱度即可。不喜明亮的品種可以使用陶瓷加熱燈或是發紅光的燈泡

COLUMN 02

指甲過長

野生的陸龜會在堅硬的地面和傾倒的樹木上行走，所以指甲會磨損到剛剛好的長度。但人工飼養下會如何呢？大部分的寵物龜都會在柔軟的底材上生活。而且最重要的是，牠們的行走量不會大到能磨掉指甲。這樣的話指甲當然就會持續長長了。

那麼，指甲過長會如何呢？請想像我們趴下來但不以膝蓋著地，只用四肢的指頭支撐全身體重的樣子。大概只走個幾步就受不了了吧。不只如此還會扭傷手指，嚴重的話或許還會骨折呢。人工飼養下指甲過長的龜類就是這樣的狀態。如果放置不管，牠們本來是以前腳我們稱為手掌的部分來步行，但這部分卻變得碰不到地面，自然而然就會改成以拇指根部為支點撐住上半身，後腳則是變成以腳背支撐。要是長期維持這種狀態，四肢的骨頭會變形，總有一天就無法走路了。

雖然只是指甲太長，以長遠的眼光來看卻是非常危險的事。就算是在室內也好，最好可以將牠們放出飼養箱走走，覺得指甲太長就慢慢把它剪短吧。

・烏龜來了

龜類到家之後可以先放進飼養箱觀察幾個小時。一開始牠們會對環境的變化感到無所適從，四處遊走或想躲起來。不過除非是特別膽小的個體，不然過幾個小時就會冷靜下來。而在此之後才是觀察的重點時機。最重要的一點是保溫燈的使用方式。如果愛龜一直待在保溫燈正下方最高溫的地方，就代表溫度太低。可以將燈泡的位置調低一點，或是視情況提高瓦數。

相反的，如果牠們不願意靠近燈泡，或待在距離中心很遠的地方接受日曬，就表示太熱了。這時將燈拿遠一點吧。只要燈泡設置得宜，牠們就會重複交替「取暖」和「活動」這兩種動作，所以要確認這一點。

另外，如果牠們不斷往飼養箱的角落裡鑽，大多是因為整個飼養箱都太熱了。距離保溫燈很遠的時候要特別注意。剛到家的第一天要注意這些部分，而且只讓牠們喝水，不給予食物，讓牠們好好休息。

・餵食

餵食是最大的樂趣，也是健康檢查的好機會。只要不是特殊的陸龜，一般都會餵食葉菜類或野草。

常見的有青江菜、小松菜、萵苣、長蒴黃麻等，基本上只要不是太奇特的蔬菜，餵食哪一種都可以。這邊舉出的4種單純是因為營養比較均衡，可以當作主食，其他的蔬菜只要是以少量當作點心就沒有問題。另外，南瓜和紅蘿蔔也是很好的食物。

野草可以餵食蒲公英或酢漿草、繁縷等，但這些草可能會沾染一些車輛廢氣或除草劑，所以一定要用中性洗劑清洗，並確實沖掉洗劑再餵食。餵食給幼體的時候要切成適當的大小。也有人認為切過再餵食容易造成嘴喙過長，不過很難想像蔬菜能有防止嘴喙過長的效果。

幼體進食之後常常直接睡覺

除了這些食物以外，準備一些冷凍綜合蔬菜（紅蘿蔔、青豆、玉米）也很方便。另外，番茄也是不錯的選擇，雖然會讓糞便變得較軟。除此之外，也可以給予任何一種黃綠色蔬菜。但必須避免蔥類或大蒜等人類用來當佐料的蔬菜。

飼養箱內最好能放一些墨魚骨或貝殼。小動物用的礦物塊也很好，不管是哪一種，放一些堅硬的食物讓陸龜咬，能避免嘴喙過度生長。已經長得非常長的時候，可以帶到獸醫那裡，請獸醫幫忙削掉一些。如果不管，牠們就沒辦法進食了。

香蕉等水果類適合當作點心或是在沒有食欲時給予，但基本上因為糖分太高，不能當作主食。不過在第一次餵食WC個體時，水果可以發揮絕佳的效果。

提到人工飼料，常會出現正反兩面的意見，但除了星龜以外的潮濕型品種卻可以當作主食。會這麼說，是因為大多數偏潮濕型的品種比較接近雜食性，也會攝取很多動物性蛋白質。實際上紅腿象龜和黃頭陸龜、凹甲陸龜等品種以人工飼料為主食餵養也很少出現龜甲的異常。相反的，草食性強的品種如果吃多了人工飼料，龜甲的成長幾乎一定會有異常。當作菜單的其中一項沒有問題，但應避免當作主食。

餵食的時間、量與次數以上

COLUMN 03

陸龜的鼻涕泡

如果睡著的陸龜從鼻子吹出一顆小小的鼻涕泡，會讓人忍不住會心一笑吧。飼主可能會用手機拍照，再傳送給好朋友也不一定。的確非常可愛、看著看著就令人湧上一股幸福感的畫面。不過，請到此為止。現在馬上打電話預約動物醫院的門診，帶愛龜去看醫生吧。因為這是一種病，或者環境並不適合牠們。

只是流鼻水、吹鼻涕泡而已，並不會明天就死亡，但如果放著不管就會危及生命。流鼻水的原因有很多，所以請放下外行人式的思考，直奔獸醫師身邊吧。感冒為百病之源這一點，人與龜都一樣。太小看感冒是會出大事的。請小心提防鼻水。

午與傍晚餵食2次為佳，但也沒辦法這麼順利。其實這2次餵食時間與保溫燈的開燈時間有很密切的關係。植物性食物的消化需要時間與熱量。因此在身為熱源的保溫燈即將被關掉之前請避免餵食。比較理想的情況是用計時器控制保溫燈與照明，以飼主本身的活動時間決定開燈的時機。

比如就夜貓子的飼主來講，以早上開燈晚上熄燈的循環，每天就只能看到睡著的陸龜。這種時候，用遮光窗簾等方式使房間變暗，讓日夜完全顛倒會比較好。就算是在傍晚迎接早晨、在早上迎接夜晚，只要時間有符合規律就沒有問題。只要個體進食後可以悠閒的取暖就可以了。

食物的分量會依照個體和身體狀態改變。這可以套用到所有的爬蟲類身上，就算沒有每天吃固定的量也沒關係。如果有「昨天明明吃了一片葉子，今天卻只有半片。牠會死掉嗎？」之類的想法，連飼主都食不下咽了。很有趣的是，如果食量增加，一般人都不會擔心，若是減量卻會擔心得不得了。事實就是如此。只要想想自己就會了解，我們會有肚子很餓、也會有沒什麼食欲的時候。兩者是一樣的。平時多給一些，太多了就丟掉，只是如此而已。

另一個很重要的一點是「牠在寵物店都吃什麼」這件事。有許多個體很不好伺候，只要不是以前吃的食物就不願意入口。所以要在購買的時候確認這一點，暫時先給予該類食物，再逐漸混入一些想要餵的食物作轉換。

・溫水浴

就是俗稱的「洗澡」。關於這件事也有正反兩面意見，筆者本身也會依情況和個體來判斷，每個個案都不一樣。至少對健康的個體來說，並沒有必要定期泡溫水浴。如果平常就待在可以正常飲水的環境中，溫水浴並非必要。

一般來說，陸龜泡溫水浴的時候會喝水並排便。雖然不知道這是不是其理由，卻令人覺得這似乎是件好事。可是如果是正常的個體，同樣的事牠們會在飼養箱內做。溫水浴只對剛進口的脫水個體或因為某種原因而身體不適的個體有效果。通常脫水會造成便祕，能紓解這種症狀的手段就是溫水浴。

如果是健康的個體，可能會因溫水浴受驚嚇，而排出消化不完全的糞便。要是持續發生，就會造成營養不良。溫水浴一週頂多一次，且作為清洗龜甲的手段較佳（因為陸龜很漫不經心，常會在自己的糞便上隨處走動，所以容易弄髒龜甲）。此外，如果飼養箱內已經放了水容器，但陸龜還是在溫水浴時大口大口的喝水，常常是因為水容器不適合，讓牠們不方便喝。這一點也應該好好檢查。

溫水浴要在35℃左右的溫水中進行。容器在夏天可以使用塑膠盒或臉盆，冬天為了不讓水溫太快下降，用保麗龍箱會比較好。另外，飼養複數種、複數個體的時候，一定要單獨進行。因為在泡溫水浴時會喝水與排便，如果其中一隻有感染細菌或寄生蟲，就會一口氣散播開來。當然，個體一旦排便就要馬上替換新的水。溫水浴結束後要先把身上的水氣擦乾再放回飼養箱。陸龜的身體要用柔軟的海綿等物品擦洗。要是太用力搓洗，就會傷到成長線。

COLUMN 04

不會下沉的龜

明明是水生品種，卻有些個體沉不下去，只能浮在水面上。雖然想去吃沉到底下的食物，卻潛不到水底。或是就算臉部沉入水中，臀部仍浮在水面，掙扎著下不去。不管是哪一種，都不是正常的情況。

如果從買來就是這種狀態，表示在寵物店是長時間待在水位低的環境裡。這種不需要擔心，遲早都能沉入水中的。可是長期飼養下還是無法下沉的話，就需要擔心了。第一，身體狀況不佳會導致體重變輕，之後更有可能進一步惡化，使個體甚至失去游泳的體力。這種時候應該馬上降低水位，不要給牠們多餘的負擔，並給予營養價值高的食物改善身體不適的原因。

還有另外一種情形特別容易發生在完全水生龜身上，有些品種本來的習性是吃掉落在水底的食物，但如果老是在吃漂浮型的食物，就會將漂在水上的食物與空氣一起吸入胃裡，導致空氣累積無法排出而浮在水面上。這種時候只要將水深降到與龜甲厚度差不多，飼養一陣子後累積的空氣就會變成屁被排出。特別要注意的是，如果是因為狀況不穩定而浮在水面上，有可能會因為過度消耗體力而溺水。

將鈣粉添加在食物中非常有效

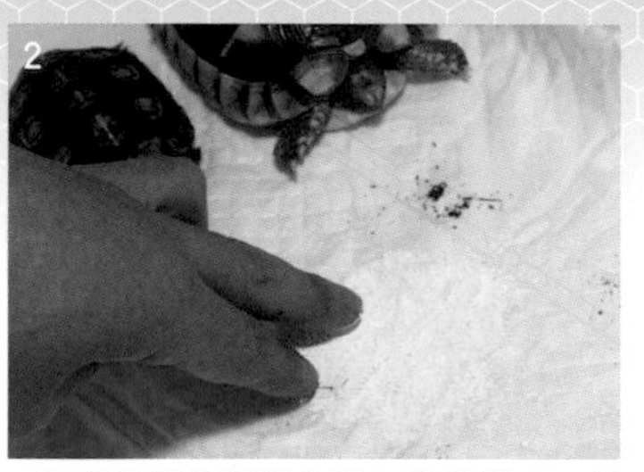

1.這是將專用鈣粉添加在用水泡開的乾燥食品中餵食的例子。面對神經質的個體要先撒上鈣粉。如果食物粉粉的，有不少個體都會感到嫌惡

2.這裡使用的鈣粉有添加南瓜粉末。其他也有添加紅蘿蔔粉的產品

3.乾燥食品的南瓜和紅蘿蔔不好咬，較小的個體可以再切碎一點餵食

・營養輔助食品

就是所謂的營養劑或鈣粉。

老實說，要維持草食性動物的營養均衡是一件很困難的事。比如說，就算有看蔬菜的成分分析表，營養價值還是會因溫室栽培或是有機栽培而完全不同，是不是當季蔬菜恐怕也有關係。所以才需要營養劑。

使用鈣粉只要撒在食物上即可，沒有什麼問題。如果飼養環境有確實照射紫外線，要選擇不含維他命D_3的食物，否則會引發過多症，要特別注意。

關於維他命劑，實在很難挑它的使用時機。會這麼說，是因為大部分的維他命劑都有特殊的臭味，比較神經質的個體一旦遇到撒上維他命劑的食物就會拒食。比較激烈的方式是在飼養箱內撒維他命劑，讓個體習慣臭味這一招，但最簡單的是在溫水浴的時候使用，讓溫水浴再增加一個目的。在進行溫水浴時，將維他命劑溶入溫水中。對平時就一直有在喝水的個體這麼做沒什麼意義，所以可從前一天就停止供水。就算攝取較多的鈣質也只會被排出，所以不需要太嚴密的控管分量，可是維他命劑如果過量就會引發過多症。畢竟只是營養輔助，所以請定期少量給予。

・讓牠們走動

陸龜一定要自在的四處走動。這並不只是為了觀賞。對陸龜自己來說，走路就是一件很重要的事。這是因為牠們會藉由四肢的活動帶動肺部，所以才能夠呼吸。如果處在不能走動的狀態、或是不能走動的環境，可以想像會發生什麼慘劇。所以想把牠們養在狹窄的飼養箱內是不可能的。

牠們本來是單一個體就擁有廣大地盤的生物，所以在一天之中就會移動很長的距離。至少在有空的時候，應該讓牠們離開飼養箱，在房間內到處走走。至於室外散步，比較膽小的個體有時候會因此累積壓力，不過如果是可以好好看著的環境，愛龜本身也沒有什麼問題的話，就很建議這麼做。

但是，即使是本來在飼養箱內不好動的品種，被放在自然環境中有時候也會突然變得非常敏捷。有些時候飼主一恍神就會不見蹤影，必須注意。另外，也要留意狗或烏鴉。而且請不要帶愛龜去有可能灑有除草劑的場所，寒冷的季節當然也不可以。在牠們吃野草的時候不太用阻止，通常牠們不會主動去吃不能吃的草。

水龜

・什麼是水龜

本來並沒有所謂的水龜這種名詞。簡單來說，就是指除了陸龜與海龜之外的龜類。所以，從豬鼻龜這種完全水生種，到卡羅萊納箱龜這種完全陸生種都有，是一種包含了多種龜類的複雜名詞。在生物分類學等學問中，也不存在水龜這種名詞。這只是愛好者為了稱呼上的方便才想出的名稱。

這個分類中有大約220個品種，其中大部分的品種都有在市面上流通。本書的圖鑑中大致上將「也會上岸的幾乎完全水生」品種稱為水生種，「雖然也會在水中活動但需要陸地」的品種則稱為半水生種。

半水生種之中也有一些很明顯是完全陸生的品種，但為了編排上的方便所以被分類在一起，還請讀者注意。不論如何都只是方便行事的用語，所以有必要個

別掌握每個品種的特性。此外，有時候幼體與成體的飼養方式也會有所不同。

・挑選方式

大多數時候，水龜比陸龜還要容易挑選。因為只要常常活動、有在進食就沒有問題。反過來說，不進食的個體就沒辦法活得很久。就是這麼明顯，也有很多相當貪吃的個體。只要避開無力浮在水面上的個體，就不會有什麼大問題。就算仔細看會發現一些小傷口，只要沒有嚴重的化膿現象很快就能痊癒，不會危及性命。

舒舒服服在游泳的華麗鑽紋龜

另外還有一種俗稱「歪甲」的情況。這是指背甲的各個甲板之間有歪斜，造成甲板增減的現象，這種個體大多會賣得比完整的個體還要便宜。對不在意的人來說是很划算的交易，不但時常發生也可當作是一種特點，再說健康上也沒有什麼問題。順帶一提，人們認為這種特徵並不會在繁殖時遺傳。

同樣的，如果飼主一開始的目的就是繁殖，被其他個體啃咬緣甲板造成的「缺甲」或是被咬尾巴造成的「斷尾」等，都是可以下手的個體。如果要作為寵物飼養，這部分也可以想成是「該個體的歷史」（以前曾有南美產的品種身上留有明顯的鱷魚咬痕），讓思緒奔馳在牠們的過去之中，也不失為一種樂趣。

不論如何，只要挑選自己可以接受的個體就好。會在意這種小細節的人只要跑遍全日本的寵物店也可以獲得解決。

・在迎接新成員之前

在飼養水龜的時候，只要有保溫器具，大多數情況可以等到個體到手後再組裝飼養箱。實際上牠們生活在各式各樣的環境，最重要的是適應力強，但如果將環境改變成與寵物店完全不一樣，也有可能會失敗。

假如飼主看了本書「因為卡羅萊納箱龜是陸生龜，所以要準備相應的環境」，然後依照這個資訊做了準備。可是購買的店家卻是將牠保管在放了淺水的飼養箱內。這種時候，個體通常沒辦法馬上融入新的環境。可能會突然開始拒絕進食。此外，長期處在水位低的環境的個體若是突然來到水太深的地方，有時候會無法沉入水中。

所以做出適合該個體的環境至關重要，必須要看個體的行動來決定如何設置。與寵物店的溝通也非常重要，像是牠之前待的環境、吃的食物等資訊，都要事先確認過。

・飼養箱的設置

一般來說會使用市售的水槽。如果是幼體，可以從最普遍的60cm水槽開始。因為這種的周邊器材都已經備齊，所以很方便。有許多龜類都非常活潑且成長快速，最好可以一開始就準備夠大的水槽。

大多數的情況下，遲早有一天會需要換成90cm、120cm的水槽。特別是不需要從側面觀賞的時候可以使用大型的塑膠衣箱，攪拌水泥時會用到的塑膠盆也可以。另外，最近也有進口將陸地

COLUMN 05

龜甲上的痘痘

在養水龜的時候，飼主有時候會注意到牠們的龜甲上有看起來像是青春痘的東西。這並不是表示牠們已經到了「青少年」的年紀，多數是因為水質的惡化等飼主的疏忽引起。

一旦發現有痘痘出現就要馬上將愛龜拿出水中，讓牠們的龜甲乾燥，然後重新檢視一下。如果只是一點小傷，可以塗上稀釋的外傷用優碘並風乾幾次就會好，但如果裡面含有起司狀的膿，就不知道傷口有多深，這時應馬上前往動物醫院。有時候雖然看得到的膿很小，也有可能已經穿過龜甲深達肌肉。自己去摳反而容易傷及肌肉組織，就交給獸醫處理吧。

面積一體化的龜類專用大型飼養箱，這類型的產品也不錯。

重要的是放置場所。水是很重的。一般人都會想將水槽放在這裡，但就算只是60cm左右的水槽，只要裡面裝滿了水，幾乎都會壓得鞋櫃打不開。這一點外凸窗也一樣（就像在陸龜的項目中所說明的，窗邊還有其他問題所以不推薦）。水槽一定要放在專用的水槽台上。

還有，水槽台的下方要鋪一塊偏厚的合成木板來維持水平。

在室外使用大型塑膠龜池的飼養實例。為了不讓龜類過熱，可以蓋上竹簾等物，根據狀況準備陰涼處。另外，考量到可能會有烏鴉的攻擊，也可以蓋上烤肉網之類的蓋子

特別是四支桌角的水槽台。如果房間內有鋪設榻榻米或厚地毯，要是不平均分攤重量，總有一天桌腳會下陷造成傾斜。90cm以上的水槽更不用說，放在專用台架上是理所當然的，特別是玻璃水槽，如果太傾斜，使玻璃承受太大的壓力就會破裂。即便是壓克力水槽也會因此造成漏水，須注意。

・底材

底材會根據品種而有所不同。比如說，鱉類會需要可以挖的細沙，陸生品種則需要使用椰殼纖維或腐葉土、水苔等材質。

飼養鱉類時需要準備細小的沙礫。
照片中是白化的珍珠鱉

而大部分的水生、半水生品種都喜歡這些材質。筆者本身也這麼鋪設。

像寵物店這樣需要收容大量個體的地方，沒有鋪底材會比較方便處理。因為只要有替換足夠的水量即可。可是個人飼養的時候就不一樣了。只要飼養的目的在於享受其中樂趣，那麼講求便利性可以說是沒什麼意義。常有人因為「店裡是這樣養的」所以就照辦，當然優點可以盡量模仿，但實在沒必要全都做得一模一樣。寵物店只是「出售前的暫時收容所」，不是「享受飼養樂趣的地方」。也有人喜歡看自傲的個體在只有無機物的環境游泳。這部分關係到個人偏好，但在有鋪設底沙的情況下，龜類的樣子明顯比較穩定。討厭水槽底部反射光線的個體也不少。而且，從維持水質的觀點來看，底沙對保持水質清淨具有一定的效用。

清理上確實有點麻煩，但飼養生物本來就是一件很麻煩的事，所以飼主只能理解並自己調適了。

・水深

以前有些給小學生看的圖鑑裡寫著這樣的養龜方式：「水位與烏龜的龜甲厚度差不多，或更低一點」。這樣的水位雖然對一部分的山龜和箱龜沒有問題，但對大多數的水龜來說實在太少了。如果龜甲能完全沉入水中還說得過去，以「比龜甲更低一

COLUMN 06

摸了就要洗手

不管你覺得烏龜多可愛、有多麼愛牠，牠們就是很髒的生物。觸摸之後請一定要洗手，親吻更是不可以。雖然不是只有龜類會髒，但身為和平象徵的烏龜身上竟然有很多細菌，這種煽動大眾的題材是媒體最喜歡的，馬上就可以開開心心的寫出一堆報導。這種時候我們飼主更應該好好改正與龜類的相處習慣，證明這並不是龜類的錯。

「龜類水槽中的水不要倒在廚房等有餐具的地方。觸摸愛龜之後一定要記得洗手」。這些事也要教導小孩子。雖然會花上一些時間，就從這些理所當然又基礎的地方做起吧。

點」的水位長期飼養的話，乾燥部分的龜甲就會停止發育，導致龜甲變形。

而且水位太低，還有個重要的問題就是「養起來很沒意思」。這件事對以飼養生物為興趣的人來說是很致命的。這會威脅到這個興趣的中心概念，讓人思考：為什麼要花錢花時間來做一件「沒意思」的事呢？這只能說是「擁有」烏龜，而不是「飼養」烏龜。水龜還是必須要游泳才行，還是必須要讓牠們游泳才行。總之一定要確保牠們的水位至少有到與甲長同高。接下來只要觀察愛龜的樣子再添加即可。

不擅長游泳的品種或個體可以將水位維持在站起來就可以伸長脖子呼吸的程度，擅長游泳的個體大致上不管多深都無妨，深一點也比較能觀賞到牠們活動的模樣。這部分比較憑感覺，但希望飼主可以姑且當作被騙，先嘗試看看。讓牠們游泳一定會帶來許多樂趣。當然，陸地等可以休息的地方也是必要的。

與大型鯰魚一起游泳的扁頭長頸龜。長頸龜類基本上不需要陸地，也不會攻擊無法直接吞食的魚，所以很適合和魚類共游

・濾水器

除了陸生品種以外，一定要設置濾水器。某種意義上來說，哪一種都可以。更極端一點的說法，不管使用效果多好的濾水器，還是一樣要換水。只是換水的週期稍微改變罷了。特別是飼養著複數個體、或是個體在水槽中相對較大的時候，濾水器的功能頂多就是清除水中漂浮的異物。

那麼為什麼還要裝濾水器呢？單純是為了製造水流而已。到目前為止都沒有對水流有很多著墨，但這卻是意外的重要。尤其，請看看龜類的四肢。腳上的蹼愈是發達，愈是適合游泳，甚至可以說是「不游不行」的品種。

如果將這種不游不行的品種養在靜止的水中會如何呢？牠們會漸漸失去活力，總有一天會搞壞身體。到目前為止介紹了許多「容易肥胖」的種類，像這樣的品種只要養在寬敞的水槽中也不會肥胖（雖然也和食物的量有關）。使用上部式濾水器能製造的水流很有限。此外，小型的沉水式濾水器也一樣，這種程度對不喜歡強烈水流的品種來說剛剛好。

該注意的是，大型水槽使用的幫浦也會比較強力。通常為了不讓吸水口吸進太大的異物，會加裝一種叫做過濾棉的產品，但有時候會被龜類拆掉。有很多個體的頭部或四肢因此被吸進吸水口溺死，請飼主一定要十分注意。

如果是飼養喜歡強勁水流的品種，可與濾水器一起使用一種稱為POWERHEAD的沉水馬達。當然，如果要製造強烈的水流，一定也要有可供休息的場所。那就是布局和陸地的範疇了。

・陸地與布局

陸地的存在是龜類的飼養中最重要的一環。陸地的基本條件是「容易爬上去」。如果爬不上去，好不容易準備好的陸地也沒有意義。龜類的腹部很堅硬。這是當然的，因為有腹甲這一片甲殼。有時候這會變成牠們爬上陸地的障礙。這並不是龜類的責

任，是因為陸地不好。換一種可以迅速爬上去的陸地吧。

陸地可以選用市售的浮島型產品，使用沉木或岩石也可以。只是，看了牠們的行動就會發現水中的障礙物有多麼重要，可以把沉木組合起來伸出水面作為陸地，如果用浮島型就另外在水中用沉木或岩石組合吧。這是因為有些品種、個體不喜歡全身上岸做日光浴。這種個體會一邊在淺灘的水中抓住沉木一邊做日光浴。

另外，有很多個體喜歡安靜的待在沉木的縫隙中，這一點也很重要。而且也有些會鑽進沉木的縫隙中搖屁股，讓龜甲摩擦沉木。這麼做的目的大概是要將老舊的甲板剝除，應該不是沒有意義的行為。所以，要是將沉木組合得太緊密，有可能會讓愛龜卡在裡面導致溺死，應注意。夾在沉木與玻璃之間的情況更可怕。這種時候，背部面對玻璃還沒有關係。腳可以抓住沉木逃脫。相反的情況下，不管怎麼掙扎腳都抓不住玻璃表面，因此直接溺死。沉木的設置要保留一定的空隙會比較安心。

陸地的面積會依據種類而改變。這部分要視情況調整。就算是比較偏好日曬的品種，有些個體也會有不常上岸的情形；不太做日光浴的品種根據狀態、環境的不同，也有可能會上岸。這部分飼主應該臨機應變。陸地要用保溫燈照射，讓個體可以完全曬乾身體。沒錯，牠們上岸的目的就是為了提高體溫以及曬乾身體，也是為了慢慢的休息。

・日曬地點與水中的保溫、紫外線

水中要用觀賞魚用的加熱器來保溫。加熱器一定要加蓋，防止愛龜燙傷。水溫一般只要設定在25℃左右就沒有問題（因為水溫容易維持均一溫度所以可以直接寫出，真令人感動），偏低的話就是23℃左右，偏高就設定在30℃左右。

飼養某些山龜的時候，因為水位低，用水中加熱器會有發生意外的危險。這種時候可以使用陶瓷燈或夜間保溫燈連空氣一起加熱。完全陸生種可以用遠紅外線加熱器或加熱墊，並同樣使用夜間燈等產品來保溫。

日光浴地點對任何品種來說都是必要的。即便是完全水生的豬鼻龜和楓葉龜，想要暫時提高體溫的時候也會接受日曬。這點對鱉類來說也一樣。雖然所謂的日光浴常給人一定是在陸地進行的印象，但不要忘記也是有在水中進行的時候。

保溫燈正下方的溫度並不需要太在意。大致上只要將手放在正下方，覺得有點熱就好。會燙到讓人忍不住抽手的溫度就對愛龜不好了（雖然某些蜥蜴需要到這麼燙）。問題是日曬溫度和水溫的平衡，如果溫度不對，龜類就會一直待在其中一個環境之中。水溫剛好的時候還好，但若是因為水溫太低而一直做日光浴的話，就可能會因過度乾燥造成身體不適。觀察牠們的樣子，如果牠們會兩邊跑就沒問題。

至於紫外線，簡單來說愈喜歡日曬的品種愈需要紫外線，不常上岸的品種就可以少照一些。許多完全水生種長期被飼養在照

COLUMN 07

不要棄養烏龜

小孩子在廟會買的巴西龜長得比想像中還要又大又強壯，這時候孩子也覺得膩了。媽媽就忍不住這麼說：「去把牠放生到池子裡」……這可不是日本的烏龜呀。

一直飼養著的動物變得礙手礙腳的時候，有些人會使用「放生」這種字眼，但不管是放生、放手還是丟掉都一樣。放生指的是將牠們放回原本生長的地方，如果要放生巴西龜就必須要跑到美國。嚴格來講，就算是日本產的草龜，只要是在A縣捕獲的，就不可以放生到C縣。

動物身上大多都有肉眼看不出來的差異，這就是在該地區培養出來的。以草龜為例，假如A縣的草龜身上帶有對C縣的草龜來說非常危險的病原菌。但這裡的草龜卻代代都有抗體，而且擁有就算是帶原者也不會發病的體質。如果在這樣的情況下將A縣的帶原草龜放生到C縣的話……當然，C縣的草龜並沒有抗體。一旦病原菌入侵……嚴重的話就會造成C縣的草龜滅絕。

擬鱷龜「因為（可能）會攻擊人所以不可以遺棄」這種理由很好理解，在其他看不見的地方也可以發現棄養生物是一種很危險的行為。同樣的理由，不管是否會歸化，都不能棄養本來不在該地的動物。若是因為各種理由不得不將本來飼養的生物放手的話，請先跟附近的寵物店等單位商量看看吧。

不到紫外線的環境中也很少發生問題。不過，筆者認為對於喜好日曬的品種，照明使用含紫外線的爬蟲類專用螢光燈，保溫燈則使用紫外線更強的類型會比較理想。

對一般的水龜來說，金屬鹵化物燈很有效。另一方面，對只會一直在水中做日光浴的個體來說，鹵素燈類型的就很足夠了。不論如何，能避開紫外線的陰影都是必要的。這部分，跟在平面空間活動、可以躲的地方少且偏好高溫的陸龜比起來，可以不需要太嚴謹。因為水龜想躲開紫外線，只要逃到水裡就可以了。

另外，因為人工飼料的選擇多，可以給予各式各樣的食物所以不容易產生鈣質缺乏，這也是可以不用太在意紫外線的原因之一。

・餵食

食物基本上可以人工飼料為主。市面上有販售各種飼料，飼主可以選擇喜歡的類型。以此為主食，接下來只要是在常識範圍內，可以給予任何食物作為點心。有些意想不到的品種會吃些意想不到的食物，可以試著給各種食物，例如蔬菜、昆蟲、水果、肉類、小魚、蝦子、螯蝦等等。此外，因為乾燥蝦這類食物嗜口性佳，最適合用在初期餵養的。乾燥磷蝦因為常有含鹽量過高的傾向，不宜餵食太多。

關於食物的量，大多數的情況下，活動量愈大就吃愈多。而且牠們即使已經吃飽還是會繼續吃。因為牠們討食就繼續給是不對的，而且就算給更多牠們也只會吃進嘴裡再吐出來。如果是成長期的個體，就算每天都餵到牠們吐出來也沒關係，但是成長到一定程度的個體就應該在吐之前停止餵食，而且一週餵三次就足夠。基本上維持在牠們一看到人臉就會靠近的程度是剛剛好的。

吃著高麗菜的阿薩姆棱背龜

水龜除非是相當嚴重的情況，否則不會餓死、也不會消瘦。「牠這麼想吃，好可憐喔」這種思考終究只是飼主的感覺，對牠們來說空腹是很正常的。

・換水、換土

飼養水龜時最令人討厭的就是換水了。首先請準備一條長長的水管，將其從水槽連結到廁所或是浴室。然後再去水族專賣店買換水用的手動幫浦，如果有鋪底沙就再買清底沙用的虹吸管。沒有底沙的話，可以買浴缸用的幫浦取代手動幫浦。接下來只要將這些東西分別接起來，將水槽裡的水抽出來就可以了。水管的另一端接到廁所或浴室將水排出即可。這時候請千萬不要把水放流到廚房等有放餐具的地方。請不要忘了這些水中充滿了細菌。

在排水時，愛龜可以裝在塑膠盒等容器中放在溫暖的地方，讓牠等一下吧。在排水的時候可以用海綿等工具清潔玻璃面，等水全部放完了就將水管改裝在水龍頭上，裝進新的水。換水就只要做這些事。

中間可以接上熱水器加進熱水，不過也可以先加冷水，等到明天變成適溫之前就可以順便幫愛龜強制乾燥龜甲（後面會提及）。如果是養完全水生的鱉類等品種，要在牠們在的時候就加進適溫的水，所以可以在浴缸裡面裝水（建議可以準備換水用的儲水桶或塑膠衣箱），將適合溫度的水用浴缸用的汲水幫浦打進水槽即可。這種方式也可以用在水管與水龍頭的尺寸不合的時候。

雖然好像有點麻煩，只要習慣了也不算什麼。換水最好是可以養成習慣，對水質敏感的品種一週換半缸一次，一個月換整缸一次；普通的品種一週換整缸一次比較好。髒掉的時候一口氣換整缸的方式也不錯，但最好還是該在完全髒掉之前進行。

至於換土。這邊指的就是陸生品種的底材。椰殼纖維、水苔等材質就算很常清除雜質和糞便遲早還是會髒。髒了就全部換掉吧。這不需要定期更換，等到看起來髒了再清理即可。

・強制乾燥龜甲

除了陸生種和完全水生種以外，可以一週一次強制讓牠們乾燥。不需要大費周章，只要在塑膠盒中鋪報紙，把愛龜放進去，再來只要將牠們放在不會太冷的地方即可。冬天太乾燥的時期只要半天就好，其他的季節則放置一天比較好。

這麼做是為了促使牠們脫皮。「烏龜會脫皮嗎？」有人或許會這麼想。會的，而且是龜甲會脫皮。根據品種也有分會脫和不會脫的，脫的時候背甲、腹甲會一起一片一片完整的掉下來。特別是年輕的時候如果不脫皮，甲板就會隆起，整塊龜甲就會變得凹凸不平的。通常只要正常飼養就會自行掉落，但人工飼養下常常也不會如此順利。因為這與龜甲的乾燥有著密切的關係，才要強制幫牠們乾燥龜甲。只乾燥一次並不會有太大的變化，所以飼主要有耐心持續做。

強制乾燥龜甲的實例。龜類收容在鋪了寵物尿墊的塑膠盒中。只要是溫暖的房間，就可以這樣直接風乾

龜類的拿法

基本上龜類要從後方抓住，但手比較小的人或是大型個體就沒辦法。雖然陸龜要怎麼抓都可以，但水龜如果不從後方抓住的話，手指就會被前腳和後腳的爪子抓得面目全非，請注意。

A.一般人對龜類的拿法有這種印象，但這麼拿就會一直被前腳和後腳勾到

B.和照片A比起來，這種拿法比較像經驗豐富的專家（？）

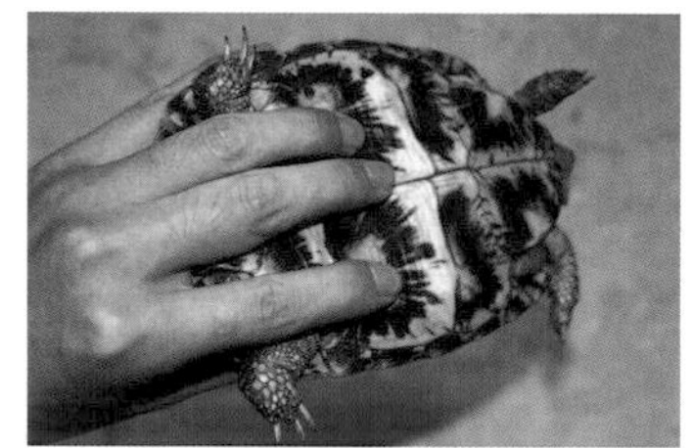
C.從照片B背面看起來的樣子。但這也多少會被後腳勾到

D.如果是扁平的龜類，只要習慣了用這種方式拿也有可能

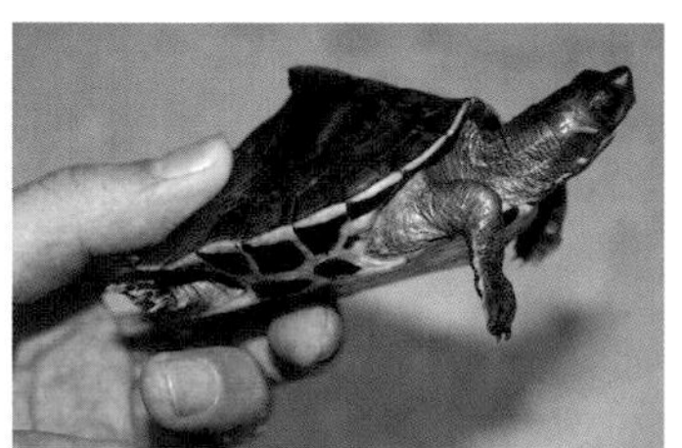
E.以水龜來講，完全是以這種拿法為基礎。畢竟脖子長、會咬人的品種多。會咬人的龜類並不是只有鱉

F.也被稱為「外行拿法」的方式。如各位所見，這樣會被前腳與後腳勾到。不只如此，根據種類和個體還會被咬

環頸蜥

GECKO & LIZARD

[守宮&蜥蜴]

這個大家庭是稱為有鱗目的廣大分類的其中之一，近親之中包括了蛇亞目和蚓蜥亞目。蛇與蜥蜴雖然常常被分開談論，其實卻是相當接近的生物。常有人說牠們「令人聯想到恐龍」，不過蜥蜴與恐龍的親戚關係除了同為爬蟲類這點以外，並沒有共通點。

守宮的飼養實例・豹紋守宮篇

[*Eublepharis macularius*]

豹紋守宮

學名：*Eublepharis macularius*
分布：中近東　全長：25cm（平均20cm）
溫度：偏高　濕度：略偏潮濕　CITES：

特徵：從英文名稱的「Leopard gecko」暱稱「Leopard」聞名的地棲性中型品種，雖然身為守宮卻擁有可動式眼瞼，所以也被稱為擬蜥（普通的守宮和蛇等生物一樣，眼瞼不會動）。強壯且容易飼養，再加上好繁殖的特性使牠們受到全世界青睞，被培育出各式各樣的品系。在自然環境中最大可達25cm左右，但稱為巨人豹紋守宮的品系甚至可以輕鬆超過30cm的大小。有幾個亞種，但因為分布地區的政局不安定，所以近年來很少看見WC個體。

橘白化
是橘色系且黑色部分極少的品系。說是這個品系的出現才造成豹紋守宮熱潮也不為過

橘化
本來指的是頭部有橘色的品系，現在也有繁殖全身都呈現橘色的全橘化種

高黃
定義很困難，有說法是黃色面積多的才算，也有人認為黃色比較鮮豔才算。近年來這種品系已經普及化到能稱為一般品系的程度

輕白化
一般稱為Leucistic。雖然這是白化的意思，但實際上大多會帶有一點黃色，特別是最近的個體會在尾巴上出現橘色。幼體身上有花紋，但會隨著成長消失

白化
有幾個體系，各自的顏色深淺都有其特徵。近幾年也出現了眼睛像是純紅色紅寶石的暴龍（Raptor）等品系

蘿蔔尾
顏色比橘白化略淡，正如其名，特徵是有條橘色面積多、看起來像是紅蘿蔔的尾巴

飼養豹紋守宮的ONE POINT

牠們不愧是受到全世界熱愛的守宮，以爬蟲類整體來說也算是容易飼養的種類。但也常常見到因為一般人對「沙漠」產生的誤會而造成個體不適的例子。雖然人們常常鋪沙來飼養牠們，但至少幼體應該以廚房紙巾當底材比較好。會這麼說，是因為有些個體會將太多底材跟食物一起吃進肚子，累積在腸內導致死亡。較大的個體可以自行排泄，但對幼體來說常常會因此惹來殺身之禍。另外，人們也常常因為沙漠這個印象將環境弄得太過乾燥，這是不正確的。牠們的確跟其他的品種的守宮比起來，對乾燥的適應力極強。成體即使很長一段時間不飲水也能存活。不過，這只是牠們可以忍耐，而不是牠們想要。此種其實是需要一些濕度的守宮。所以遮蔽物要使用潮濕型產品，躲藏的地方常保濕潤最佳。特別是飼養幼體的時候，要將底材的一部分弄濕，讓牠們可以自行調整濕度。另外，因為白化種的眼睛非常不好，可能會看不到水容器的存在。在噴水的時候如果牠們會拚命去舔水珠，大概就表示牠們沒有好好喝到水，可以乾脆撤掉水

主要食物

●蟋蟀

● 飼養箱

如果只是為了繁殖，也可以使用保鮮盒或塑膠盒飼養。不過，將意外活潑又討人喜歡的這種守宮放在不容易觀賞的地方實在可惜。這個飼養箱的尺寸是300×300×300mm

● 遮蔽物

有些已經習慣的個體並不需要，但是牠們進出遮蔽物的模樣也非常可愛。照片中是素燒的潮濕型遮蔽物。只要在上方加水，內部就可以維持適當的濕度，是飼養守宮的必需品

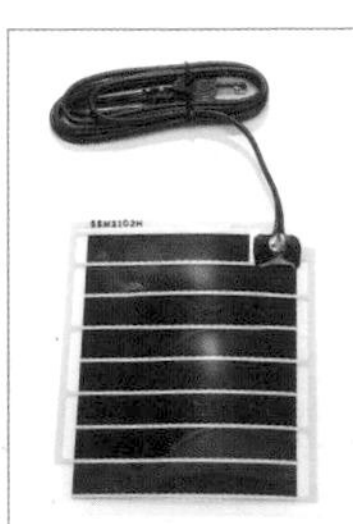

● 加熱器

通常只要鋪遠紅外線加熱器或是加熱墊在底部就沒問題。溫度上不來的時候加一塊在背面也可以

● 底材

成體可以鋪沙，小嬰兒的話用廚房紙巾會比較好。牠們的顏色也會因底沙或飼養箱內的明亮度改變，多方嘗試也很有趣

巨人豹紋守宮

是以加大體型為宗旨培育的品系，照片中的個體還年輕，在這個品系之中並不算大。是顯性遺傳，也會有更大的個體出現

暴風雪

比輕白化更偏白的品系。而此品系又有一白化種稱為白化暴風雪，可以說是頂級的白色品系

也可以享受繁殖樂趣

和年齡沒什麼關係，大小一旦超過人的手掌就可以繁殖了。冬天，暫時讓環境變暗，並將溫度調整得比平時低，數週後再讓公母同居的話，大多就會開始交配。過一段時間看到雌性的腹部有卵透出來的話，就將裝了濕潤椰殼纖維或蛭石的保鮮盒當作產卵床讓牠們產卵吧。產下的卵讓它保持濕潤、放在溫暖的地方就可以了。

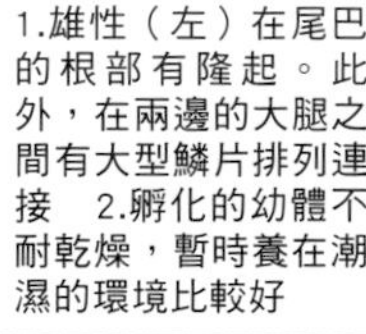

1.雄性（左）在尾巴的根部有隆起。此外，在兩邊的大腿之間有大型鱗片排列連接　2.孵化的幼體不耐乾燥，暫時養在潮濕的環境比較好

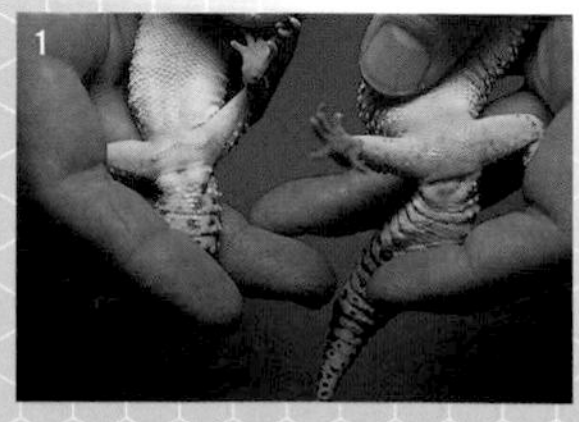

容器，以每天的噴水時間幫牠們補充水分。白化種在餵食上也比較需要下工夫，雖然有點麻煩，還是要將頭部被壓碎的蟋蟀拿到嘴邊，確實讓牠們吃下去。不管是哪個品系，從幼體到亞成體的這段期間，只要還願意吃就可以盡量多餵。

現在市面上的WC沒有那麼多，養CB的時候只要不是為了繁殖就沒有必要做出溫度差，維持在高溫比較保險。保溫只要從飼養箱下方使用遠紅外線加熱器等產品即可。

肥尾守宮

學名：*Hemitheconyx caudicinctus*
分布：非洲
全長：25cm（平均20cm）
溫度：偏高　**濕度：**略偏潮濕
CITES：

特徵：英文名稱是「Fat-tailed gecko」。最常見的是褐色身體上有深褐色的帶狀花紋，也有背上有一條白線的類型。市面上CB、WC都有，但WC之中有許多個體很神經質，常常躲著不出來。另一方面CB之中就有許多個性穩定的個體，很容易飼養。已知有白化等品系存在。比豹紋守宮更偏好潮濕的環境，尤其WC個體要鋪腐葉土或椰殼纖維，飼養在潮濕的環境。

泰勒肥尾守宮

學名：*Hemitheconyx taylori*
分布：非洲　**全長：**22cm（平均20cm）
溫度：不明　**濕度：**不明　CITES：

特徵：與肥尾守宮同屬的稀有種。略偏細長的身體表面有明顯的顆粒狀鱗片。是近幾年才開始流通的品種，因此飼養上有許多不明之處。與肥尾守宮的關係似乎就跟光滑珠尾虎和棘皮瘤尾守宮一樣，但還是不知道最佳的飼養環境。從外表給人的印象能推測可能是乾燥類的品種。用大一點的飼養箱創造各種環境，讓牠們選擇自己喜歡的場所會比較好。

白眉守宮

學名：*Holodactylus africanus*
分布：非洲　**全長：**13cm（平均10cm）
溫度：偏高　**濕度：**潮濕　CITES：

特徵：特徵是大大的頭部和像附帶品的小尾巴，是種很可愛的地棲性守宮。剛進口的時候尾巴短得會讓人以為牠們全都是再生尾。鋪一層厚厚的潮濕椰殼纖維牠們就會鑽進去尋求安全感。已經習慣的個體可以用不能鑽的底材搭配潮濕型遮蔽物飼養也沒問題，但是剛進口的個體還是讓牠們鑽會比較保險。在低溫和乾燥的環境下狀態馬上會惡化，應該頻繁的噴水以維持濕度。食物是較小的蟋蟀。

中國虎紋守宮

學名：*Goniurosaurus araneus*
分布：越南　**全長：**25cm（平均23cm）
溫度：普通　**濕度：**潮濕　CITES：

特徵：又稱越南豹紋守宮。與相似種的中國豹紋守宮曾是一起被稱為中國洞穴守宮的大型品種。身體有點細長但頭部大，很有魄力。白天幾乎都躲在遮蔽物裡面。與中國洞穴守宮比起來，對溫度、濕度要求都有點嚴苛，但最近進口的CB不需要太謹慎也能飼養。雖然頭部大，不過給予太大型的食物牠們也會怕。

中國洞穴守宮

學名：*Goniurosaurus hainanensis*
分布：中國　**全長：**18cm（平均15cm）
溫度：普通　**濕度：**潮濕　CITES：

特徵：直到最近都還是夢幻般的擬蜥，本書也曾前往當地採集卻沒能發現。之後歐美開始有少數的CB出現，隨後日本國內便有大量的WC進口，才一口氣變成大眾化的品種。實際上瞼虎屬這一類在飼養和繁殖上是最容易的，這點也成了牠們迅速普及的助力。現在分為高地型與低地型。因大量進口而價格暴跌，因此變得不受重視，此種就像是這種情況的範本一樣。

鬼腳圖守宮

學名：*Paroedura lohatsara*
分布：馬達加斯加　**全長**：13cm（平均10cm）
溫度：普通　**濕度**：略偏潮濕　**CITES**：

特徵：英文名稱叫做「Beautiful head gecko」，學名也是有「美麗頭部」意思的當地語言。其莊嚴感與背部的花紋令筆者聯想到鬼腳圖而如此命名。在有許多樸素品種的*Paroedura*屬中，從頭部延伸到身體的金粉花樣非常美麗。是最近才開始流通的品種，從有刺的尾巴和皮膚的質感等型態來看，飼養方式應該與巴斯塔德等品種相同即可。也可以放一些樹皮洞穴讓牠們在立體空間活動。

豹貓守宮

學名：*Paroedura pictus*
分布：馬達加斯加　**全長**：15cm（平均12cm）
溫度：普通　**濕度**：略偏潮濕　**CITES**：

特徵：頭部偏大的地棲性守宮，因為飼養和繁殖容易所以很受歡迎。稱為黃化的橘色色彩突變很有名，日本國內也有以此為基礎培育的新品系。雖然是10cm左右的小型品種，但因為頭部跟其他品種比起來也算大，所以不需要煩惱該餵什麼，這點很令人高興。慢慢的養甚至可以長到跟豹紋守宮的較小成體差不多的大小，但要是太早讓牠們繁殖就會停止生長。飼主可以延後繁殖，先專心在飼養上。

橫紋鞘爪虎

學名：*Coleonyx variegatus*
分布：北美、墨西哥　**全長**：12cm（平均10cm）
溫度：略偏高　**濕度**：普通　**CITES**：

特徵：淡淡的色彩相當美麗的北美產擬蜥。有幾個亞種，照片中是加州產的個體。與亞洲和中美的品種相比，對乾燥較有抵抗力，但設置潮濕型遮蔽物牠們也會常常使用。牠們的相似種德州帶紋守宮也偶有輸入，但此種的進口量全都很稀少。此外，擬蜥的類群在市面上流通的個體大多是雄性，因此也有很難湊成一對公母的一面。

檳城弓趾虎

學名：*Cyrtodactylus pulchellus*
分布：東南亞　**全長**：18cm（平均12cm）
溫度：普通　**濕度**：略偏潮濕　**CITES**：

特徵：是與擬蜥很相似的種類，但此種的眼瞼不會動。屬於地棲性到半樹棲性的類群，種類特別多，進口時也常常會不知道牠們的真面目。此外，相似的品種也很多，有不少都很難分辨。天還亮的時候不會活動，會躲在陰暗處。除了大型品種之外，飼養本身沒有那麼困難，只要注意不要過度乾燥即可。到了天黑牠們開始活動的時間可以先噴水，隨後再馬上餵食。

黑框守宮

學名：*Paroedura masobe*
分布：馬達加斯加　**全長**：17cm（平均15cm）
溫度：普通　**濕度**：略偏潮濕　**CITES**：

特徵：*Paroedura*屬在守宮中也是特別漂亮的大型半樹棲性品種。深紫色的身上有純白色斑點，大眼睛與有刺的尾巴都讓牠們很有魅力，但對環境很挑剔、不容易飼養。似乎對環境的劇變非常沒有抵抗力，運輸中造成的壓力會讓牠們的狀態惡化。飼養箱要盡量準備大一點的，放置樹皮洞穴和沉木，讓箱內到處都有配置遮蔽物。雖然要多噴水維持空氣濕度，但要注意牠們討厭悶濕和高溫。

蠍子守宮

學名：*Pristurus carteri*
分布：中東　**全長**：8cm（平均6cm）
溫度：偏高　**濕度**：乾燥　**CITES**：

特徵：是日行性的地棲性守宮，牠們的外觀乍看之下會讓人以為是變色蜥的同類。尾巴就如其名一般長著細細的刺，自行斷尾後再生的尾巴會是圓形的球棒狀。用保溫燈照牠們可以觀察到牠們張開胸膛沐浴在光下的模樣。是種外表和行動都不像守宮的守宮。因為幾乎不會躲起來，可以將牠們當作日行性的蜥蜴而不是守宮來飼養。雖然進口量少，但在日本國內從很久以前就已經開始繁殖了。

伊犁沙虎

學名：*Teratoscincus scincus roborowskii*
分布：中國、西亞　**全長：**15cm（平均13cm）
溫度：略偏高　**濕度：**乾燥　**CITES：**

特徵：體型大且有魚一般的鱗片，在沙虎中算是最熱門的品種。更小型的新疆蛙眼守宮、大型的大蛙眼守宮也有進口。每個品種都在高溫下飼養狀況會比較好，如果溫度不上不下，胃中的食物就會無法消化，體力慢慢消耗最後死亡。此種如果太用力抓，鱗片就會掉落，所以可以的話最好能把牠們趕到杯子裡面再移動。只要設置較小的保溫燈飼養就是很強壯的種類。

那米比亞守宮

學名：*Chondrodactylus angulifer*
分布：非洲　**全長：**20cm（平均18cm）
溫度：略偏高　**濕度：**乾燥　**CITES：**

特徵：分為2個亞種，也有人說牠們無法從外觀分辨。在這類型的守宮中很罕見的有色彩的性別差異，雄性有純白色的斑點但雌性沒有，很容易區分。是攻擊性相當強的品種，不要說同為雄性了，連對不喜歡的異性都會激烈地攻擊。對人類也一樣，隨便伸手摸牠們就會被咬。威風的外貌很受歡迎但進口量少。飼養起來很容易。

珍珠守宮

學名：*Stenodactylus petri*
分布：非洲　**全長：**10cm（平均9cm）
溫度：略偏高　**濕度：**乾燥　**CITES：**

特徵：也稱為棒指守宮。常單純以地棲性守宮的名義進口，也有複數個品種被以同樣名稱同時進口的例子。其中此種比較好辨別。可以鋪乾沙、放置潮濕型遮蔽物飼養，一部分區域設置較小的保溫燈，白天暫時提高溫度的話狀態會比較好。因為有些不明品種會混在裡面所以給人的印象比較不受重視，不過牠們活動起來很活潑可愛，也是價格實惠的好守宮。

松尾守宮

學名：*Teratolepis fasciata*
分布：西亞　**全長：**7cm（平均6cm）
溫度：普通　**濕度：**乾燥　**CITES：**

特徵：尾巴是松果狀，大小幾乎與頭部差不多，看起來就像是迷你版松果蜥的小型守宮。英文名稱叫做「Viper Gecko」。雖然是小型品種但非常容易飼養，除了要準備小型蟋蟀當食物以外幾乎沒有其他麻煩。要做的只有在塑膠盒中鋪薄薄的沙，除了餵食以外只要幾天噴一次水就好。溫度也不需要想得太複雜，只要飼養箱的一半面積有放在遠紅外線加熱器上即可。

細鱗沙虎

學名：*Teratoscincus microlepis*
分布：中東　**全長：**13cm（平均12cm）
溫度：略偏高　**濕度：**略偏潮濕　**CITES：**

特徵：也會以學名直接稱為「Teratoscincus microlepis」。在沙虎之中是比較異類的品種，沒有大型的鱗片。飼養法與形象相似的光滑珠尾虎等品種相近。鋪設一層厚厚的沙子當底材，將下面的部分弄濕牠們就會自己挖穴調整濕度。個性溫馴，所以能複數飼養。最好能有較小的保溫燈，溫度太低就容易身體不適。有數種類型，雖然沒有亞種，不過也會以馬克拉南西斯等名稱流通在市面上。

考氏羽趾虎

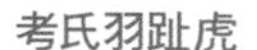

學名：*Ptenopus kochi*
分布：非洲　**全長：**10cm（平均8cm）
溫度：略偏高　**濕度：**乾燥　**CITES：**

特徵：鼻子短、頭部圓的不可思議守宮。動作也有點奇怪，和其他品種趴在地上匍匐前進的方式不一樣，會確實將身體抬高一步一步走動。雄性的喉部是黃色。英文名稱直譯是鳴叫守宮，但守宮大多都會叫，而且這個英文名稱與星點守宮相同，容易讓人搞混。飼養起來跟其他的地棲性乾燥型守宮一樣，要使用小型的保溫燈，並在飼養箱內製造潮濕的場所較佳。

光滑珠尾虎

學名：*Nephrurus levis*

分布：澳洲　**全長：**12cm（平均10cm）

溫度：略偏高　**濕度：**略偏潮濕　CITES：

特徵：此種尾巴形似門把，也有人稱牠們為細皮瘤尾守宮。此種已知有3個亞種。與同屬的棘皮瘤尾守宮不同，會挖掘潮濕的底材，平常就生活在地底下。是非常可愛的品種，但飼養時常常無法觀察到牠們的身影。養起來需要一些訣竅，過度乾燥與過度潮濕都會讓牠們身體不適。底材只能噴溼底層的部分，表面要保持乾燥會比較理想。

芒刺瘤尾守宮

學名：*Nephrurus asper*

分布：澳洲　**全長：**14cm（平均12cm）

溫度：略偏高　**濕度：**乾燥　CITES：

特徵：此種有很長一段時間都被與棘皮瘤尾守宮搞混，但因為最近搭上商業交易的列車，看見實物的機會因此增加，這個問題才獲得解決。體型比棘皮瘤尾守宮還要小一號，色彩從灰色到黑褐色都有。似乎有點神經質，但基本上與棘皮瘤尾守宮沒有太大的不同。飼養時要鋪一層淺淺的沙，並準備兩個遮蔽物，其中一個加濕處理，牠們會依心情選擇使用。在全世界也是流通量少的高價品種。

棘皮瘤尾守宮

學名：*Nephrurus amyae*

分布：澳洲　**全長：**16cm（平均15cm）

溫度：略偏高　**濕度：**乾燥　CITES：

特徵：澳洲最重量級的守宮。因為尾巴短，所以全長的大部分都是頭部和身體，要是看到大型的個體就會被牠們異樣的魄力震懾。此屬可從肌膚質感和生態得知牠們的活動習性，像此種一樣皮膚粗糙的類型不會挖掘底材做洞穴，而是比較常躲在陰暗處。以前曾是高價守宮的代表品種，近年來卻已經變得容易取得。在這個類群中，飼養算容易。

北部刺尾守宮

學名：*Strophurus ciliaris*

分布：澳洲　**全長：**15cm（平均14cm）

溫度：普通　**濕度：**普通　CITES：

特徵：眼睛的上方有睫毛狀的突起，尾巴上長有明顯的尖刺。這個類別會從尾巴發射具有黏性的毒液，是很稀有的守宮。以前曾是澳洲守宮屬這個大型屬的一員，到近年才被分割開來。有東部刺尾守宮等相似的品種，但此種體型比較大且粗壯。因為牠們是樹棲性，所以要養在放有能爬的樹的飼養箱內。不喜高溫，夏天要特別注意。動作很慢。

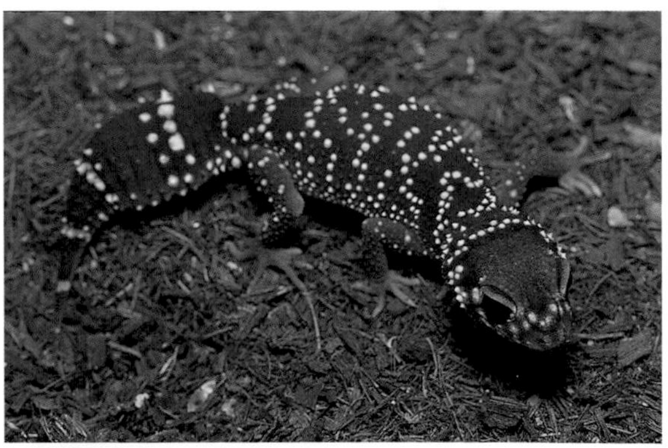

星點守宮

學名：*Underwoodisaurus milii*

分布：澳洲　**全長：**16cm（平均15cm）

溫度：普通　**濕度：**略偏潮濕　CITES：

特徵：在日本國內較常稱為「Underwoodisaurus」。 感覺就像是光滑珠尾虎的地表型版本，飼養方式則是此種壓倒性的容易。基本體色是巧克力色搭配黃色斑點，但也有顏色較淡的黑色素減少種。飼養時要鋪設潮濕的底材，再放些沉木當遮蔽物即可。因為牠們不會挖洞，所以底材薄一點也無妨。保溫使用遠紅外線加熱器即可。

北部絲絨守宮

學名：*Oedura castelnaui*
分布：澳洲　**全長**：16cm（平均15cm）
溫度：普通　**濕度**：普通　CITES：

特徵：稱為絲絨守宮的*Oedura*屬的其中一種。也是最熱門的品種。以橘色和黃色為基調，並有黑色與深褐色的帶狀花紋。在周圍環境暗的時候，色彩看起來明亮美麗，相反的，在明亮的環境，色彩就趨於黯淡。本來是動作敏捷的守宮，不過一旦習慣環境就會變得放鬆，最後還有可能上手。飼養時除了蟋蟀，也可以餵食昆蟲果凍或水果。

翡翠守宮

學名：*Naultinus grayi*
分布：紐西蘭　**全長**：18cm（平均15cm）
溫度：偏低　**濕度**：略偏潮濕　CITES：附錄Ⅱ

特徵：稱為紐西蘭綠守宮的品種，不產卵而是直接生下幼體。基本上算是強壯的品種，但不耐過度的高溫和悶濕。30℃以上的天氣持續幾天就會明顯衰弱。最好的溫度是在24℃前後，所以冷氣就是夏天飼養的必需品了。放置一些觀賞植物，並每天噴水的飼養方式比較理想。只要有注意溫度，飼養起來並不是太困難。是相當稀少的品種，流通量少。

頭盔守宮

學名：*Geckonia chazaliae*
分布：非洲　**全長**：9cm（平均7cm）
溫度：偏高　**濕度**：乾燥　CITES：

特徵：體型是頭部巨大的二頭身，以前曾被稱為小豬守宮。雖然是小型品種，動作卻不是很快，其大膽的個性讓牠們很受歡迎。也不太會躲起來，還會像狗一樣坐著。牠們沒辦法攀在玻璃上，所以飼養箱只要有一定高度就不需要加蓋。在底部鋪一層薄薄的沙，並在一部分區域用小型保溫燈照射就能以不錯的狀態飼養。在剛餵食完的時候降低溫度會讓牠們的狀態惡化。

非洲絲絨守宮

學名：*Homopholis fasciata*
分布：非洲　**全長**：15cm（平均12cm）
溫度：普通　**濕度**：普通　CITES：

特徵：也稱帶狀貓爪守宮。和以種名音譯的安東吉倫西斯貓爪守宮是同屬。有名的有馬達加斯加的鮑溫貓爪守宮和薩卡拉瓦貓爪守宮，此種是比較最近才被介紹。另外，非洲還分布有同屬的華伯格絲絨守宮。同屬他種都是會攀爬牆壁、動作敏捷的典型守宮，但此種生性乖巧，很容易對待。因為不是很活潑的品種，養在比較狹窄的飼養箱內也沒有問題。

蜘蛛守宮

學名：*Agamura persica*
分布：中近東　**全長**：18cm（平均15cm）
溫度：偏高　**濕度**：乾燥　CITES：

特徵：跟身體與頭比起來，四肢和尾巴相當細長，讓人聯想到蜘蛛而得名。是日行性的地棲性品種，無法攀在牆壁上。雖然牠們看起來弱不禁風，但只要裝設保溫燈，在白天確實將環境維持在高溫，就不難飼養。在夜間關燈製造出溫度差就是長期飼養的祕訣。補充水分的方法是將水噴在岩石上或飼養箱內壁，讓牠們舔水滴。食物可以蟋蟀為主。

斑鱗虎

學名：*Geckolepis maculata*
分布：馬達加斯加　**全長**：18cm（平均15cm）
溫度：普通　**濕度**：潮濕　CITES：

特徵：體型大又有像魚一樣的鱗片，被抓住就會掉鱗片變成「裸體」。很久以前曾被稱為穿山甲守宮。包含一些相當小型的品種，也有些鱗片不明顯的品種，不過因為此種體型大，很容易觀察牠們的奇特鱗片。動作有點快，如果隨便去抓牠們的話鱗片真的會掉下來，所以要小心對待。過度乾燥會讓狀態惡化，應頻繁的幫牠們噴水。

巨人守宮

學名：*Rhacodactylus leachianus*

分布：新喀里多尼亞　**全長：**43cm（平均35cm）

溫度：普通　**濕度：**略偏潮濕　CITES：

特徵：是世界上最大的守宮，因此有巨人這個名字。動作遲緩，有許多可上手的個體，但也有些具有攻擊性，觸碰時要注意。可以說幾乎是專吃水果的守宮，可以吃以香蕉為首的各種水果、幼兒的斷奶食品、此種專用飼料等食物，幾乎可以不用餵活餌。蟋蟀和乳鼠反而可以當作點心給予。有許多個體的飲食偏好會隨著成長改變。

蓋勾亞守宮

學名：*Rhacodactylus auriculatus*

分布：新喀里多尼亞　**全長：**20cm（平均18cm）

溫度：普通　**濕度：**略偏潮濕　CITES：

特徵：頭部有像角一樣的突起，也稱為石像鬼守宮。在此屬中也算是有點特殊的品種，紫外線需求量大，如果不足容易引起佝僂病。另外食性也不同，偏好吃一些小型的蜥蜴或守宮。飼養時最好可以使用日行性爬蟲類專用的螢光燈。會自行斷尾，但幾乎都會完全再生。色彩和花紋的突變幅度很大，從偏白的灰色到鮮豔的紅色系都有。

睫角守宮

學名：*Rhacodactylus ciliatus*

分布：新喀里多尼亞　**全長：**20cm（平均18cm）

溫度：普通　**濕度：**略偏潮濕　CITES：

特徵：也稱為鳳頭守宮。奇特的外型和可上手的特性讓牠們很受歡迎。為樹棲性，要飼養在有配置樹枝的飼養箱。食物以蟋蟀為主，飼養訣竅是營養均衡地給予昆蟲果凍或水果，亞成體之後限制一點成長速度慢慢養。太急著養大會出現各種異常，導致突然死亡。和同屬他種不同，此種自行斷尾之後不會再生，務必要小心對待。

變化截趾虎

學名：*Gehyra vorax*

分布：印尼、美拉尼西亞　**全長：**30cm（平均20cm）

溫度：略偏高　**濕度：**略偏潮濕　CITES：

特徵：也會以巨人哈馬黑拉守宮、貪婪截趾虎的名義流通，通常會從印尼輸入，綠色眼睛的是俗稱太平洋巨人守宮（也是巨人哈馬黑拉守宮）的別種。此種的眼睛是褐色到灰褐色。粗壯有分量的體型是其特徵，跟幾乎都是灰色個體的太平洋巨人守宮相比，此種的色彩比較豐富多元。跟巨人守宮看起來很像一個模子刻出來的，但此種很敏捷且具攻擊性。不過大型個體的魄力也和本尊不相上下。飼養起來很容易。

粗吻巨人守宮

學名：*Rhacodactylus trachyrhynchus*

分布：新喀里多尼亞　**全長：**34cm（平均30cm）

溫度：普通　**濕度：**略偏潮濕　CITES：

特徵：身形就像是巨人守宮的拉長版，特徵是像海豚一樣的臉。英文名稱直譯是「新喀里多尼亞胎生守宮」，就像這個名稱一樣，牠們不是產卵而是生下幼體。在這個屬中是最稀有的種，CB化到現在都沒有什麼進展。動作出乎意料的快，非常神經質，但從幼體開始養就會比較適應。進口到日本國內的數量屈指可數，有許多愛好者引頸期盼著。

白紋守宮

學名：*Gekko vittatus*
分布：印尼、美拉尼西亞
全長：30cm（平均25cm）
溫度：偏高　**濕度**：普通　**CITES**：

特徵：也稱為白線守宮，背上的線條會根據分布地區不同而分為明顯和不明顯、或者幾乎消失的類型。單就尺寸來看是很有分量的守宮，但因為身體細長，感覺起來並沒有那麼大。與同屬他種相比動作較慢，個性也大多很乖巧（不過抓起來一樣會張嘴），所以容易相處。是便宜的守宮，也非常好養，適應環境後變胖的個體很值得一看。

大守宮

學名：*Gekko gecko*
分布：亞洲廣域　**全長**：35cm（平均30cm）
溫度：偏高　**濕度**：略偏潮濕　**CITES**：

特徵：此種在過去是世界上最大型的品種，也稱為大壁虎。分布區域很廣，根據棲息地還會有色彩和體型上的不同。中國產的大守宮顏色淡、體型特別粗壯，甚至到了會讓人以為是別種的地步。此種也跟史密斯守宮一樣，養在狹小的飼養箱會身體不適，最好能盡量使用較大的飼養箱。叫聲很大，牠們突然鳴叫常會嚇到人。適應環境後的個體很強壯也容易飼養，所以就先準備牠們會喜歡的環境吧。

史密斯守宮

學名：*Gekko smithii*
分布：東南亞、印尼
全長：35cm（平均30cm）
溫度：偏高　**濕度**：普通　**CITES**：

特徵：因為有一雙美麗的綠色眼睛所以也稱為綠眼守宮。是相當大型的品種，個體有可能超過40cm。個性粗暴，雖然具攻擊性卻也很神經質，養在狹小的飼養箱內就會馬上出現拒食的情形。一消瘦下來就難以恢復，最好一開始就選擇較大（長寬不需要太在意，但高度是必要的）的飼養箱。適應後也會進食乳鼠，個體長胖之後的魄力實在令人難以言喻。

地衣葉尾守宮

學名：*Uroplatus sikorae*
分布：馬達加斯加　**全長**：18cm（平均15cm）
溫度：普通　**濕度**：略偏潮濕　**CITES**：附錄Ⅱ

特徵：已知有2個亞種，原名亞種的嘴巴內是黑色，亞種則是紅色。會擬態成樹皮的類型還有平額葉尾守宮和馬達加斯加葉尾守宮，但這兩種都會變得很巨大，所以需要極大的飼養箱。想用一般的市售飼養箱來養的話，此種是最佳選擇。在此屬中也算是特別強壯的品種，只要每天有噴水讓牠們喝，食欲就會不錯，能以很好的狀態飼養。色彩有個體上的差異，挑選上也是一種樂趣。

木紋葉尾守宮

學名：*Uroplatus lineatus*
分布：馬達加斯加　**全長**：27cm（平均25cm）
溫度：普通　**濕度**：略偏潮濕　**CITES**：附錄Ⅱ

特徵：體型像是竹葉的葉尾守宮。此屬全都會擬態成樹皮或枯葉，但唯獨此種有這樣的體型。只要穩定下來就是很強壯的品種，開始飼養的時候如果將牠們放在狹窄的飼養箱內，狀態就有可能惡化。飼養箱的長寬只要與個體的長度差不多就好，但高度至少要有兩倍。另外，箱內要放幾個樹皮洞穴等遮蔽物，讓牠們可以在立體空間活動。

枯葉葉尾守宮

學名：*Uroplatus ebenaui*
分布：馬達加斯加　**全長**：8cm（平均7cm）
溫度：略偏低　**濕度**：潮濕　**CITES**：附錄Ⅱ

特徵：枯葉型的葉尾守宮。相似品種有角葉尾守宮，但牠的尾巴較長，以分量來說還是此種比較大。平常會靜靜的待在陰暗處，但一到活動時間就會頭下腳上的垂吊在樹枝上，瞄準通過下方的昆蟲跳下來捕食。對每一種葉尾守宮來說，每天的噴水都相當重要，但快要脫皮的個體絕對不可以直接接觸到水。牠們會因為無法脫皮而累積壓力，使狀態惡化。

霓虹守宮

學名： *Phelsuma klemmeri*
分布： 馬達加斯加　**全長：** 10cm（平均7cm）
溫度： 偏高　**濕度：** 普通　**CITES：** 附錄Ⅱ

特徵： 又稱彩虹守宮的美麗小型品種。喜歡相當高溫的環境。讓人眼睛一亮的黃色頭部以及側面的天空藍是在其他品種身上都看不到的配色。在飼養日行守宮的時候，可以選擇放進最能襯托該品種的觀賞植物，因為在一般的爬蟲類飼養上不太會做這種事所以很有意思。硬要說的話，與其說是飼養個體，不如說是從環境中得到樂趣、類似箭毒蛙的飼養方式更為適合。

四眼守宮

學名： *Phelsuma quadriocellata*
分布： 馬達加斯加　**全長：** 12cm（平均10cm）
溫度： 偏高　**濕度：** 普通　**CITES：** 附錄Ⅱ

特徵： 也稱為孔雀日行守宮。腋下的部分有黑色的斑點，與真正的眼睛加起來有「四眼」因而得名。照片中的個體因為害怕而變成了黑色，但平常會呈現漂亮的翡翠綠以及藍色和紅色。因為是小型品種，所以常讓人想多養幾隻，但日行守宮類全部、特別是雄性都會互相爭鬥，所以建議是一隻雄性配上幾隻雌性。與同產地的蛙類或地棲性守宮同養也很有意思。

馬達加斯加綠守宮

學名： *Phelsuma madagascariensis*
分布： 馬達加斯加　**全長：** 28cm（平均23cm）
溫度： 偏高　**濕度：** 普通　**CITES：** 附錄Ⅱ

特徵： 也稱馬達加斯加日行守宮。也常以平常進口時用的亞種名馬島巨人日行守宮來稱呼。已知有4個亞種，但其他亞種的進口機會少。最熱門的馬島巨人是最大型亞種，也有大小超過30cm的個體。因為是日行性動物，在明亮的環境也很有活力，是種讓人看不膩的守宮。食物除了蟋蟀以外，也會吃昆蟲果凍和水果。可以使用小型的保溫燈，照明則選用含紫外線的設備。

金氏柳趾虎

學名： *Lygodactylus kimhowelli*
分布： 非洲　**全長：** 8cm（平均7cm）
溫度： 普通　**濕度：** 普通　**CITES：**

特徵： 讓人聯想到日行守宮屬的非洲產小型日行性守宮。除了此種以外還有些不明品種以及黃頭柳趾虎等品種有進口。基本上是雄性的花色比較鮮豔，但也會根據心情變成像雌性一樣的樸素色彩。體型小且動作快，如果不注意一下子就會被牠們溜掉。另外，因為體型扁平，所以要注意牠們可能會從意想不到的縫隙中鑽走。體型愈小愈容易因為斷水斷食而衰弱，須注意。

鋸尾飛守宮

學名： *Ptychozoon lionotum*
分布： 東南亞　**全長：** 19cm（平均15cm）
溫度： 普通　**濕度：** 略偏潮濕　**CITES：**

特徵： 跟同屬的飛蹼守宮一樣，是可以靠著張開身體側面以及四肢上的皺褶來滑翔的守宮。也許是因為可以隨時滑翔逃走的關係，牠們被飼養起來也不太會躲，態度很坦然。只要養在大一點的飼養箱內，就可以看到牠們在牆壁之間跳躍的模樣。可以盡量選擇有點高度的飼養箱，在中央配置一些大型的觀賞植物盆栽會比較好。飼養起來很容易，以蟋蟀為食即可。

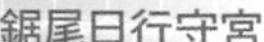

鋸尾日行守宮

學名： *Phelsuma serraticauda*
分布： 馬達加斯加　**全長：** 14cm（平均13cm）
溫度： 偏高　**濕度：** 普通　**CITES：** 附錄Ⅱ

特徵： 相似品種中有熱門的扁尾日行守宮，但此種的尾巴更扁平且寬，邊緣就如其名一般有鋸齒狀凹凸。照片中的個體是剛進口，因此有些消瘦，色彩也比較沒有那麼鮮豔。此屬中有許多種類，雖然都是相當美麗的品種，但馬達加斯加允許出口的只有少數幾種，稀有種就只有歐美養殖的個體有少量流通，這點實在可惜。

地棲性蜥蜴的飼養實例・鬃獅蜥篇

[*Pogona vitticeps*]

鬃獅蜥

學名：*Pogona vitticeps*
分布：澳洲　全長：49cm（平均40cm）
溫度：偏高　濕度：乾燥　CITES：
特徵：牠們會膨起長了刺的喉部威嚇敵人，因此而得名。在自然環境中過著可以說是半樹棲性的生活，人工飼養下則比較常待在陸地上。是偏好吃昆蟲的雜食性，也容易進食人工飼料。牠們給人一種可愛的印象，但雄性成熟之後喉部會變黑，頭部也會變大，最後成為外型充滿魄力的蜥蜴。有紅色和橘色的品系，近幾年出現了擁有透明爪子、稱為白指甲的高人氣品種。在中型蜥蜴中繁殖算容易，在日本國內也有不少以培育出新品系為目標的育種家。

南瓜黃色的漂亮個體。顏色這麼均勻的個體相當少

稱為血紅鬃獅，全身都是均一紅色的品系。就算是同樣的名稱，品質也會有差別

稱為緋紅鬃獅的紅色品系。其中幾乎沒有慢慢變紅的情況，紅色的個體一開始就是紅色

進入發情期，喉部就會變成一片黑色。另外，這個時期的雄性會用下顎摩擦雌性的後腦杓，所以有許多個體的下顎會滲血

團團包圍食物的幼體。牠們很喜歡南瓜或蒲公英、菊花等黃色的食物

飼養鬃獅蜥的ONE POINT

長成成體後就是相當強壯的蜥蜴，但是幼體的體力差，必須要付出一定的心力飼養。此種給人只吃昆蟲的印象，實際上牠們是連葉菜類和水果、人工飼料都吃的雜食性，但飲食偏好也會隨著成長而改變。特別是幼體，只要在常識範圍內，其他爬蟲類會吃的食物都可以試著給予。另外，因為有許多蜥蜴都容易缺鈣，餵食的時候一定要在食物上塗市售的鈣質補充劑。飼養幼體需要注意的是，偶爾會出現慣性嘔吐的個體。在清理飼養箱的時候，有時候會發現比糞便還大、裡面含有幾乎未消化蟋蟀結成的團塊，那就是牠們吐出來的東西。如果飼主又因為有看到牠們進食就安心下來，就會導致急速消瘦且無法恢復的後果。要是發現有這種情況，就要將食物切得更小並減少餵食量，慢慢幫牠們恢復體力。因為牠們嘔吐就大量餵食是會造成反效果的，請注意。將不好消化的昆蟲換成切碎的乳鼠也可以。牠們很有可能是因為CB化的弊端而出現的，消化器官天生較弱的個體。

照明

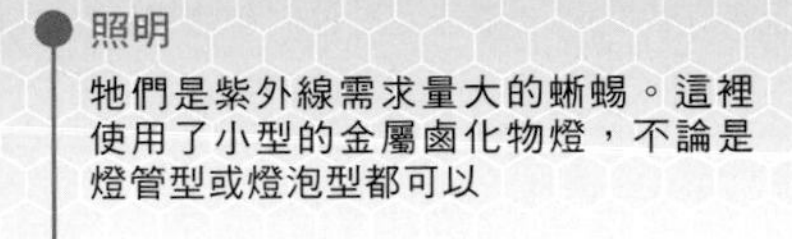

牠們是紫外線需求量大的蜥蜴。這裡使用了小型的金屬鹵化物燈，不論是燈管型或燈泡型都可以

上蓋

這個飼養箱本來是專門設計給陸龜使用所以較矮。所以上蓋是絕對必要的。牠們的力氣出乎意料的大，所以要好好固定

飼養箱

即使是單獨飼養，深度最好還是要有45cm。如果想加強互動的話選擇前開式是最好的。這個飼養箱的尺寸是600×450×300（高）mm

水容器

因為會馬上被推倒所以不需要隨時放著。可以隔幾天放一次，一旦確認牠們有喝就可以拿出來。另外，建議可以偶爾對整個箱內噴水，或者將個體直接放進水中

保溫燈

小型金屬鹵化物燈沒有辦法提供太多熱能，所以這裡為了增加熱度加裝無光型的燈泡（50W）

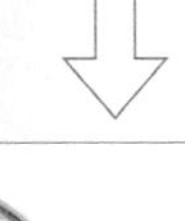

底材

種類沒有特定，但要避免報紙等表面光滑的材質，因為會讓爪子的發育異常。使用沙子的時候，要注意如果沒有常常清理，就容易累積臭味

加熱器

為了幫牠們的腹部保溫，要在飼養箱下面鋪加熱墊或遠紅外線加熱器。成體稍微受涼也沒有關係，但對幼體來說是必需品

含有紫外線的保溫燈

市面上也有可以同時照射紫外線和熱能的燈泡。請以各自的飼養風格選擇最佳產品吧

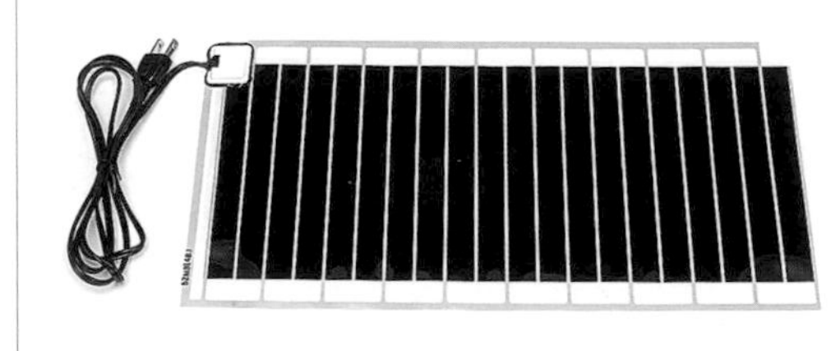

頭與身體加起來有到20 cm左右就不需要擔心了，這時的牠們已經能忍耐大部分的環境變化。接下來不管是要將牠們當作寵物，或是考慮拿來繁殖都可以，飼主可以自己的期望來決定。此種的優點是，就算只能準備60 cm左右的飼養箱，也可以每天將牠們放在房間內玩且不會累積太多壓力，可以說是相當優秀的寵物。不過，準備大一點的飼養箱當然還是比較理想。

主要食物

- 蟋蟀
- 巨型麵包蟲
- 乳鼠
- 葉菜類
- 切片的南瓜或紅蘿蔔
- 食用菊花
- 水果
- 人工飼料

彩虹飛蜥

學名：*Agama agama*
分布：非洲
全長：40cm（平均35cm）
溫度：偏高　**濕度：**乾燥　**CITES：**

特徵：非洲產的熱門種。便宜且進口量大，所以狀況不佳的個體也不在少數。但牠們原本是身上的紅、藍兩色帶有金屬感的美麗品種。如果養在狹窄的飼養箱內，本來的體色就會出不來，所以要盡量選用較高的飼養箱，以比較立體的內部配置來飼養。需要高溫的日曬地點，要開燈之前可以先在整個箱內噴水，暫時提高濕度比較好。食物是蟋蟀等昆蟲。

蝴蝶蜥

學名：*Leiolepis belliana*
分布：東南亞、印尼　**全長：**50cm（平均40cm）
溫度：偏高　**濕度：**乾燥　**CITES：**

特徵：身體側面有色彩鮮豔的皺褶，在興奮或是做日光浴時會張開。外型更華麗的蠟皮蜥也有輸入。原本會在地面上挖洞生活，在牠們挖的洞穴中應該保有濕度。白天要用保溫燈維持極度高溫，晚上也不要讓溫度降低太多比較好。這是由於牠們的食性，此種的草食性強，所以需要熱與時間來消化食物。食物是葉菜類和少量的昆蟲。飲水量大。

變色沙蜥

學名：*Phrynocephalus versicolor*
分布：中國　**全長：**7cm（平均6cm）
溫度：偏高　**濕度：**乾燥　**CITES：**

特徵：有著圓扁頭部的特殊飛蜥。這個也能稱為蛙頭蜥的屬分布在非洲與中近東、中亞、西亞等地，其中幾種有輸入。分為會鑽進乾燥沙中及不會鑽的品種，可從頭部的扁平程度分辨。白天要用保溫燈製造相當程度的高溫，夜間則要降低。這時如果剛餵食完就降低溫度，狀態就會惡化，所以最好可以在較早的時間餵食。水分在噴水時補充。食物是小型昆蟲。

摩洛哥王者蜥

學名：*Uromastyx acanthinura*
分布：非洲　**全長：**45cm（平均40cm）
溫度：偏高　**濕度：**乾燥　**CITES：**附錄Ⅱ

特徵：根據個體的不同會有全身紅、黃、橘、綠等多樣化的色彩，使牠們很受歡迎。尾巴很短，整體來說較豐腴，與顏色相近但身形比較苗條的尼日王者蜥可以作出區別。最近完全沒有WC的進口，只能看到歐美養殖的CB幼體。草食性且容易飼養，但需要極度高溫（接近60℃）的日曬環境與很強的紫外線。進口量少但很受歡迎。

侏儒盾尾蜥

學名：*Xenagama taylori*
分布：非洲　**全長：**7cm（平均6cm）
溫度：偏高　**濕度：**乾燥　**CITES：**

特徵：又稱泰勒甲冑尾蜥。有著長了刺的變平寬尾，尾巴前端還有細線狀的延長，是外型有點奇特的飛蜥，也有人認為牠們會將尾巴浸在水中吸水。亢奮的時候喉部到臉頰會變成金屬藍色。一般來說只有雄性會出現顏色，但也有少數雌性會變藍。喜歡吃昆蟲，也會吃少量的葉菜類。不要給太大的食物，多給予一些切細的食物是飼養的訣竅，特別是幼體，太勉強就會引起消化不良。

飛鼬蜥
學名：*Sauromalus obesus*
分布：北美、墨西哥　**全長：**40cm（平均35cm）
溫度：偏高　**濕度：**乾燥　**CITES：**

特徵：感覺就像是尾巴沒有刺的王者蜥，但此種是屬於美洲鬣蜥科的蜥蜴。色彩有個體差異，也有些背上是一片紅色。幾乎是完全草食性，食物應以葉菜類為主。與王者蜥一樣有必要在白天照射極度的高溫。飼養這些偏好超高溫的蜥蜴時，如果沒有使用大型飼養箱，整個箱內就會變得太高溫，導致蜥蜴沒有可以休息的空間，須注意。

埃及王者蜥
學名：*Uromastyx aegyptia*
分布：非洲、中東　**全長：**75cm（平均50cm）
溫度：偏高　**濕度：**乾燥　**CITES：**附錄Ⅱ

特徵：有2個亞種，是此屬中的最大種。幼體身上有淡淡的黃色斑紋，成體後會消失。此屬基本上是草食，很不可思議的不喜歡太新鮮的蔬菜，反而偏好口感脆的乾草。另外，不只是葉菜類，給予一些豆類或是鳥用的小米等穀類也能養得很健康。牠們會不斷重複進食和取暖的動作，讓牠們隨時有食物可以吃會比較好。

華麗王者蜥
學名：*Uromastyx ornata*
分布：非洲、中東　**全長：**35cm（平均30cm）
溫度：偏高　**濕度：**乾燥　**CITES：**附錄Ⅱ

特徵：也稱歐那塔王者蜥。有一個稱為阿拉伯王者蜥的亞種。照片中為幼體，成體身上會出現水藍色、黃色、橘色等非常鮮豔的顏色。雌性就與幼體差不多。背部有連接起來的帶狀花紋，相似品種的孔雀王者蜥身上的花紋完全是點狀，能以這點區別。飼養的基礎與其他種差不多，但較苗條的種類最好可以準備裝了水苔的潮濕型遮蔽物。是草食性，但也有很大一部分是吃昆蟲。

藍岩蜥
學名：*Petrosaurus thalassinus*
分布：下加利福尼亞州　**全長：**40cm（平均30cm）
溫度：偏高　**濕度：**乾燥　**CITES：**

特徵：也稱為下加州藍岩蜥。狀態良好的個體身上的藍色很深，非常美麗。充分沐浴陽光之後的動作非常敏捷，還沒習慣環境的個體可以在一瞬間躲進遮蔽物。飼養起來很容易，但養在狹窄的地方就常常會亂動導致鼻頭受傷，飼主必須注意。組合一些扁平的石頭等物，為牠們製造出一些空隙會比較好。從以前開始就是稀有的品種，最近更是幾乎看不到了。

沙漠角蜥
學名：*Phrynosoma platyrhinos*
分布：北美、墨西哥　**全長：**12cm（平均10cm）
溫度：偏高　**濕度：**乾燥　**CITES：**

特徵：此種因專吃螞蟻而聞名，但大量餵食小型蟋蟀也可以飼養。太少的話馬上就會因此消瘦。此種的飼養重點應該是超高溫的日曬地點和頻繁的給水。此種即使在人手無法碰觸的超高溫沙子上也能悠閒的做日光浴。夜間可以降低溫度。另外，牠們並不會從水容器喝水，所以可以常用滴管等工具餵牠們喝。鋪上一層厚沙牠們就會鑽進去休息。

天使島飛鼬蜥
學名：*Sauromalus hispidus*
分布：墨西哥　**全長：**65cm（平均50cm）
溫度：偏高　**濕度：**乾燥　**CITES：**

特徵：日文名稱為刺頸飛鼬蜥，就如其名，脖子周圍有許多尖刺狀的突起。是大型品種，和需要一點技巧的飛鼬蜥比起來較強壯且容易飼養。人工飼養下也有許多大型的個體。喜歡高溫和乾燥，但此種不需要太注意濕度。幼體體型細長、有褐色的花紋，成體後會變成霧面的黑色，也會變胖成很有魄力的體型。以前曾是高價品種，但最近的進口量很穩定。

孔雀針蜥
學名：*Sceloporus malachitic*
分布：墨西哥、中美　**全長：**25cm（平均18cm）
溫度：略偏高　**濕度：**略偏潮濕　**CITES：**

特徵：狀態良好的雄性從頭到身體是金屬綠，尾巴則是藍色，相當的鮮豔華麗。同一個屬比較常見的有岩針蜥和藍針蜥，但都是偏乾燥型，相較之下此種是棲息在森林，喜歡略偏潮濕的環境。此屬屬於胎生，有時候會突然生出小小的幼體。包含此種在內，小型又多刺的脊尾蜥和鈹頸蜥有時候會一起稱為「Swift」，此種也會以「Emerald swift」的名稱出現在市面上。

印尼藍舌蜥

學名：*Tiliqua gigas gigas*
分布：印尼　**全長：**60cm（平均50cm）
溫度：略偏高　**濕度：**略偏潮濕　**CITES：**

特徵：種名是巨型藍舌蜥，亞種名是印尼藍舌蜥。一般來說，新幾內亞藍舌蜥、巨型藍舌蜥都是指這個原名亞種。近年來分類變得比較細化，有點難以了解。四肢上有白色纖維狀的花紋，但整體來說偏黑，體型細長。尾巴特別長。有3個亞種，凱島藍舌蜥的體型更為細長。非常強壯且容易飼養。雖然也有許多容易亢奮的個體，也都很快適應。雜食性，幾乎任何食物都吃。

修雷伯卷尾蜥

學名：*Leicephalus schreibersi*
分布：中美　**全長：**26cm（平均20cm）
溫度：略偏高　**濕度：**普通　**CITES：**

特徵：除了此種以外也有北部卷尾蜥和紋面卷尾蜥進口，這些卷尾蜥因為尾巴會呈縱向捲成線圈狀（與變色龍相反）而得名。英文叫做「Curly-tailed」。此種也稱為海地卷尾蜥。基本上吃昆蟲，也會吃水果和昆蟲果凍等食物。動作很快，受驚嚇就會躲到陰暗處或鑽進底材裡。雖然很膽小，但飼養起來適應得快，就算不適合上手也比較不會那麼膽顫心驚。身體強壯、容易飼養。

環頸蜥

學名：*Crotaphytus collaris*
分布：北美、墨西哥　**全長：**35cm（平均25cm）
溫度：偏高　**濕度：**乾燥　**CITES：**

特徵：已知有5個亞種，我們一般看見的是原名亞種的東部環頸蜥。同屬的沙漠環頸蜥等品種也有輸入。色彩會根據亞種和區域而有所變化，最近似乎是藍色系個體比較受歡迎。性格活潑可愛所以人氣很高，但是需要高溫的日曬環境，如果用不上不下的溫度飼養就會讓牠們無法消化食物，讓身體狀態漸漸惡化。頭部大也很貪吃，同養的話可能會吃掉別的品種，須注意。

東部藍舌蜥

學名：*Tiliqua scincoides scincoides*
分布：澳洲　**全長：**60cm（平均50cm）
溫度：略偏高　**濕度：**普通　**CITES：**

特徵：以種類來說屬於斜紋藍舌蜥。有3個亞種，其中只有花紋不明顯、被稱為奇美拉的坦寧巴藍舌蜥有分布在澳洲以外的區域。因為是澳洲產所以沒有WC，但也有歐美養殖的個體少量在市面上流通。體型基本上很短胖，眼睛有一條很明顯的往後延伸的黑色條紋。進口量少因此單價高，很少可以看到實物。與印尼產不同，喜歡乾燥的環境。

馬拉卡藍舌蜥

學名：*Tiliqua gigas evanescens*
分布：印尼　**全長：**60cm（平均50cm）
溫度：略偏高　**濕度：**略偏潮濕　**CITES：**

特徵：巨型藍舌蜥的亞種。過去有著「新幾內亞的東邊」這種冗長的名稱，現在也有所謂的東部藍舌蜥，但卻是別的品種。色彩和花紋的變異很大，但大多數情況下四肢不會像印尼藍舌蜥一樣黑，而且內側的顏色會與腹部相同。此外，整個體型都比較肥短。只是，其中的確也有許多非常難以區分的個體。不管是印尼藍舌還是馬拉卡藍舌，通常成長後只會到達60cm左右，但也有少數將近70cm的個體存在。

北部藍舌蜥

學名：*Tiliqua scincoides intermedia*
分布：澳洲　**全長：**70cm（平均60cm）
溫度：普通　**濕度：**普通　**CITES：**

特徵：在所有的藍舌蜥中是育種最成功的，可以見到的數量多。頭部與四肢同色，通常沒有花紋。身體側面有黑色、橘色乃至於黃色的帶狀花紋。是體型大的亞種，在一般情況下飼養也能輕鬆超過50cm的大小。也許是因為育種歷史長，是最容易飼養的藍舌蜥，對溫溼度的適應力也很強。所有的藍舌蜥都一樣，飼養在狹窄的箱內會造成腰部的扭曲，飼主應注意。

中部藍舌蜥

學名：*Tiliqua multifasciata*
分布：澳洲　**全長：**45cm（平均40cm）
溫度：偏高　**濕度：**乾燥　CITES：

特徵：與西部藍舌、斑點藍舌同樣稀有的藍舌蜥，又稱為細紋藍舌蜥。對沙漠環境的適應力特強的特殊品種，不像其他藍舌蜥是在地上匍匐爬行，而是將身體抬高走動。頭部大，身體相當粗。而且尾巴短。流通量極少因此價格高昂，但也相當受歡迎。如果濕度過高，牠們的食欲就會漸漸下降，導致狀況惡化。夏天至少要確保空氣流通。雜食性，也會吃人工飼料。

紅頭松果蜥

學名：*Trachydosaurus rugosus rugosus*
分布：澳洲　**全長：**45cm（平均30cm）
溫度：偏高　**濕度：**乾燥　CITES：

特徵：松果蜥的4個亞種中的原名亞種。是所謂的紅頭系列，但色彩也很富有變化。此外，亞種的鯊灣松果蜥等品種之中也會出現紅色個體。這個類型的蜥蜴偏好高溫乾燥的環境，濕度過高就會讓牠們狀態惡化。使用通風良好的大型飼養箱很重要。另外，雖然牠們是雜食性，但要多餵食一些植物性食物。東部松果蜥的尾巴是短短的圓球狀，相較之下，原名亞種與鯊灣松果蜥則比較常偏長棒狀。進口量少、單價高。

東部松果蜥

學名：*Trachydosaurus rugosus asper*
分布：澳洲　**全長：**45cm（平均30cm）
溫度：略偏高　**濕度：**普通　CITES：

特徵：是最普遍的亞種，從全身茶色到身上有白色或奶油色帶狀花紋的個體都有。現在還不清楚對此亞種來說怎麼樣算是最佳環境，所以可使用較大的飼養箱製造出各式各樣的環境讓牠們自行選擇。不管怎樣，養在狹窄的飼養箱內都會漸漸讓牠們身體不適的。此外，因為牠們是會將能量儲存在尾巴的種類，所以與其每天餵食，似乎是先養胖再拉長餵食的間隔時間會比較理想。被稱為小型羅尼的亞種──羅尼島松果蜥相當罕見。

桃舌蜥

學名：*Hemisphaeriodon gerrardii*
分布：澳洲　**全長：**48cm（平均45cm）
溫度：普通　**濕度：**略偏潮濕　CITES：

特徵：以前曾與藍舌蜥同屬，近幾年才被分開來。就像牠的名稱一樣，舌頭是粉紅色的。非常細長的體型是其特徵，有時候會將後腳和身體併在一起，只靠前腳扭動身體移動。通常最大只會到48cm，但也有將近60cm的巨大個體出現。在自然環境中偏好捕食蝸牛，人工飼養下只餵食蟋蟀的話會有漸漸消瘦的傾向，所以需要併用切碎的乳鼠或人工飼料等食物。

星背刺尾岩蜥

學名：*Egernia cunninghami*
分布：澳洲　**全長：**50cm（平均45cm）
溫度：普通　**濕度：**普通　CITES：

特徵：是比較熱門的石龍子，在歐美也有大量繁殖。以前曾被當作亞種，也有全身呈現橘色的珊瑚星背刺尾岩蜥這種變種個體群存在。極度強壯且容易飼養，日本國內也有許多繁殖的例子。在自然環境中會以10隻左右的數量形成一個群體，但如果在狹窄的箱內同時飼養好幾隻成體，雄性個體之間特別容易產生激烈的爭鬥，尾巴或腳趾常會被咬斷，所以要注意。雜食性。

刺尾岩蜥

學名：*Egernia depressa*
分布：澳洲　**全長：**17cm（平均15cm）
溫度：略偏高　**濕度：**乾燥　CITES：

特徵：在日本稱為姬刺尾岩蜥。直到最近紅色的個體都叫做珊瑚相，但其實這是普通的體色，過去一直被稱為普通體色的大多是一種叫史氏刺尾岩蜥的小型亞種。不過更容易搞混的是，此種也有個跟史氏刺尾岩蜥這種小型亞種很相似的類型，牠們多了一個南方的稱呼，且體型更小，只有7cm左右。以昆蟲為主食，也可以給予水果等食物。強壯且容易飼養，但因為流通量非常少所以價格高昂。胎生。

菲南波多火蜥

學名： *Mochlus fernandi*
分布： 非洲　**全長：** 35cm（平均25cm）
溫度： 略偏高　**濕度：** 略偏潮濕　**CITES：**

特徵： 除了以學名稱呼菲南波多火蜥之外，也會以其色彩稱為火焰石龍子。從身體細長、四肢短的特點可以推斷出牠們會常常鑽進底材之中。可以椰殼纖維、腐葉土、黑土作為底材鋪上厚厚一層，讓表面維持乾燥狀態，愈深的地方愈潮濕；這樣一來牠們就會選擇自己喜歡的濕度待著。動作有點快，但只要習慣了，牠們也會自行靠近。以蟋蟀等昆蟲餵食即可，牠們也喜歡吃巨型麵包蟲（大麥蟲）。

銅紋石龍子

學名： *Egernia frerei*
分布： 印尼、澳洲
全長： 45cm（平均40cm）
溫度： 普通　**濕度：** 普通　**CITES：**

特徵： 此種在主要分布於澳洲的*Egernia*屬中是唯一也分布於印尼的一種。也稱為弗雷里石龍子。體色有性別差異，雄性成體有黑色的纖維狀條紋，雌性的花紋不明顯，整體看起來像是均一的淡橄欖棕色。強壯且容易飼養，以中型石龍子來說動作特別快，個性也比較粗暴，所以不適合上手。從幼體開始養會比較容易習慣。

夜行石龍子

學名： *Egernia striata*
分布： 澳洲　**全長：** 20cm（平均18cm）
溫度： 略偏高　**濕度：** 普通　**CITES：**

特徵： 全身為紅褐色的美麗石龍子，但牠們是相當珍貴的品種，日本國內恐怕只有引進一隻。幾乎完全是夜行性，所以英文名稱叫做「Night skink」。日文名稱是以其生態命名，既然是夜行，眼睛就會有些獨特的特徵，可能也會有些與妖怪有關的命名存在。白天較常待在遮蔽物中，到了夜晚就會活力大增，到處活動或捕食昆蟲。遮蔽物中似乎是保有一點濕度會比較好。

橙點石龍子

學名： *Eumeces schneideri*
分布： 非洲、中近東、西亞　**全長：** 42cm（平均35cm）
溫度： 普通　**濕度：** 普通　**CITES：**

特徵： 日本人心中最像蜥蜴的蜥蜴。亞種之中有些尾巴是整條橘色。動作快也很活潑，但只要是已經習慣的個體甚至可以輕鬆上手。基本上要養在乾燥的環境，但沒必要特別注意溫度與濕度，只要有在飼養箱內製造立體化的環境並準備日光浴地點即可。以昆蟲為主食，牠們也會吃人工飼料或水果等食物。可以說是相當強壯又容易飼養的蜥蜴。

翠蜥

學名： *Lamprolepis smaragdina*
分布： 印尼、美拉尼西亞　**全長：** 27cm（平均25cm）
溫度： 略偏高　**濕度：** 略偏潮濕　**CITES：**

特徵： 有數個亞種，但基本上都是全身質感接近亮皮的淡綠色。主要在地面上活動，但因為牠們也擅長在立體空間移動，有時候也能在很高的樹上看到牠們。是相當活潑的品種，如果可以養在空間配置很立體的飼養箱內會很有樂趣。有許多個體不會喝水容器裡的水，所以可以在整個飼養箱內噴水讓牠們舔水滴。剛進口的個體常常因為脫水而狀況不佳，讓牠們喝水就是第一要件了。

謬勒蜥

學名： *Sphenomorphus muelleri*
分布： 印尼　**全長：** 60cm（平均45cm）
溫度： 略偏高　**濕度：** 潮濕　**CITES：**

特徵： 也稱為蛇石龍子。頭部黑，身體是紅褐色，而尾巴呈淡黃色，配色相當特別。幾乎是生活在地下，平常會鑽進底材內。在自然環境中主要吃蚯蚓，但人工飼養下也會吃蟋蟀。面對食欲不佳的個體，飼主可以在蟋蟀或是巨型麵包蟲上沾一些蚯蚓的體液來餵食。先餵食剛死的蚯蚓，再轉換成使用乾燥蚯蚓也是一種方法。進口量少，是稀有品種。

馬拉加斯潛水石龍子

學名： *Amphiglossus waterloti*
分布： 馬達加斯加　**全長：** 45cm（平均40cm）
溫度： 普通　**濕度：** 潮濕　CITES：

特徵： 日文名稱叫做滑鐵盧水濱蜥。此屬有幾個品種有輸入，小型品種喜歡棲息在潮濕的落葉下，大型品種則是常待在水中，甚至可以說是半水生種。飼養箱內要鋪設濕潤的水苔或腐葉土、椰殼纖維，並隨時放有較大的水容器。牠們相當不合群，同種之間也會有激烈的爭鬥，基本上只能單獨飼養。餵食蟋蟀或巨型麵包蟲即可。近年來幾乎沒有進口。

熱帶環尾蜥

學名： *Cordylus tropidosternum*
分布： 非洲　**全長：** 16cm（平均12cm）
溫度： 偏高　**濕度：** 乾燥　CITES：附錄Ⅱ

特徵： 又稱為向陽環尾蜥，分為2個亞種，但也有人認為林波波河環尾蜥是另一獨立品種。屬於地表型品種多的環尾蜥屬，但此種擅長在立體空間活動，也很會爬樹。因為是小型品種所以不需要太大的飼養箱，不過用心布置也會很有意思。強壯也容易飼養，但因為需要高溫日曬，要注意小型飼養箱容易過熱這一點。

藍斑蜥蜴

學名： *Timon lepidus*
分布： 歐洲　**全長：** 60cm（平均45cm）
溫度： 略偏高　**濕度：** 普通　CITES：

特徵： 壁蜥亞屬的美麗大型品種。以前人們認為北非產的個體不會長大，但後來已經被分為另一個稱為帕氏藍斑蜥蜴的品種。以昆蟲類為主食，也會吃乳鼠和水果，強壯且容易飼養，但卻有許多性格粗暴的個體，有不少都會凶狠的咬人。另外，因為此屬都容易因為鈣質不足引發佝僂病，所以食物一定要添加鈣質補充劑，並使用含紫外線的燈具。

紅眼鷹蜥

學名： *Tribolonotus gracilis*
分布： 印尼　**全長：** 20cm（平均18cm）
溫度： 略偏高　**濕度：** 潮濕　CITES：

特徵： 日文名稱叫做紅眼頭盔石龍子，也會以新幾內亞盔甲蜥的名稱流通。幼體的眼睛周圍沒有一圈紅色，看起來像是別的品種。至今都被認為是不耐高溫的品種，但牠們其實更怕低溫。飼養時要在鋪了濕潤水苔或腐葉土、椰殼纖維土的飼養箱內放置遮蔽物。牠們白天不會出現，但晚上就會很有活力。到現在為止都只是因為本地的保管狀況不佳，否則此種可以說是非常強壯且容易飼養的蜥蜴。以蟋蟀等昆蟲為食。

犰狳蜥

學名： *Cordylus cataphractus*
分布： 非洲　**全長：** 20cm（平均18cm）
溫度： 偏高　**濕度：** 乾燥　CITES：附錄Ⅱ

特徵： 牠們受驚嚇就會咬住自己的尾巴變成一顆球，因此而得名。名稱與外型相當有名，實際上的流通量卻非常低，極少有進口。極其膽小且神經質。若是放置太多遮蔽物，牠們就可能會一直躲著不願進食，然後逐漸衰弱。狠下心使用大膽的配置，讓牠們習慣人類比較好。牠們吃昆蟲，習慣環境的個體也會吃碗裡的人工飼料。此屬為胎生，會生下體型較大的幼體。

巨型環尾蜥

學名： *Cordylus giganteus*
分布： 非洲　**全長：** 38cm（平均30cm）
溫度： 偏高　**濕度：** 乾燥　CITES：附錄Ⅱ

特徵： 是此屬中最大的品種，英文名稱叫做「Sungazer」（仰望太陽者）。對空間的認知能力極強，養在狹小的飼養箱會讓牠們狀態惡化。而且不管是高溫的日曬環境、強烈的紫外線、遮蔽物等設備都需要大尺寸，飼養箱當然也要很大。牠們本來會在地上挖掘隧道，從這裡進出洞穴生活，理想的情況是要鋪設厚厚的土，重現同樣的環境。食物是蟋蟀等昆蟲。

巨板蜥

學名：*Gerrhosaurus validus*
分布：非洲　**全長：**70cm（平均60cm）
溫度：普通　**濕度：**普通　**CITES：**

特徵：此屬中最大品種。有2個亞種，一般進口的是原名亞種，另一個亞種身上沒有獨特的黃色線條，全身的顏色偏黯淡。除非從幼體開始養，否則非常膽小，想要伸手摸牠們就會有許多個體像是發狂似的四處逃竄。要幫牠們打理的時候抓狂也會很麻煩，建議先慢慢讓牠們適應環境。強壯且容易飼養。食物只要以昆蟲為主，幾乎什麼都吃。近幾年也開始有CB幼體出現在市面上。

盾甲蜥

學名：*Gerrhosaurus major*
分布：非洲　**全長：**50cm（平均45cm）
溫度：普通　**濕度：**普通　**CITES：**

特徵：分為2個亞種，照片中的是亞種的西部盾甲蜥。原名亞種的東部盾甲蜥沒有黑色的鱗片，整體看起來大多是比較平板的焦糖色。此外，西部盾甲蜥的身體側面有紅色，東部盾甲蜥則是呈現水藍色。剛進口的個體雖然會有點不安分，但牠們基本上是很大膽的品種所以很快就會習慣，也可以很容易的上手。食物以昆蟲為主，也會吃人工飼料、水果等各種食物，非常容易飼養所以很適合當寵物。

扁平蜥

學名：*Platysaurus intermedius*
分布：非洲　**全長：**28cm（平均20cm）
溫度：偏高　**濕度：**乾燥　**CITES：**

特徵：英文名稱叫做「Flat rock lizard」的扁平蜥蜴。與環尾蜥是血緣相近的種類，但牠們的體表很光滑。已知的品種大約有15種，許多卻都難以區分。華麗的色彩相當漂亮，但這是專屬雄性的特徵，雌性和幼體身上只有明顯的線條和單調的顏色。強壯且容易飼養，但是動作快又膽小，一看到人就會躲進遮蔽物的個體並不少。擅長在立體空間活動，可以幫牠們設置一些木頭或岩石等造景。

墨西哥瘤背蜥

學名：*Xenosaurus grandis*
分布：墨西哥　**全長：**20cm（平均18cm）
溫度：普通　**濕度：**略偏潮濕　**CITES：**

特徵：與中國鱷蜥血緣相近的小型品種。此種的眼睛是紅色，也有另一個橘色眼睛且頭部較尖的品種會以少量在市面上流通。CB化的程度恐怕還不完全，從2000年開始就幾乎看不到此種的身影了。雖是稀有品種卻容易飼養，可以鋪上潮濕的底材，因為牠們擅長在立體空間中移動，將一些粗樹枝組合成立體狀會比較好。不需要日曬空間，雖然牠們也能忍耐高溫，但最好是飼養在28℃左右的環境中。食物是昆蟲類。

中國鱷蜥

學名：*Shinisaurus crocodilurus*
分布：中國、越南　**全長：**40cm（平均30cm）
溫度：普通　**濕度：**潮濕　**CITES：**附錄Ⅱ

特徵：只有單屬單種的單型半水生蜥蜴。平常是待在陸地上，受到驚嚇就會逃進水中，可以潛在水中躲藏相當長的一段時間。雖然也有如此膽怯的一面，但如果想伸手觸摸，有些個體也會張嘴威嚇，甚至跳起來咬人。牠們一旦咬住就不會輕易鬆口，而且下顎的力量很強，被咬到會非常痛，要特別注意。環境如果太高溫就會讓牠們身體不適，夏天要多加留意。食物是蟋蟀或小隻的螯蝦。只要習慣了，牠們也會吃鑷子夾的乳鼠等食物。

海溝叢林蜥

學名：*Ameiva undulata*
分布：中美、墨西哥　**全長：**40cm（平均30cm）
溫度：偏高　**濕度：**略偏潮濕　**CITES：**

特徵：有許多亞種與相似種，大多都會以三色老虎蜥的名義進口。耀眼的金屬感色彩是牠們的特徵，尤其是經過日光浴調整到最佳體溫的個體，其色彩更是鮮豔。此種非常喜歡高溫，但要是因為使用保溫燈導致環境過度乾燥，牠們的狀態就會馬上惡化。飼主應將底材弄濕，並頻繁的噴水來維持濕度。此屬的動作很快，所以有叢林奔跑者的別名。食物是昆蟲類。

彩虹鞭尾蜥

學名：*Cnemidophorus lemnicatus*
分布：南美、中美　**全長：**30cm（平均28cm）
溫度：偏高　**濕度：**略偏潮濕　**CITES：**

特徵：在稱為「Whip tail」、「Race runner」的鞭尾蜥之中是最華麗的品種。雖然還有更華麗的個體群，卻很少進口。此屬在北美、中美都有分布，其中幾種有輸入。每個品種都對乾燥沒有抵抗力，此外，如果溫度不適合，即使有進食也會漸漸變得虛弱。飼養箱內需要有高低落差明顯的溫度，雖然不需要像叢林蜥一樣，還是要裝設較小的保溫燈，讓牠們可以自行調節體溫。

帝王蛇蜥

學名：*Ophisaurus apodus*
分布：歐洲、中近東、俄羅斯、中亞
全長：120cm（平均90cm）
溫度：普通　**濕度：**普通　**CITES：**

特徵：日文名稱是巴爾幹蛇蜥。此種有時候會被獨立分在*Pseudopus*屬。分布區域廣，但卻沒有什麼地域變異。不管是怎麼樣的個體，此種就是此種。非常的強壯，飼養到第2年之後（總之是習慣環境的個體）可以在室內全年不加溫飼養。從昆蟲到乳鼠、各種肉類、人工飼料等，只要是動物性食物幾乎什麼都吃。雖然外型不像但畢竟是蜥蜴，牠們也會自行斷尾。

祕魯鱷蜥

學名：*Dracaena guianensis*
分布：南美　**全長：**90cm（平均80cm）
溫度：偏高　**濕度：**潮濕　**CITES：**附錄II

特徵：一般也稱為蓋亞那閃光蜥，但幾乎沒有分布在蓋亞那。橘色的巨大頭部與綠色身體呈現美麗的對比，在自然環境中以螺類為主食。可以說是半水生品種，偏好極高溫，飼養的時候如果發現牠們都不願進入水中，大多是因為水溫太低了。會吃蟋蟀或老鼠、人工飼料、雞胗等肉類，但最喜歡的還是螺類，可以多餵食田螺。

莫瑞雷特鱷蜥

學名：*Mesaspis moreletii*
分布：美國、墨西哥　**全長：**24cm（平均20cm）
溫度：普通　**濕度：**略偏潮濕　**CITES：**

特徵：在稱為鱷蜥的蜥蜴之中還有*Elgaria*屬、*Gerrohonotus*屬存在，牠們的外型的確像是鱷魚，但此種看起來卻比較接近石龍子或是盾甲蜥。是個性溫馴的小型品種，比較容易飼養，有時候會有懷孕的雌性進口、突然產下幼體的情況發生。擅長立體空間移動，也會爬樹，飼主可以如此布置。待在乾燥環境下就會馬上讓身體狀態惡化，要注意。

黑白蚓蜥

學名：*Amphisbaena fuliginosa*
分布：南美　**全長：**50cm（平均30cm）
溫度：略偏高　**濕度：**潮濕　**CITES：**

特徵：雖然名稱中有蜥字，但牠們與蛇亞目、蜥蜴亞目並存，獨自形成一個稱為蚓蜥亞目的類群。完全生活在地下。此屬的小型品種多，但白腹蚓蜥等品種可以超過60cm。雖然對乾燥與低溫的抵抗力較弱，不過基本上很好飼養，要養在鋪了厚厚的潮濕腐葉土或椰殼纖維的飼養箱內。只要在盤子內放搗碎的蟋蟀或切碎的乳鼠，牠們晚上就會吃，也可以將牠們挖出來用鑷子餵食。

澳蛇蜥

學名：*Lialis burtonis*
分布：印尼、澳洲　**全長：**60cm（平均50cm）
溫度：普通　**濕度：**普通　**CITES：**

特徵：外型與蛇蜥科的品種有點像，但從沒有眼瞼這一點可以得知，此屬是比較接近守宮的種類。完全沒有前腳，後腳看起來也只像是一片魚鰭狀的東西，很難一眼看出來。市面上大部分是身形更細長的新幾內亞澳蛇蜥，真正的澳蛇蜥並不常見。幾乎是專門吃蜥蜴，人工飼養下雖然也有會吃乳鼠的個體，但大多還是不會吃。本來是偏好石龍子類，但也會吃守宮。

樹棲性蜥蜴的飼養實例・長鬣蜥篇

[*Physignathus cocincinus*]

人氣品種 PICKUP

長鬣蜥

學名：*Physignathus cocincinus*
分布：東南亞　**全長**：90cm（平均60cm）
溫度：略偏高　**濕度**：潮濕　CITES：
特徵：在有3個品種的此屬之中，是唯一棲息在澳洲以外區域的品種。為了與澳洲的品種區隔，有時會被稱為中南半島長鬣蜥。分布區域廣，通常會從印尼進口，中國的個體群稱為「關西」，臉型尖銳且棘冠（這類蜥蜴背上尖刺的名稱）比較發達，所以受到珍視。幼體的臉較圓，到了成體就會變成細長精悍的臉龐，出現完全不一樣的魄力。此外，也有全身帶著藍色的個體存在，在美國會以「藍寶石」的名稱被選出來配種。會吃少量水果，但基本上以昆蟲為食。

1.還年幼的個體。帶狀花紋和臉頰的水藍色很是美麗　2.WC成體。人工飼養下很難養得這麼漂亮。臉型特別容易有變圓的傾向　3.國外寵物店的大型飼養箱內的個體。如果飼養在寬敞的地方還是會讓臉型變圓，可能是因為本來就是產地不同的個體群

飼養長鬣蜥的ONE POINT

組裝實例中的個體全長只有大約20㎝左右，是稍微成長後的幼體，這種大小在市面上是流通最多的，也是很容易照顧的尺寸。飼養箱內最重要的是要隨時有潮濕的空氣流動，而且不可以有太低溫的場所。幼體對乾燥和低溫特別脆弱，所以要頻繁的測量箱內的溫度，確認有沒有保持在最適合的溫度。高溫的保溫燈並非必要，但如果只用遠紅外線加熱器也無法達到理想溫度的話，也可以使用無光型的燈泡輔助。與以綠鬣蜥為代表的美洲鬣蜥科日行性品種相比，雖然外型相似，但飛蜥科之中偏好潮濕的樹棲性品種都是使用整體保溫比較有效。特別是棘冠會長長的種類，要是對牠們使用高溫的保溫燈，這些刺就有可能乾燥脫落。而且森林性的品種本來就不需要強烈的照明，只要想像我們一般人印象中的蓊鬱叢林，並重現這樣的環境即可。樹棲性不能一概而論，而是根據品種而有不同的樹枝粗細、角度才有趣。此種常會攀在沒什麼角度的橫向樹枝上，維持抬頭挺胸的姿勢。這部分要視個體的情況來

照明

使用紫外線較弱的螢光燈管型也可以。使用雙燈管並改變其中一管的顏色也不錯

加熱器

在飼養箱背面貼上遠紅外線加熱器。溫暖的房間大多只要一片就可以了，若是溫度不足也可以再加貼在地面上

保溫燈

如果使用遠紅外線加熱器還不夠，也可以使用無光型燈泡輔助。陶瓷加熱器也很有效

飼養箱

因為大多會將樹枝用立起來的方式布置，所以使用較高的類型。雖然此種的體型遲早會長大，但因為成長不快，寬60cm左右的飼養箱就可以用很久。這個飼養箱的尺寸是600×300×600（高）mm

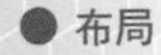

布局

個體還小的時候使用市售可以自由折彎的人工樹枝很方便。大多數樹棲性蜥蜴喜歡待在與自己體型差不多粗細的樹枝上，所以要隨著成長更換

主要食物

- ●蟋蟀
- ●巨型麵包蟲
- ●水果
- ●乳鼠

水容器

這邊使用了內藏幫浦的假瀑布。大多數的樹棲性蜥蜴都不會注意到靜止的水，常常因此不喝水。除了這種道具以外，可以在塑膠盒中裝打氣機，或是使用滴水式也可以

調整角度。另外，一定要使用爪子可以抓住的材質，避免表面光滑的樹枝。

此種只要陷入恐慌就會在飼養箱內到處跑，因此常常撞到臉部，使鼻子前端受傷。可以的話最好是從幼體開始飼養，將牠們培育成不會害怕的個體。可以先用鑷子餵食，讓牠們習慣人類。之後只要漸漸增加接觸的機會，也可以成功上手。要堅持到個體看到人的臉就會靠過來的程度。

綠鬣蜥

學名：*Iguana iguana*
分布：南美、墨西哥　**全長**：180cm（平均120cm）
溫度：偏高　**濕度**：普通　CITES：附錄Ⅱ

特徵：一般提到的美洲鬣蜥就是指此種。是草食性、有著美麗的草綠體色、體型會巨大化這些特點都讓牠們非常受歡迎。飼養本身並沒有那麼困難，可是足以代表日行性蜥蜴的此種需要相當大型的設備。此外，雖然也有些個體可以適應，但無法適應的個體也不少，對於從來沒有照顧過動物的人來說風險太大了。是種帥氣又充滿魅力的蜥蜴，卻不是可以輕鬆飼養的品種。

墨西哥刺尾鬣蜥

學名：*Ctenosaura pectinata*
分布：墨西哥　**全長**：90cm（平均80cm）
溫度：偏高　**濕度**：普通　CITES：

特徵：別名香蕉鬣蜥。在稱為刺尾鬣蜥的類群之中，此種算是很乖巧且容易相處的。似乎有2個類型，其為亞種、地域變異、不同品種等各種說法都有，但牠們的個性比較接近一般的刺尾鬣蜥，有些粗暴且不安分的個體存在。兩種幼體都為綠色，會變成黃色的類型性格溫順，會變成灰褐色的類型則是比較粗野。另外，畢竟有著刺尾的名號，牠們的棘冠相當發達，但性格粗暴的類型卻不會長長。要注意牠們容易罹患佝僂病。

海帆蜥

學名：*Corytophanes cristatus*
分布：南美、中美、墨西哥　**全長**：35cm（平均30cm）
溫度：普通　**濕度**：略偏潮濕　CITES：

特徵：像戴著一條頭巾的頭是牠們的特徵。是體型不大、性格也不活潑的品種，不需要很大的飼養箱也可以養。基本上是褐色，但色彩也會因個體的不同而富有變化，從綠色到偏紅、灰褐色等顏色都有。此外，牠們的顏色也會依心情改變。環境不要太明亮似乎可以讓牠們安心，也不喜歡太乾燥的環境。不要使用高溫的保溫燈，而是應該用遠紅外線加熱器為整個飼養箱保溫。另外，頻繁的噴水也會比較好。

古巴大鬍子安樂蜥

學名：*Chamaeleolis porcus*
分布：古巴　**全長**：40cm（平均35cm）
溫度：普通　**濕度**：略偏潮濕　CITES：

特徵：也稱為波爾卡斯安樂蜥。為樹棲性，動作緩慢，而且眼球會像變色龍一樣轉動，因此而得名。除了此種以外，日本國內也有進口稱為「barbatus」的頭盔安樂蜥。基本上算是強壯的品種，和本尊變色龍一樣需要一點技巧餵牠們喝水，只準備水容器牠們也不會喝，還會因為脫水讓狀態惡化。飼主應該用滴水裝置或打氣機讓牠們注意到水的存在。

綠仙人掌蜥

學名：*Uracentron azureum*

分布：南美　**全長：**14cm（平均12cm）

溫度：偏低　**濕度：**略偏潮濕　**CITES：**

特徵：牠們被介紹為翡翠刺尾鬣蜥，但此種與同為美洲鬣蜥科的熔岩蜥是近親。牠們看起來像是刺尾鬣蜥的縮小版，是種有著鮮豔綠色的美麗小型品種。在3個亞種中，市面上流通的是有黑色條紋的原名亞種。是非常有魅力的品種，但不耐高溫，不得不說飼養起來相當困難。牠們在原產地是以螞蟻為主食，可能也跟這一點有關。如果可以長期飼養，毫無疑問會是非常受歡迎的品種。

芒腹冠蜥

學名：*Basiliscus vittatus*

分布：中美、墨西哥　**全長：**70cm（平均60cm）

溫度：偏高　**濕度：**略偏潮濕　**CITES：**

特徵：英文名稱為棕雙冠蜥，容易與同為棕色的普通雙冠蜥搞混，但普通雙冠蜥感覺比較像是綠雙冠蜥的茶色版本，頭部的棘冠分為2片，背部與尾巴上的棘冠也會長長。芒腹冠蜥頭部的棘冠是一頂烏帽子※的形狀，背上與尾巴的部分也不會長長。照片中的個體產於宏都拉斯，是背棘冠會長長的類型，但也只有這種程度。真正的普通雙冠蜥近年來並沒有進口。此屬中還有另一個稱為紅頭雙冠蜥的紅褐色美麗品種。

※譯註：烏帽子是平安時代出現的一種黑色禮帽，可能是由中國的烏紗帽演變而來。

綠雙冠蜥

學名：*Basiliscus plumifrons*

分布：中美　**全長：**70cm（平均60cm）

溫度：偏高　**濕度：**略偏潮濕　**CITES：**

特徵：照片中是雄性亞成體，更大之後會在頭部、背部、尾部長出氣派的棘冠。幼體和雌性是沒有這個特徵的。這種蜥蜴因為會在水面上奔跑而聞名。還不適應的個體會在飼養箱內亂跑，可能會因此撞傷鼻頭，所以要優先讓牠們冷靜下來。理想情況是從嬰兒時期開始飼養，讓牠們習慣人類。食物以昆蟲為主，也會吃少量水果。要是不讓保溫燈跟牠們保持一點距離，牠們漂亮的棘冠就會被烤焦。

菲律賓斑帆蜥

學名：*Hydrosaurus pustulatus*

分布：菲律賓　**全長：**90cm（平均80cm）

溫度：偏高　**濕度：**潮濕　**CITES：**

特徵：雖然這邊以菲律賓斑帆蜥的名稱來介紹，但照片中的個體也有可能是維薩亞斯群島產的其他品種。菲律賓是以無數座島嶼組成的國家，今後應該也有望發現新的品種。此屬從英文名稱的「sailfin lizard」和中文的「斑帆蜥」等名稱可以發現，牠們成體後會在尾巴上長出船帆狀的棘冠。是否明顯則是因種而異。是雜食性，可以昆蟲為主食再搭配一些水果或葉菜類，大型個體也會吃老鼠等食物。

火冠蜥

學名：*Gonocephalus grandis*

分布：東南亞、印尼　**全長：**50cm（平均40cm）

溫度：普通　**濕度：**略偏潮濕　**CITES：**

特徵：冠蜥之中有許多比此種更大的品種，但牠們幾乎都是*Hypsilurus*屬，所以此種姑且算是屬內最大型品種。體色會變化，照片中的個體因為亢奮所以顏色暗化，但若是心情穩定的雄性個體，身上就會出現以漂亮的綠色為基調的藍色或黃色。另外，雌性頭上的棘冠不明顯，顏色也很樸素。是特別容易興奮的品種，而且攻擊性強，多隻一起飼養就會大打出手導致自己渾身是傷，應注意。

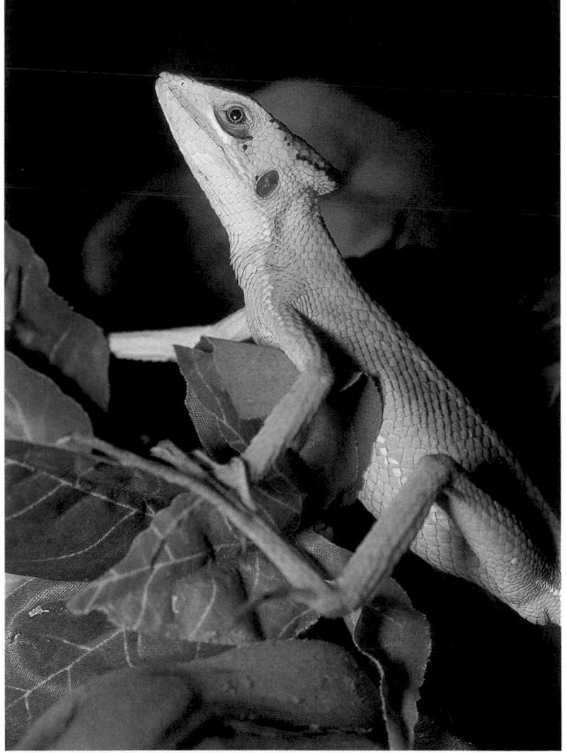

長肢山冠蜥

學名：*Laemanctus longipes*

分布：中美、墨西哥　**全長：**60cm（平均50cm）

溫度：略偏高　**濕度：**略偏潮濕　**CITES：**

特徵：也稱為玉米蜥。細長的身體與四肢讓牠們的體格看起來很嬌弱，但卻是出乎意料的強壯，只要避免過度乾燥，飼養起來就很容易。已知有3個亞種，但並不清楚進口的是哪個亞種。此屬由2個品種組成，另一品種橫斑山冠蜥非常稀有，很少進口。可以餵食蟋蟀，水分則是靠噴水或滴水來補充。這類型的蜥蜴對於缺水的耐受性相當差，飼主一定要確認牠們是否有飲水。

多利亞森林龍

學名：*Gonocephalus doriae*
分布：東南亞、印尼
全長：45cm（平均40cm）
溫度：普通　**濕度：**略偏潮濕
CITES：

特徵：尾長和頭身長幾乎相同，如果只看頭和身體的長度就是屬中最大品種。上半身很有分量，看起來是相當大型的蜥蜴。幼體為綠色，成長之後的雄性會變成褐色，雌性則是會維持翠綠色的美麗模樣。是一種雌性比雄性華麗的稀奇品種。布置樹枝的時候要注意此種喜歡垂直攀在樹上。這部分的喜好會隨著品種而不同，飼主可以多方嘗試。還有，整體來說牠們討厭明亮的環境。

變色龍冠蜥

學名：*Gonocephalus chamaeleontinus*
分布：印尼、馬來西亞
全長：40cm（平均35cm）
溫度：普通　**濕度：**略偏潮濕
CITES：

特徵：既然有變色龍這個名字，不要說是色彩的個體差異了，連個體自身的變化也非常大。通常是在帶有藍色味的綠色上有橘色的斑點，但也有些全身都是綠色的個體存在。基本上是雄性的外表比較華麗，但是害怕或身體不適的時候就會變暗，讓人無法從色彩分辨雌雄。這時候可以看牠們的鼻頭，雌性成體是蒜頭鼻所以可以馬上看出來。飼養起來很容易，但剛進口的個體常會有脫水的情形。

傘蜥

學名：*Chlamydosaurus kingii*
分布：印尼、澳洲　**全長：**90cm（平均70cm）
溫度：偏高　**濕度：**潮濕　CITES：

特徵：幾乎不需要說明的有名蜥蜴。澳洲產的個體性喜乾燥，但基本上不會出現在市面上，所有看得到的都可以當作是印尼產，這樣的話就必須要飼養在潮濕的環境。幼體時期對乾燥和低溫特別沒有抵抗力，所以要設定在偏高的溫度，並頻繁的噴水。如果在狹窄的飼養箱內用大型保溫燈讓環境乾燥的話，牠們引以為傲的傘狀薄膜也會變得破破爛爛，應注意。可以蟋蟀等昆蟲餵食，牠們的食量大得嚇人。

綠角蜥

學名：*Bronchocela jubata*
分布：印尼、南亞　**全長：**55cm（平均45cm）
溫度：普通　**濕度：**普通　CITES：

特徵：體型就像是中美的長肢山冠蜥的亞洲版本，生態也很像。以前曾屬於樹蜥屬，但已經被分了出來。因為尾巴極長，所以實物比尺寸給人的感覺還要小得多。養在狹小的地方會使狀態惡化，要使用高度充足的飼養箱。主食是昆蟲，也會吃少量水果。剛進口的個體有許多都身體虛弱，但只要適應了環境就是容易飼養的強壯品種。

雙冠尖頭蜥

學名：*Hypsilurus dilophus*
分布：印尼　**全長：**60cm（平均50cm）
溫度：普通　**濕度：**略偏潮濕　CITES：

特徵：是「假馬來尖頭蜥」也是「前黃紋尖頭蜥」，是個外型很有名真面目卻不明的尖頭蜥。很長一段時間都是以黃紋尖頭蜥的名義流通，筆者從牠們連結頭、背、尾巴的粗大棘冠得到靈感，取名為大棘尖頭蜥。是進口量少的品種，但也非常強壯且容易飼養。只要飼養箱內有可以攀爬的樹枝，牠們就不會亂鬧而是冷靜的待著。雖是很有魅力的品種，但幼體沒有進口，所以不清楚其外型。

橫紋長鬣蜥

學名：*Physignathus lesueurii*
分布：澳洲
全長：70cm（平均60cm）
溫度：略偏高　**濕度**：普通　**CITES**：

特徵：相對於中南半島長鬣蜥，此種有時會被稱為澳洲長鬣蜥，不過因為此屬有3個品種，剩下的另一種也是澳洲產，所以最近此種稱為橫紋長鬣蜥。雖然是樹棲性，在地面上也會很活潑的行動。身上所有部位都比長鬣蜥粗壯，即使是同樣的尺寸看起來也會大上一號。容易親近人又強壯，很容易飼養，卻有容易罹患佝僂病的傾向，所以要讓牠們攝取足夠的鈣質。

飛蜥

學名：*Draco volans*
分布：東南亞
全長：20cm（平均18cm）
溫度：普通　**濕度**：略偏潮濕　**CITES**：

特徵：肋骨異常的長，而且肋骨之間覆蓋著薄膜，可以張開來滑翔。一般我們會稱為翅膀的部分張開來會有像是蛾或蝴蝶的花紋，而這些花紋會隨著品種與個體而不同。是非常有名的蜥蜴，但人工飼養下幾乎都很短命。也許是因為牠們本來的主食是螞蟻，所以有必要大量餵食小型的蟋蟀。從會滑翔的特性來看，可以推斷出牠們從進食到排泄的週期應該很短。只要收起翅膀就是外型單調的細長蜥蜴。

長棘蜥

學名：*Acanthosaura armata*
分布：東南亞、印尼
全長：30cm（平均25cm）
溫度：普通　**濕度**：略偏潮濕　**CITES**：

特徵：因為外型奇特、色彩富有變化，而且不需要規模太大的飼養箱或設備，使得近年來棘蜥屬的品種愈來愈受重視。以綠色為基調的此種特別美麗而受歡迎。只要在飼養箱內找到了喜歡的地點，牠們就會花上大部分的時間待在那裡。以前的進口狀況不好，所以給人體弱多病的印象，但最近輸入的個體飼養起來沒有什麼問題。討厭明亮的環境和乾燥。另外，牠們不需要高溫的保溫燈。

猴尾蜥

學名：*Corucia zebrata*
分布：索羅門群島　**全長**：80cm（平均60cm）
溫度：普通　**濕度**：略偏潮濕　**CITES**：附錄Ⅱ

特徵：有個「爬蟲界的無尾熊」的暱稱，的確，仔細一看的話那對陰險的眼神或許真的有點像。在石龍子之中是全世界最大。夜行性兼草食性。會吃葉菜類和水果。剛進口的個體有些會拒食，就算等待牠們也絕對不會進食，所以要用拆掉針的針筒等工具強制注入香蕉果肉，只要重複幾次牠們就會自行進食了。個性粗暴的個體出乎意料的多，被咬到會非常的痛。

綠樹鱷蜥

學名：*Abronia graminea*
分布：墨西哥　**全長**：25cm（平均20cm）
溫度：偏低　**濕度**：略偏潮濕　**CITES**：

特徵：已知有數個品種，但出現在市面上的基本上都是此種，所以一般所說的樹鱷蜥就是指此種。有鮮豔的天空藍類型以及深綠色類型存在，但都被當作是同一品種。是非常受歡迎的品種但很難飼養，必須要準備通風良好的飼養箱，並維持潮濕與低溫，是很難重現的一種環境。此外，如果餵食太多就會讓牠們身體不適，只給予不至於讓牠們瘦下來的量會比較好。

巨蜥&南美蜥的飼養實例・澤巨蜥篇

[*Varanus salvator*]

澤巨蜥

學名：*Varanus salvator*
分布：亞洲廣域、印尼、中國
全長：250cm（平均160cm）
溫度：偏高　濕度：潮濕　CITES：附錄Ⅱ

特徵：也稱為圓鼻巨蜥，有幾個亞種存在。現在最常見的是稱為雙帶澤巨蜥的亞種，原名亞種的進口則是意外的少。這個原名亞種的大陸產個體成長幅度最大，也是適應力最好的。實際上，除此之外的亞種大多很膽小且神經質。此種只要適應了就會是很好的寵物，但無法適應的個體就是一隻體長超越150cm的猛獸，所以飼主開始飼養前就要將這件事放在心上。事實上要養這類大型蜥蜴，讓蜥蜴適應環境的方式暫且不談，最開始應該挑明的是：不習慣照顧蜥蜴的飼主是無法飼養的。

以白頭澤巨蜥之名進口的個體。後頸的鱗片很粗

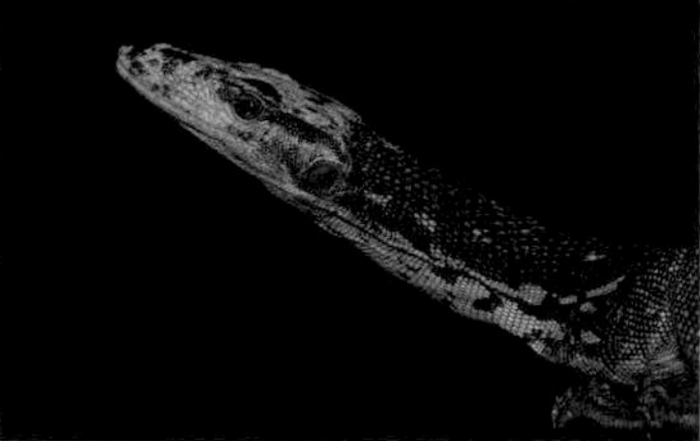

菲律賓產，白頭的個體群。屬於白頭澤巨蜥的地域變異種。全身細長為其特徵

硫磺澤巨蜥。爪哇島產的淡黃色個體群。在本地的數量就很稀少，非常珍貴

黑澤巨蜥。與科曼黑龍一樣漆黑的澤巨蜥。此亞種也有著細長的體型

金頭澤巨蜥。鮮豔的黃相當漂亮的亞種

蘇門答臘產，稱為滿天星的個體。因為幾乎沒有花紋，看起來甚至像是其他品種

飼養澤巨蜥的ONE POINT

因為應該很少會有人一開始就飼養將近2公尺的個體，所以這裡將針對幼體作介紹。除了狀態極差（腰骨抬高、流著口水、走路時頭部會左搖右晃等）的個體外，只要避免低溫與乾燥就沒有那麼困難。已經穩定下來的個體可以照上圖的飼養實例來照顧，但剛進口的個體要在網蓋上用塑膠布蓋住，讓飼養箱幾乎呈現密閉狀態。玻璃上會出現水珠的程度剛剛好。這個時期可以用水苔當底材，讓牠們可以鑽進去尋求安全感。這樣高溫潮濕的狀態大約要持續1個月，並確認牠們進食和增胖的狀態，如果沒有什麼大問題，就可以恢復正常飼養了。此種特別喜歡待在水中，所以要使用較大的水容器，牠們常會在容器中排便，飼主要記得常常換水。可以照喜好選擇底材，只要是可以正常維持濕潤的材質，哪一種都可以。一般來說都是用遠紅外線加熱器從飼養箱下方保溫，一定要用溫度計測量（用手摸起來感到溫暖舒適的程度），不要讓個體的腹部著涼。實例照片中的保溫燈裝設在飼養箱內，但比較理想

● 飼養箱

這問題比較憑感覺，與其具體說出需要多大的飼養箱，不如說飼主覺得「太小」的時候就是太小了。因為牠們是很有活力的品種，要是空間太小，魅力就會減半。這邊使用的尺寸是600×300×360（高）mm

● 照明

如果保溫燈會照射出紫外線就沒有問題，若不會，就要使用含有紫外線的爬蟲類專用螢光燈

● 保溫燈

最好可以使用噴到水不會破裂的類型。此外，因為巨蜥本身很粗暴，所以要避免容易破掉的燈泡。可以的話，從飼養箱外照射會比較好

● 加熱器

巨蜥的腹部絕對不可以著涼。所以必須從箱底保溫。使用遠紅外線加熱器或加熱墊吧

● 底材

幼體時期可以使用濕潤的椰殼纖維或樹皮碎片，但等牠們長大就會髒得很快。這時改用人工草皮也是一種方法

● 水容器

牠們畢竟叫做澤巨蜥，所以常常沐浴在水中。幼體特別有受驚嚇或感到危險就逃進水裡的傾向。在某種意義上也算是替代遮蔽物

的狀態是從外側照射，不要讓個體直接碰到燈泡。保溫燈的距離和瓦數要調整到會讓牠們取暖後活動、活動後取暖的程度。如果牠們一直不離開保溫燈，就是因為箱內整體的溫度和燈泡正下方的溫度都太低了；如果牠們很亢奮的活動而不願靠近燈泡正下方，就是因為燈泡的正下方太熱了。保溫的程度也會因為季節和房間的條件而改變，所以要好好觀察並調整。

主要食物

- 蟋蟀
- 巨型麵包蟲
- 螯蝦
- 乾燥蝦
- 老鼠
- 鵪鶉
- 雞胗與動物心臟、肝臟等肉類

草原巨蜥

學名：*Varanus exanthematics*
分布：非洲
全長：90cm（平均60cm）
溫度：偏高　**濕度：**普通　**CITES：**附錄Ⅱ

特徵：在比較多身形修長品種的巨蜥之中，此種的尾長與頭身長幾乎相等，有著比較粗短的體型。從被稱為養殖場孵化（FH）、在本地從卵孵化的幼體到WC亞成體都有進口，而且大多數個體都很乖巧，很好照顧。飼養起來可說是很容易，但如果養在狹窄的飼養箱內且過量餵食就容易肥胖，常有因為營養過多而猝死的情況出現。幼體的話還沒有關係，但成長到一定程度要減少餵食量比較好。

粗脖巨蜥

學名：*Varanus rudicollis*
分布：東南亞、印尼　**全長：**160cm（平均100cm）
溫度：偏高　**濕度：**潮濕　**CITES：**附錄Ⅱ

特徵：因牠們脖子上的粗糙鱗片而得名，英文名稱叫做「Roughneck monitor」。以前只有從WC的亞成體到成體的進口，所以給人一種難以飼養的印象，但近年來因為CB幼體的出現才讓這樣的印象消失。樹棲性傾向比較強，但也會在地面上活動。此種也是只要不在幼體時期暴露在乾燥與低溫的環境就不難飼養，是一種相對容易飼養的巨蜥。

頸斑巨蜥

學名：*Varanus dumerilii*
分布：東南亞、印尼　**全長：**120cm（平均90cm）
溫度：偏高　**濕度：**潮濕　**CITES：**附錄Ⅱ

特徵：幼體的頭部呈現一片朱紅，給人完全不同的印象，快則數週就會轉為褐色，等到頭身長20cm左右就會變成與成體差不多的顏色。剛進口的個體或幼體對低溫與乾燥極度脆弱，務必注意。在所有巨蜥當中的乖巧程度是數一數二的，根本找不到有攻擊性的個體。雖然進口量不多，但此種巨蜥非常適合推薦給不習慣照顧大型蜥蜴的人。

紅樹巨蜥

學名：*Varanus indicus*
分布：印尼　**全長：**120cm（平均90cm）
溫度：普通　**濕度：**普通　**CITES：**附錄Ⅱ

特徵：分布在印尼的各個島嶼，色彩和花紋會根據區域的不同而有細微的變化。雖然喜歡待在水中，但水池以外的地方就算乾燥也沒問題，對溫度等條件也不挑剔。在某種意義上，可以說是環境適應力極強的品種。除了有點膽小的個體較多以外，牠們同時具備了容易取得、漂亮、好飼養這3個優點，是很不錯的中型巨蜥。具攻擊性的個體少，但因為膽小的性格讓牠們靜不下來，實在無法說是適合上手的品種。

桃喉巨蜥

學名：_Varanus jobiensis_
分布：印尼
全長：120cm（平均90cm）
溫度：偏高　**濕度：**潮濕　**CITES：**附錄Ⅱ

特徵：以舊學名稱為卡氏巨蜥、以產地名稱為亞彭巨蜥、以喉部顏色命名就稱為桃喉巨蜥了。綜合了粉紅色的喉部、漆黑的身軀、金色的背部、藍色的尾巴，使牠們擁有巨蜥中數一數二的美。飼養時要放置較大的水容器，再加上頻繁的噴水就可以讓牠們維持美麗的皮膚。因為個性膽小所以具有攻擊性，不適合上手，但並不會特別難飼養，因此很受歡迎。

白喉巨蜥

學名：_Varanus albigularis_
分布：非洲　**全長：**200cm（平均120cm）
溫度：普通　**濕度：**普通　**CITES：**附錄Ⅱ

特徵：也稱為非洲岩巨蜥，雖然中文稱為白喉但也有喉部為黑色的亞種存在。直到近期都被與草原巨蜥混為一談，所以產地或尺寸等訊息也不太清楚究竟是屬於哪一方。有點粗暴的個體多，但飼養上並沒有特別困難的地方，是非常容易飼養的巨蜥。也因為這樣所以牠們長得特別快，飼主應該考慮空間等因素，避免輕率的飼養行為。

琉璃尾巨蜥

學名：_Varanus doreanus_
分布：印尼　**全長：**160cm（平均120cm）
溫度：偏高　**濕度：**潮濕　**CITES：**附錄Ⅱ

特徵：通常稱為藍尾巨蜥。以分布在印尼的巨蜥來說算是大型，和其他品種比起來從幼體時期開始頭部就比較大且粗壯。膽小又神經質的個體多，剛進口的個體就有許多鼻頭破皮的情形，但飼養之後也會慢慢適應到一定程度。以前曾被認為只棲息在特定區域，近年來則有進口從相當廣的範圍採集的個體，非常多樣化。

尼羅河巨蜥

學名：_Varanus niloticus_
分布：非洲　**全長：**200cm（平均120cm）
溫度：普通　**濕度：**潮濕　**CITES：**附錄Ⅱ

特徵：一到產季就會有許多幼體以便宜的價格大量出現在市面上，但裡面全都是具攻擊性的粗暴個體，完全不適合飼養。另外，食性會隨著成長改變，同時牙齒的形狀也會跟著改變，不知道是否與此相關，常常看到長到一定程度的個體猝死的例子。分為2個亞種，但根據研究者的不同也有將牠們分為獨立品種的說法。雖然是很漂亮的巨蜥，但透過牠們也能見證買得起不見得養得起這個事實。

黃樹巨蜥

學名：*Varanus melinus*
分布：印尼
全長：120cm（平均90cm）
溫度：偏高　**濕度：**普通　**CITES：**附錄Ⅱ

特徵：到近期才被發現並登記為新品種。就像牠們的別名黃頭巨蜥一樣，雖然身上有黑色的網狀花紋，但頭部大多只有黃色一種顏色。幼體時色彩略偏暗，隨著成長就會轉為檸檬黃，變成不辱其名的模樣。雖然價位偏高，但牠們不至於造成困擾的尺寸和美麗程度、幾乎所有個體都很乖巧等優點都很適合推薦給想開始飼養巨蜥的人。

百眼巨蜥

學名：*Varanus gouldii horni*
分布：印尼　**全長：**120cm（平均100cm）
溫度：普通　**濕度：**普通　**CITES：**附錄Ⅱ

特徵：常被當作稱為砂巨蜥的*gouldii*種中的3個亞種之一，但也有以*panoptes*的種名歸類為單獨一種的說法。與澳洲的*flavirufus*種很相像，但可以從此種的花紋會延伸到尾巴前端這一點辨別。活潑又擅長立體空間移動，是種養起來很有樂趣的巨蜥，但個性大多很粗暴。雖然不會長得太大也容易飼養，不過至少是無法推薦給不習慣照顧一定大小的蜥蜴的人。

葛氏巨蜥

學名：*Varanus olivaceus*
分布：菲律賓　**全長：**200cm（平均150cm）
溫度：偏高　**濕度：**普通　**CITES：**附錄Ⅱ

特徵：英文名稱「Gray's monitor」中的Gray並非指顏色而是人名。因是唯一一種食果巨蜥而聞名，但實際上也會攝取很多動物性食物。另外，其他也是有會吃成熟果實的品種存在。放眼全世界也算是相當少見的品種，但日本國內曾有一時的大量進口。非常神經質，有許多膽小的個體，即使長期飼養也還是有不少容易亢奮的個體。飼養時如果沒有放置遮蔽物讓牠們安心，鼻頭就會因為碰撞而變得滿是傷痕。

莫頓巨蜥

學名：*Varanus mertensi*
分布：澳洲　**全長：**100cm（平均80cm）
溫度：偏高　**濕度：**略偏潮濕　**CITES：**附錄Ⅱ

特徵：尾巴扁平、鼻孔朝上，是一種水生性強到甚至被稱為莫頓水巨蜥的品種。水池以外的地方要保持乾燥比較好，但如果空氣中沒有一定濕度就會讓皮膚太乾，所以要避免過度的乾燥。幼體時身上有明顯的黃色斑點，但會隨著成長淡化。在歐美是比較早成功繁殖的澳洲中型巨蜥，不過這幾年已經停止輸入。性格大膽的個體多，飼養本身很容易。

薩氏巨蜥

學名：*Varanus salvadorii*
分布：印尼
全長：400cm（平均250cm）
溫度：偏高　**濕度：**潮濕　**CITES：**附錄Ⅱ

特徵：被認定為危險動物。因為尾巴極長所以就算不是全世界最大，只看全長的話甚至可以超越科摩多巨蜥，是很巨大的品種。也稱為樹上的鱷魚、鱷魚巨蜥。屬於超大型品種同時也是樹棲性，因此牠們的爪子相當銳利。頭部不只是大，下顎的咬合力也極強，性格相當凶暴。雖然也是有相當少的乖巧個體存在，實際被牠們弄傷的飼主也很多，基本上不是可以飼養的品種。

刺尾巨蜥

學名：*Varanus acanthurus*
分布：澳洲　**全長：**70cm（平均50cm）
溫度：普通　**濕度：**乾燥　**CITES：**附錄Ⅱ

特徵：也稱為脊尾巨蜥。是所謂的侏儒巨蜥的代表品種。從歐美開始到日本國內也有繁殖的例子。在美國等地有「Ackies」的暱稱，以其色彩分為紅刺尾與黃刺尾等亞種。飼養起來很容易，但如果不以蟋蟀等昆蟲為主食給予的話狀態就會惡化。基本上要養在乾燥的環境，在飼養箱內製造一部分的潮濕環境也可以多少防止因過度乾燥引起的腳趾缺損。

史賓沙巨蜥

學名：*Varanus spenceri*
分布：澳洲　**全長：**120cm（平均90cm）
溫度：普通　**濕度：**乾燥　**CITES：**附錄Ⅱ

特徵：似乎是因為數年前在歐美繁殖成功，所以有極少量的進口。是種典型的地棲性巨蜥，前腳的粗壯程度和別種比起來很特別。雖然資料少但飼養本身很容易，人工飼養下有長不太大的傾向。此外，地棲性的巨蜥在人工飼養下相對易胖，要注意如果養在狹小的飼養箱內，牠們就很容易過重。飼主應盡量提供可以讓牠們在立體空間活動的環境。性格乖巧的個體似乎較多。

藍樹巨蜥

學名：*Varanus macraei*
分布：印尼　**全長：**120cm（平均100cm）
溫度：普通　**濕度：**潮濕　**CITES：**附錄Ⅱ

特徵：也稱為鈷藍樹巨蜥。以整個爬蟲界來看也很少有這麼藍的品種。在樹巨蜥之中屬於大型，性格上沒有什麼神經質的地方，很好飼養。因為牠們不太進入水容器中，所以要靠噴水來維持濕度。要注意如果太過乾燥，牠們全身體色就會偏白。使用市售的噴霧加濕器也很好。所有的樹巨蜥都有雌雄比例不均的問題，雌性尤其珍貴。

蔥綠巨蜥

學名：*Varanus prasinus*

分布：印尼　**全長：**90cm（平均70cm）

溫度：普通　**濕度：**潮濕　CITES：附錄II

特徵：也稱為翡翠巨蜥、綠樹巨蜥。很久以前曾與漆黑的黑珍珠巨蜥和直到最近都還被稱為科多樹巨蜥的祖母綠樹巨蜥是亞種關係，但現在都已經各自被分為獨立品種。色彩會根據產地的不同而有微妙的突變，也有些個體會呈現美麗的天空藍。在國內是比較熱門的品種，但CB化卻沒有什麼進展，實際上可以說是稀有品種。只要是適應環境的個體就很容易飼養。

黑頭巨蜥

學名：*Varanus tristis*

分布：澳洲　**全長：**80cm（平均60cm）

溫度：普通　**濕度：**乾燥　CITES：附錄II

特徵：尾巴的根部有棘刺狀的突起，這一點雄性尤其明顯。有2個亞種，分別為雀斑巨蜥與黑頭巨蜥。也有些稱為紅頂、頭部為紅色的個體存在。苗條的外型常被誤認為是樹棲性品種，但牠們的活動範圍廣，也會很積極的在地面上活動。飼養起來很容易，除了幼體時期會有極少數進食狀況不佳的個體之外，是一種飼主不需要太神經質也不容易發生問題的品種。

斑點樹巨蜥

學名：*Varanus timorensis*

分布：印尼　**全長：**70cm（平均50cm）

溫度：普通　**濕度：**普通　CITES：附錄II

特徵：也稱為帝汶巨蜥，但這個名稱也有可能包括了多個品種。基本上褐色的是帝汶巨蜥，黑白的是星點巨蜥，呈現藍色或紅色、黃色的是孔雀巨蜥，黃色的是基薩巨蜥。這些巨蜥不清楚究竟是獨立品種、亞種或地域變異，其中有許多不明的地方。飼養方式也有些細微的差別，所以最好可以依照個體的狀態來創造最佳環境。牠們都很膽小，不適合上手。

長尾岩巨蜥

學名：*Varanus glauerti*

分布：澳洲　**全長：**80cm（平均70cm）

溫度：普通　**濕度：**乾燥　CITES：附錄II

特徵：別名微光巨蜥。有岩石居住者的綽號，是生活在岩石地帶的品種，受到驚嚇就會將身體壓平鑽進岩石的縫隙中。在歐美也很受歡迎，因此很少進口到日本國內。在飼養侏儒巨蜥類的品種時，重點是如何不依靠乳鼠而是使用蟋蟀來餵養，如果過於疏忽這一點就會很難養大。雖然有神經質的一面，但飼養本身並不困難。

鈍尾毒蜥

學名：*Heloderma suspectum*
分布：北美　**全長：**50cm（平均40cm）
溫度：普通　**濕度：**普通　**CITES：**附錄Ⅱ

特徵：被認定為危險動物。又稱為希拉毒蜥或是吉拉毒蜥。分為背後花紋是粗帶狀的「黑帶」與網格紋路的「網紋」2個亞種。就如其名一般具有毒性，但牠們不像毒蛇一樣長有毒牙，而是咬住敵人然後讓毒液滲入傷口。基本上動作很慢又乖巧，很容易照顧，但有時候動作會突發性的變快，所以碰觸牠們的時候一定要穿戴皮手套。很容易飼養。

阿根廷南美蜥

學名：*Tupinambis merianae*
分布：南美　**全長：**120cm（平均90cm）
溫度：普通　**濕度：**普通　**CITES：**附錄Ⅱ

特徵：也就是所謂的黑白南美蜥。有名的藍南美蜥也是此種的色彩變種。相似品種有南美北部的哥倫比亞南美蜥。和哥倫比亞相比較無光澤，皮膚質感偏霧面。此外，頭部也比較圓，不太尖銳。乖巧的個體多，是容易親人的種類，但要注意牠們空腹的時候可能會不分青紅皂白的衝過來。雖然很像巨蜥，但彼此沒有親戚關係。

珠狀毒蜥

學名：*Heloderma horridum*
分布：墨西哥　**全長：**130cm（平均70cm）
溫度：普通　**濕度：**普通　**CITES：**附錄Ⅱ

特徵：被認定為危險動物。世界上只有2種的有毒蜥蜴的另一品種。有幾個亞種，但幾乎不會被分開進口到日本國內。根據亞種（地域變異？）的不同，也有些個體的背上會出現肋骨狀的花紋。與動作遲緩的鈍尾毒蜥相比，此種很活潑，會表現出可與巨蜥匹敵的行動力。此外，牠們很擅長立體空間移動，也會爬樹。雖然飼養起來容易，但除非是很習慣照顧蜥蜴的人，否則不是可以推薦的品種。

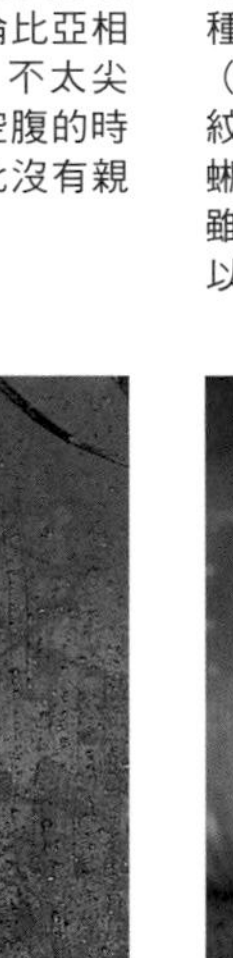

金南美蜥

學名：*Tupinambis nigripunctata*
分布：南美　**全長：**120cm（平均90cm）
溫度：偏高　**濕度：**普通　**CITES：**附錄Ⅱ

特徵：嘴巴愈尖銳、身體表面愈光滑的南美蜥愈是有攻擊傾向。此種就是最明顯例子，其中根本找不到乖巧的個體。將看似乖巧的個體放在舒適的溫度中就會變得凶暴，這樣的例子也不少。比巨蜥還要難抓，如果飼主太粗魯牠們就會自行斷尾，所以很難對待。在南美蜥中算是價格較低的品種，但也應該經過審慎評估再飼養。所有南美蜥的飼養本身都很容易。

紅南美蜥

學名：*Tupinambis rufescens*
分布：南美　**全長：**120cm（平均90cm）
溫度：普通　**濕度：**普通　**CITES：**附錄Ⅱ

特徵：過去人們都認為阿根廷產與巴拉圭產之間的紅色有差別，但似乎令人存疑。兩者都有會轉為鮮紅色和不會的個體存在。這應該單純只是個體差異的問題。此種在此屬中是頭部最大的。尤其雄性成體脖子周圍會長肉，產生異樣的魄力。年輕的個體有不少個性都很粗暴，但大多數到了成體之後就會變得沉穩。上手時如果不注意，有時候牠們會自行斷尾。

變色龍的飼養實例・高冠變色龍篇

人氣品種 PICKUP

[*Chamaeleo calyptoratus*]

高冠變色龍

學名：*Chamaeleo calyptoratus*
分布：葉門　全長：65cm（平均50cm）
溫度：偏高　濕度：乾燥　CITES：附錄II

特徵：因為牠們的頭部像是平安時代的貴族戴的烏帽子，而有這個名字。雄性可以說是相當大型的變色龍，但雌性只會長到40cm左右。是非常強壯的品種，因為牠們也會吃植物性食物，所以第一次進口時還被說是「變色龍界的革命」。繁殖起來相對容易，但如果沒有先將雌性好好養大再繁殖，加上多產也會加速消耗體力，常常會導致牠們在產卵後力盡身亡。無法使用大型飼養箱的人可以選擇體型不會太大的雌性飼養。但是雌性的肉冠（變色龍頭冠的名稱）並不像雄性這麼發達。

雄性成體。牠們成長得非常快

幼體的食量大得驚人。健康的個體是漂亮的萊姆綠色，狀況不好就會偏向褐色

雌性。肉冠長不大，體型和雄性比起來也小很多

雌性比較嬌小，平常沒有什麼花紋也是其特徵

飼養高冠變色龍的ONE POINT

牠們是身體非常強壯的變色龍，只要有準備寬敞的飼養箱就可以說是成功了一大半。需要注意的是食物和保溫燈，此種在變色龍之中是會吃葉菜類和水果的特殊品種。雖然沒有聽說不餵這些食物會導致什麼弊害，但還是有給予比較正常。另外，撇除發育期不說，成長到一定程度的個體要稍微減少餵食量才可以讓牠們維持在較佳的狀態。尤其是巨型麵包蟲等食物，如果讓牠們吃到飽就會有肥胖的問題。可以蟋蟀為主食，再餵食一些巨型麵包蟲和水果、葉菜類當點心。使用滴水裝置給水，如果飲水量不足牠們舌頭的黏度就會降低，變得黏不住食物，如果飼主感覺到牠們取食技術變差了，就要再次確認牠們有沒有正常飲水。

另外，也有不少個體曾被保溫燈灼傷牠們的最大特徵肉冠。這種情況特別容易發生在飼養箱小、箱內整體溫度低、保溫燈又小的狀態下。這是因為牠們會為了取暖而長時間沐浴在燈光下、或是距離太近的關係，所以要使用夠寬敞的飼養箱，利用遠紅外

照明

能照射出較強紫外線的螢光燈是最佳選擇。因為太亮的光線常會對變色龍的眼睛有不良影響

水容器

這邊使用了能持續滴水的裝置，讓落下來的水滴積在水容器中，並加上打氣的雙重手法。如果是已經習慣環境的個體，也有一部分會直接從容器中飲水，但通常牠們只會對流動的水有反應

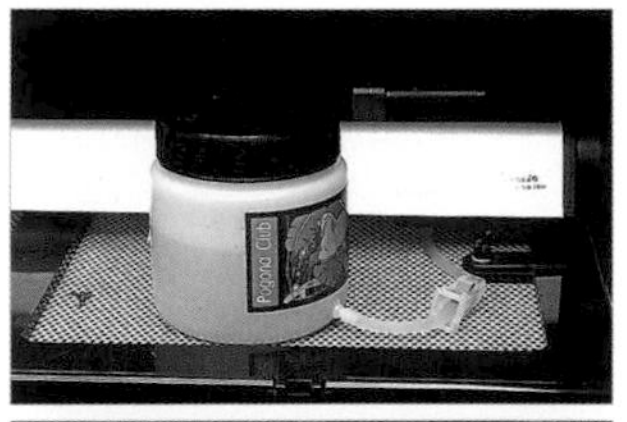

飼養箱

應使用較高的寬敞飼養箱。另外，性喜乾燥的高冠變色龍很適合使用通風性良好的側邊網格型飼養箱，網子上面也能成為牠們的活動空間

加熱器

因為這裡是從整個房間來保溫，所以只有在飼養箱下方用遠紅外線加熱器作輔助，但一般來說貼在飼養箱背面會比較有效率

保溫燈

用較大的燈泡從遠處照射是最好的，但有時候這樣也會溫度太高。這種時候可以換成較小的燈，且一定要加裝防止灼傷的蓋子

主要食物

- 蟋蟀
- 巨型麵包蟲
- 葉菜類
- 水果

布局

可在箱內放置觀賞植物的盆栽，盆栽能否保持良好狀態也能當作環境適不適合變色龍的指標。當然也算是牠們的生活場域。此外，對完全樹棲性的牠們來說，可以攀爬的樹枝是必需品

線加熱器提高基礎溫度，保溫燈至少要選用直徑與變色龍的身體差不多大的產品。不只是肉冠，有許多個體的背部或四肢也會燙傷，甚至可能從傷口開始化膿最後致死，所以飼主必須注意。除了燙傷以外，也有些個體的肉冠摩擦到網蓋而受傷的例子。在布置樹枝的時候不要組合得太靠上方，讓樹枝與上蓋之間保持一點距離比較好。不管怎麼說，變色龍都是很怕受傷的生物。牠們常常會因為一點小傷就化膿，所以要小心別一開始就讓個體受傷。

豹紋變色龍

學名：*Furcifer pardalis*
分布：馬達加斯加　**全長**：50cm（平均45cm）
溫度：普通　**濕度**：略偏潮濕　**CITES**：附錄Ⅱ

特徵：在馬達加斯加產的變色龍當中是最熱門的品種。地域變異多，販售時常會加註地區名稱（雌性的產地不管是哪裡都沒有太大的差別）。因為在變色龍中算是較強壯的品種所以很受歡迎，現在也有進口在馬達加斯加以外的地方繁殖的個體。照片中是稱為安斑札（Ambanja）的品系，雖然個體差異大，但在地域個體群之中也有特別鮮豔的色彩。

諾西貝（Nosy Be）
稱為諾西貝藍的藍色個體很有名，但諾西貝之中並不全是藍色。另外，也有像安斑札之類的全身藍色的個體存在。

桑巴瓦（Sambava）
基本色是深綠色，一亢奮就會呈現鮮豔的黃色。

塔馬塔夫（Tamatave）
基本色大多是綠色，一亢奮就會呈現紅色。

彼特變色龍

學名：*Furcifer petteri*
分布：馬達加斯加　**全長：**17cm（平均15cm）
溫度：普通　**濕度：**普通　**CITES：**附錄Ⅱ

特徵：照片中是雌性，雄性的鼻端上長有一對鈍角。此外，雄性平常的體色很簡潔，是鮮明的黃綠色上帶著白色線條。與麥諾變色龍很相似，但麥諾變色龍的背上排列著密集的刺狀突起而此種沒有，能以此點區分。在小型品種當中算是比較強壯的，雖然耐得住低溫，但要是暴露在極度的高溫下就會讓身體狀況一口氣惡化，應做好溫度管理。

奧斯托雷特氏變色龍

學名：*Furcifer oustaleti*
分布：馬達加斯加　**全長：**69cm（平均60cm）
溫度：略偏高　**濕度：**普通　**CITES：**附錄Ⅱ

特徵：能與帕爾森氏變色龍匹敵的巨大品種，此種也稱為奧力士變色龍。牠們的基本色是褐色或橄欖綠，並不鮮豔，但只要一開始的狀況夠好就是很強壯的品種，所以很受歡迎。因為牠們不太會變色所以很難看出狀況是好是壞，但最近進口的個體只要一開始有確實讓牠們飲水就可以恢復健康。飼養起來需要相當大型的飼養箱，不過有著巨大頭部的大型個體的魄力不是其他品種可以比擬的。

巨人疣冠變色龍

學名：*Furcifer verrcosus*
分布：馬達加斯加　**全長：**58cm（平均55cm）
溫度：略偏高　**濕度：**普通　**CITES：**附錄Ⅱ

特徵：也稱為尖刺變色龍。和豹紋變色龍有點像，但此種沒有華麗的原色，可以從身體側面的顆粒狀大型鱗片以及背上排列的較大突起來與之區別。因為是大型品種所以很健壯，只要是進口狀況良好的個體就幾乎跟豹紋變色龍一樣容易飼養。由於市面上有許多WC個體，所以有不少都很容易亢奮，但只要持續飼養也會變得沉穩。可以說是一種帥氣得很簡潔的大型品種。

噴點三角變色龍

學名：*Chamaeleo deremensis*
分布：非洲　**全長：**35cm（平均30cm）
溫度：普通　**濕度：**普通　**CITES：**附錄Ⅱ

特徵：在有3支角的變色龍之中，此種表面質感比較光滑。身體偏高，所以看起來比同樣尺寸的其他品種還要大。雄性成長後嘴唇周圍會像是塗了口紅一樣轉為橘色，變成一張富有幽默感的臉。對飼養環境不挑剔，是強壯的品種，但很難看出牠們究竟偏好怎麼樣的環境，再加上性格不活潑，所以一開始容易讓飼主不知所措，不過只要有掌握住飼養變色龍的基礎知識就不會有什麼問題。

噴點變色龍

學名：*Chamaeleo dilepis*
分布：非洲　**全長：**35cm（平均30cm）
溫度：略偏高　**濕度：**普通　**CITES：**附錄Ⅱ

特徵：照片中是還年幼的個體所以不太亮眼，但牠們成體之後就會明顯長出稱為耳冠的耳朵裝飾。此種分布在很廣的範圍，而且還有6個亞種，所以並沒有一種基本的飼養方式，體型與色彩也都有些細微的不同。算是滿強壯的品種，剛開始飼養的幾天要找出個體的喜好並調整好環境。牠們身上的黑色圓點愈是明顯就表示壓力愈大，飼主可將這一點當作參考。

孔雀變色龍

學名：*Chamaeleo wiedersheimi*
分布：非洲　**全長**：16cm（平均15cm）
溫度：偏低　**濕度**：略偏潮濕　**CITES**：附錄Ⅱ

特徵：此種的雌性很樸素，但雄性只要一亢奮就會呈現出紅、藍、白色，和孔雀這個名字很相配。大多數非洲產的品種都是生活在高山，偏好低溫與潮濕。基礎溫度要設定在25℃左右，並使用小型的保溫燈在局部創造出30℃左右的地點，讓個體可以自行調節體溫。也為了這個目的，要使用較大的飼養箱，並注意不要讓整體溫度一致。夏天使用冷氣是必要的，也建議併用市售的噴霧加濕器。

四角變色龍

學名：*Chamaeleo quadricornis*
分布：非洲　**全長**：35cm（平均30cm）
溫度：偏低　**濕度**：潮濕　**CITES**：附錄Ⅱ

特徵：雖然名稱叫做四角，但不同的亞種或個體之中也有2支角或6支角的存在。身體的特徵是背上和尾巴上有魚鰭狀的隆起，和相似品種的雙角變色龍一樣都很受歡迎。因為牠們偏好的低溫潮濕環境很難創造，所以被認為是難以飼養的品種，但只要購買的個體狀態良好，而且別讓溫度超過30℃，牠們就不是那麼嬌弱的品種。重點是要盡量選用大一點的飼養箱，因為溫度與濕度容易均一化的小型飼養箱會馬上使牠們身體不適。

米勒變色龍

學名：*Chamaeleo melleri*
分布：非洲　**全長**：60cm（平均50cm）
溫度：普通　**濕度**：普通　**CITES**：附錄Ⅱ

特徵：非洲最大的品種。幼體是如同照片中的略帶藍色味的黑白色調，隨著成長會呈現黃色和綠色。有時候也會有大型個體進口，但常常處在嚴重的脫水狀態下，所以有必要立即餵牠們喝水。這時候即使有些麻煩也最好可以用滴管確實餵牠們喝水，只用噴水大多是不夠的。只要能適應就是很強壯的品種，所以重點是挑選狀態良好的個體，以及使用寬敞的飼養箱讓牠們悠閒的長大。

三角變色龍

學名：*Chamaeleo johnstoni*
分布：非洲　**全長**：25cm（平均24cm）
溫度：偏低　**濕度**：略偏潮濕　**CITES**：附錄Ⅱ

特徵：稱為烏干達藍、身上會出現均勻藍色的地域個體群很有名。體型粗壯，看起來比實際尺寸還要大。有3支角的品種大多不喜歡太明亮的環境，在人工飼養下也常常躲在觀賞植物的庇蔭裡，所以飼養箱內一定要設置遮陽處。另外，牠們常常以為自己有躲藏起來，但實際上卻是明顯暴露在外，特別是對於剛引進的個體最好不要加以干涉，從較遠的地方確認牠們的狀況比較好。

傑克森變色龍

學名：*Chamaeleo jacksonii*
分布：非洲　**全長**：35cm（平均25cm）
溫度：普通　**濕度**：略偏潮濕　**CITES**：附錄Ⅱ

特徵：在有3支角的變色龍之中是最有名的品種。照片中的*merrumontanus*有著調性柔和的美麗色彩，是一種最大只會長到18cm左右的小型亞種。稱為*xantholophus*的大型亞種很強壯，只要不暴露在極端的高溫下就很容易飼養。牠們喜歡有點潮濕的空氣但討厭悶濕，所以要使用通風良好的飼養箱。可以在早上變色龍起床時和晚上要入睡前噴水，暫時提高濕度會比較好。雌性不是沒有角就是只有一根。

費瑟變色龍

學名：*Bradypodion fischeri*
分布：非洲　**全長**：45cm（平均30cm）
溫度：普通　**濕度**：普通　**CITES**：附錄Ⅱ

特徵：此種鼻頭上長有一對粗壯的角。有3到4個亞種，最大型的是原名亞種，稱為巨型費瑟變色龍。是環境適應力很強的品種，飼養起來算是容易。不喜強光和高溫，還有很需要通風的特性都可以適用在所有的3角類型變色龍。相似的塔維塔變色龍等品種也有進口，但這種變色龍對環境比較挑剔一點。如果不在給水方式上下工夫，牠們有時候會因為角太礙事而喝不到水。

圓角變色龍

學名：*Calumma globifer*
分布：馬達加斯加
全長：40cm（平均38cm）　**溫度**：偏低
濕度：潮濕　**CITES**：附錄Ⅱ

特徵：感覺就像是帕爾森氏的小型版，飼養環境也一樣。色彩變化的幅度很大，習慣了缺乏變化的帕爾森氏的人會對此種感到新鮮。在變色龍中算是大型，但還在可以應付的範圍內。即使如此，市售的飼養箱還是過小，一般來說會使用到觀賞植物專用的大型溫室。人工飼養下的牠們常常會待在自己喜歡的地點不動，也是一種難以看出狀況好壞的品種。進口量少。

帕爾森氏變色龍

學名：*Calumma parsonii*
分布：馬達加斯加
全長：60cm（平均55cm）　**溫度**：偏低
濕度：潮濕　**CITES**：附錄Ⅱ

特徵：尺寸固然有影響，也因為全身每個部位都很有分量，所以可以說是相當的巨大。想要飼養到成體，使用市售的飼養箱是絕對不夠的。飼主要有讓出一間房間的覺悟。飼養的基礎溫度設定在26℃左右，使用保溫燈和噴霧加濕器、風扇做出溫度梯度，讓個體可以在飼養箱內自由選擇溫度的高低是最好的。牠們喝水速度慢、技術也不好，要注意脫水的問題。

綠耳變色龍

學名：*Calumma malthe*
分布：馬達加斯加
全長：30cm（平均28cm）　**溫度**：普通
濕度：略偏潮濕　**CITES**：附錄Ⅱ

特徵：雄性的鼻頭長有一支角。產於馬達加斯加，擁有大耳冠且身形細長的這個類型比起上下移動，更常橫向移動，所以要盡量選用寬度較大的飼養箱。飼養箱內要同時有開放空間與像是叢林的地點，使環境有疏密之分比較好。白天用保溫燈稍微提高溫度，夜間熄燈後溫度會一口氣下降的環境比較理想。

喀麥隆侏儒變色龍

學名：*Rhampholeon spectrum*
分布：非洲　**全長**：9cm（平均6cm）
溫度：普通　**濕度**：略偏潮濕　**CITES**：

特徵：此種加上肯亞侏儒變色龍、小鬍子侏儒變色龍共有3種，在變色龍所有的屬裡是唯一沒有被列入CITES的。馬達加斯加有很相似且稱為*Brookesia*的迷你變色龍屬，但最近這種變色龍的進口量已經銳減。只要不暴露在極高溫下就很強壯且容易飼養。另外還要確保有小型昆蟲可以餵食。可以養在鋪了腐葉土等底材並放有枯枝的飼養箱，溫度只要能維持在27℃左右就不需要保溫燈。

水變色龍

學名：*Calumma hilleniusi*
分布：馬達加斯加　**全長**：16cm（平均15cm）
溫度：普通　**濕度**：普通　**CITES**：附錄Ⅱ

特徵：雖然日本國內一般都以水變色龍來稱呼，但牠們其實並不特別依賴水生活。只不過，即使是剛進口的個體，有些也會直接從水容器中喝水，這點可以說是有點奇特。因為雄性的鼻頭是紅色，或許稱呼牠們為赤鼻變色龍會比較好。雖然是小型品種但身材厚實，不會給人柔弱的感覺。是相當強壯的品種，只要能增加進口量也會成為很受歡迎的品種吧。

蜥蜴的飼養方式

守宮

・什麼是守宮

對日本人來說，守宮可能是最為人熟知的爬蟲類。沒錯，牠們就是攀在牆壁上的那種小小蜥蜴。我們的認知中蜥蜴和守宮完全不同，這一點對於美國人也一樣，蜥蜴叫做「Lizard」，而守宮叫做「Gecko」。可是守宮是屬於蜥蜴的一種，並不是完全不同的生物。

最大的差別在於眼瞼。一般的蜥蜴都有眼瞼，也會眨眼睛。但是大多數守宮沒有眼瞼（雖然也可以說牠們有像隱形眼鏡的一體型眼瞼）。所以，守宮之中有眼瞼的種類就被稱為擬蜥了。

大部分種類的腳趾上都有細密的刺，牠們可以利用這些刺貼在牆壁上。這很容易被誤會是吸盤，但其實不是。守宮的指尖倒刺可以與牆壁、玻璃等表面上的細微凹凸結合，請大家想像一下魔鬼氈就很好理解了。

有些品種會像睫角守宮一樣，在尾巴前端也有這樣的小刺。一般來說就跟蛇類的理由一樣，牠們在這個嗜好的世界中很受歡迎。這是因為不需要紫外線、節省空間、可以繁殖這3個優點。因為小型品種多，常有可能會因為一點小疏失就致命，但整體來說飼養起來算是容易。

・挑選方式

很簡單，太瘦的個體是不能選的。尤其是小型品種，太瘦就沒有基礎體力，來不及恢復的情況很常見。

另外，也要避免才剛自行斷尾的個體。如果斷掉的尾巴已經再生，或是正在再生就沒問題，但若是切口還血淋淋的個體，有時候會就這麼死去。這一點，尾巴愈粗的品種愈是明顯，恐怕是因為牠們會將能量儲存在尾部的關係。

除了這幾點，只要外觀沒什麼問題，飼主就可以依照自己的喜好挑選。

・飼養箱

只要不會讓牠們逃出來即可，會攀在牆壁上的類型——所謂的「爬牆型」需要注重的是高度，地表型的品種就要準備注重地面面積的飼養箱。爬牆型的守宮動作特別快，常伴隨著逃脫的危險性，所以選擇飼養箱就很重要。

例如像市售的前方側拉式飼養箱，小型品種就有可能從前方玻璃的縫隙中逃跑。因此，小型和超小型品種使用塑膠盒會比較保險。

平均全長6cm左右的小型品種老虎守宮的飼養實例。塑膠盒中鋪上沙子作為底材＋遮蔽物，布置得很簡單

另外，雖然地表型大型品種（其實也沒有多大）不太會發生，但是爬牆型或樹棲性的大型品種，例如大守宮與環尾弓趾虎、葉尾守宮等，如果養在狹小的飼養箱就可能會讓身體狀態惡化。就算是大型，牠們的大小也很有限，所以這些種類使用的飼養箱至少有一邊要是個體尺寸的兩倍以上。

・底材

這部分會根據品種而完全不同。一般來說乾燥型要使用沙漠的沙子，潮濕型要使用椰殼纖維或是腐葉土等材質。底材的厚度取決於該品種會不會挖洞，大多數時候鋪得稍微厚一些，當想讓一部分區域保持濕潤的時候比較方便。以所有品種來看也很少需要讓底材完全保持乾燥，大多都會將其中一部分弄濕。這時候可以切一塊園藝用的吸水海綿埋在底材中，讓水分集中，就可以確實只弄濕一部分的區域。也可以單用素燒的潮濕型遮蔽物，但根據季節的不同也可能會讓水分蒸發得很快，所以埋吸水海綿會比較有效。

這一招對瘤尾守宮等許多會

守宮的拿法

雖然這邊以「守宮」一詞概括，但其實可以上手的品種非常有限，僅一部分的擬蜥與多趾虎這些類型的守宮。有許多守宮只要用力一抓，皮膚就會應聲剝落。此外，牠們受到極度驚嚇就會自行斷尾。飼主千萬不可以忘記讓守宮上手是一件伴隨著風險的事情。

[示範1・魔物守宮]

1. 從飼養箱拿出來後，要先用手將身體後半部整個抓住。牠們會掙扎著想逃，想逃離左手就換到右手、想逃離右手就換到左手，只要這樣重複個幾次，牠們就會漸漸冷靜下來

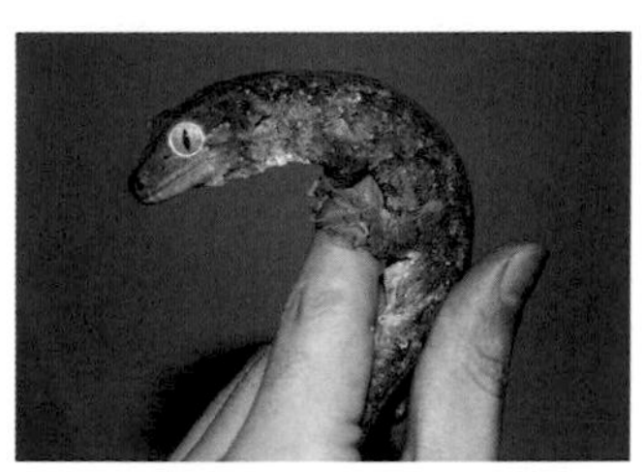

2. 等牠們冷靜下來，就用拇指輕輕抵著牠們的腰

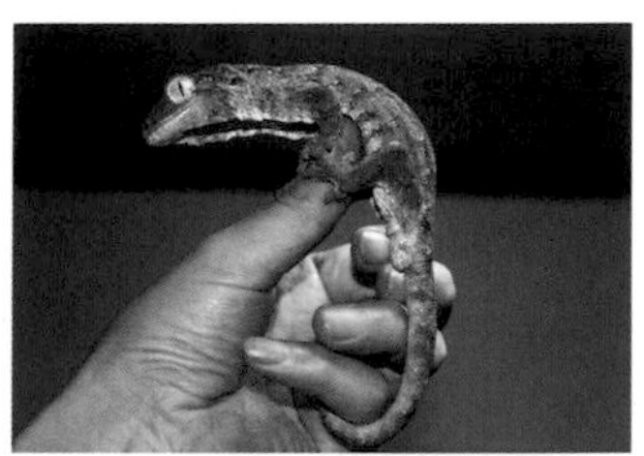

3. 等牠們習慣了，就可以給牠們一定的自由空間。但請讀者注意一件事。重點在於「尾巴」。像這樣尾巴好好的捲在手指上的時候不會有什麼突然的動作；但尾巴的力道放鬆時就要特別注意，這代表牠們準備要跳出去了

[示範2・豹紋守宮]

1. 一旦抓住就不可以讓牠們一直垂在空中掙扎

2. 和魔物守宮一樣，要用大拇指輕輕撐住牠們的身體。因為豹紋守宮會好好的抓牢飼主的手，想拿好牠們並不困難。這邊也要注意「尾巴」。牠們還是會將尾巴壓在手指上藉以固定身體

3. 讓手指靠著腹部也是上手的訣竅嗎？腹部接觸到大面積的東西似乎可以讓牠們感到安心

在沙中挖隧道的守宮都可以使用。對會挖沙的品種來說，如果沙子沒有維持適度的潮濕就沒辦法挖出地道，但也不能因此就將所有的沙弄濕，這時只要埋入濕潤的吸水海綿，牠們就能以這裡為中心開始挖隧道。

廚房紙巾也是常用的底材。CB化愈是徹底的品種愈常因為將食物與沙子一起吃下去而卡在胃裡。這情況特別常見於豹紋守宮的幼體，像這樣的品種就比較適合使用廚房紙巾。這部分依照種類與其特性來選擇比較好。

・加熱器

除了一部分日行性的品種，很少有品種是喜歡極度高溫的。通常使用一片遠紅外線加熱墊就已足夠。可以考慮該品種的生活環境，再決定要從底部加熱還是貼在側面。

要擔心的反而是過熱的問題，較小的種類如果過度保溫更容易一下子就喪命。雖然也與飼養箱放置的環境有關，但要在塑膠箱下方鋪加熱墊的時候，一定只能鋪一半的面積而非全部。飼養多隻小型品種的時候，建議可以加熱水槽或專用飼養箱，再將塑膠盒放進裡面，以溫室的方式

使用。

飼養日行守宮會使用到保溫燈，但也要盡量從飼養箱的外面照射。有一部分市售的飼養箱上部的金屬網有經過塗裝，這樣的東西不可以直接用保溫燈照射。這時候就只能將燈裝在內部了。通常我們會說守宮不需要使用保溫燈，但如果有實際裝設，牠們使用的頻率也很高。燈的尺寸不需要很大，試著使用看看也很有意思。

・照明

基本上，大多數品種都不需要紫外線。像豹紋守宮這種美麗的品種也不太需要，但在看不見的狀態下飼養也沒什麼意思，所以可以裝設最低限度的照明。另外，布局上需要觀賞植物的時候一定要準備。順便一提，豹紋守宮的黃色品系有著照射到較強的光線會使顏色更鮮豔的傾向。相反的，白化品系就絕對不可以照光。因為牠們是連照到一般亮度的光都會閉上眼睛的品系。

那麼說到需要紫外線的類型，指的就是以日行守宮為代表的日行性品種了。牠們很喜歡做日光浴。可以使用含紫外線的螢光燈或保溫燈。很奇妙的，多趾虎屬，特別是蓋勾亞守宮的確是需要紫外線的。這個品種即使有補充鈣質，還是有罹患佝僂病的傾向。

如果飼主不知道哪個品種可以照光、哪個品種不能照光的話，一開始就使用偏弱的螢光燈吧。不能照光的是白化品系，以及眼睛特大且水汪汪的類型。沒錯，對瘤尾守宮等類型來說，眩目的燈光就只是一種壓力來源罷了。

美麗的鈷藍日守宮的飼養實例。只要養在用心布置的飼養箱內，就可以將生物的魅力發揮到最大

・布局

養守宮的時候，飼養箱的布局本身常常就是牠們的遮蔽物。對樹棲性的品種來說，布局不只是牠們的生活場域，更重要的是藏身的作用。沉木與破裂的盆栽等物對地棲性品種來說更是不可或缺，要是缺乏藏身處甚至會讓牠們狀態惡化。基本上躲起來可以說是牠們每天的工作，這個傾向在地棲性品種身上更是明顯。

另一方面，大多數樹棲性品種就算不怎麼躲藏，只要能攀在牆上或是停在樹上就可以獲得滿足。雖然都統稱樹棲性，但身體有些高度的種類會停在細枝上，身體扁平的種類則是比較喜歡與自己身體同寬或更寬的樹枝。喜歡潮濕的品種可以放置生命力強的觀賞植物盆栽，只要這個盆栽生長狀況好，大多就表示飼養箱內的環境是沒有問題的。

乾燥型的品種最適合的還是岩石。不過放置岩石的時候要埋進沙子裡，讓岩石接觸到飼養箱底部。因為如果只將岩石放在底材上，守宮又去挖掘周圍的沙子，這時岩石就可能會鬆動並壓死個體。像瘤尾守宮這種會挖地道的類型就要特別注意。

・噴水

飼養守宮時，每天的例行公事可是說是只有餵食和噴水。幾乎所有品種，尤其是樹棲性品種，都不會從水容器喝水。所以才要每天噴水，讓牠們從水滴補充。噴霧器要放在飼養箱旁邊，讓溫度接近飼養箱內部。如果噴水的瞬間使飼養箱內的溫度急速下降是會發生問題的。

飼主要極力避免讓水直接接觸到守宮，這點非常重要。快要脫皮的個體更是絕對不可以直接碰到水。如果已經出現脫皮的徵兆就沒有問題，但若是在即將開始脫皮前碰到水，幾乎一定會脫皮失敗。樹棲性和爬牆型的品種如果指尖脫皮不完全，就會爬不上牆面，這會造成壓力並讓牠們狀態惡化。最麻煩的是，飼主自己幫牠們將舊皮撕下來也會成為很大的壓力來源，所以一開始就要特別留意。

這一點不管是在冬天的乾燥時期，還是對待瘦弱個體的時候都一樣，因此平常就要好好調節濕度，避免脫皮不完全的狀況發生。地棲性的品種還方便放置潮濕型遮蔽物，樹棲性就沒這麼容易了。可以的話就準備2塊樹皮，將水苔用三明治的方式夾住，讓其中的縫隙可以成為牠們的潮濕型遮蔽物。這對大型的葉尾守宮或大守宮很有效。另外，如果飼養箱夠大，也可以使用鳥類的巢箱。

雖然噴水這件事好像只為了潮濕型品種存在，但其實並非如此。對於沙漠型品種來說，就算是在沙漠，夜間溫度下降的時候也會產生露水，使濕度暫時提高。雖然沒有必要每天，但還是要頻繁的噴水。

・餵食

在噴水之後守宮的活動力大多會提高，食欲也會增加。終於到了餵食時間。大多會使用蟋蟀作為食物，可以的話最好能使用鑷子餵食。有一部分原因在於彼此交流，但最重要的是，這個時候是了解個體狀況的絕佳時機。錯過了這個機會，飼主就會不知道自己到底是在養守宮還是養一盒土。當然，神經質的個體被人類盯著瞧的話可能會拒食，但最好還是可以親手餵食。

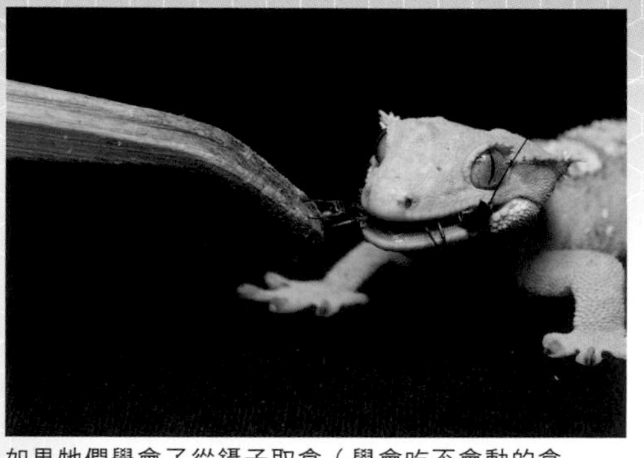

如果牠們學會了從鑷子取食（學會吃不會動的食物），要轉換食物也會比較方便

此外，特別像是黃斑黑蟋蟀，即使被當作食物放進飼養箱，有時候也會有反咬掠食者的情況，所以有點棘手。食物不要直接丟進飼養箱，而是放進專用的活餌餵食器或是鳥用的水浴容器（陶瓷製，邊緣有內凹的）來餵食。

所有的守宮幾乎都以昆蟲為食，可是多趾虎屬，尤其巨人守宮幾乎可以說是只吃水果，特別偏好香蕉或桃子等。在國外甚至有牠們的專用食品，也有出現都不餵食昆蟲、只吃專用食品直到繁殖期的例子。此外，小孩子的斷奶食品也是很好的食物，當然有給予蟋蟀也會比較好。

昆蟲果凍是出乎意料的寶貝。多數守宮都很喜歡舔食。對於剛進口的瘦弱個體更是可以發揮強大的威力。除此之外，飼主太忙沒有時間慢慢餵食，不得不將活餌直接丟進飼養箱內的時候，只要放進一個昆蟲果凍，蟋蟀就會群聚起來，便可以大大減少守宮被攻擊的危險。

另一個可以當作寶的食物是蜜蟲。這是一種白白胖胖的蟲，特別受守宮歡迎。營養價值也很高，很適合拿來恢復消瘦個體的體力，但有個問題，那就是有可能會讓牠們變得只願意吃這種食物。因為這不是到處都買得到的東西，所以要用在真正需要的時候。

最後要講的是麵包蟲類，所謂的普通麵包蟲可以當作大型品種的食物之一，但小型品種無法消化，會直接以原來的樣子排出體外，所以沒必要餵食。

很不可思議的，將另一種稱為大麥蟲的巨型麵包蟲給予沙漠型的守宮也大多都可以正常消化。但森林型的品種大多都無法消化而是直接排出。這大概是因為沙漠中沒有什麼柔軟的昆蟲。就算是小型品種的瘤尾守宮吃了這種昆蟲，只要是健康的個體也可以正常消化。但是麵包蟲的咬合力強，有時候會咬住守宮的臉，所以先壓碎頭部再餵食比較好。

・營養輔助食品

有幾種守宮會將鈣質儲存在脖子的部分。鈣質對牠們來說就是這麼重要。守宮是一種產卵週

COLUMN 01

撒粉（Dusting）

將蟋蟀等食物撒上鈣質補充劑的行為就叫做撒粉。撒粉的方式其實是因人而異，可以將蟋蟀和鈣粉放進寵物店用來裝活餌的杯子等容器裡搖勻；也可以將適量鈣粉放進塑膠袋，再放進需要的蟋蟀並搖勻。這種情況下，多出來的鈣粉要連袋子一起丟掉。

實際上將多餘的分量丟掉是正確的方式，因為含有礦物質與維他命的鈣粉放置在常溫下就會變質。平常要放在冰箱裡，只取用需要的量。這是最有效率的做法。

最近的鈣粉已經做得很容易沾附，一次的使用量就可以少一點。撒粉在蔬菜或肉類上的時候，如果集中撒在一部分的菜葉，當這些部分被剩下來就沒有意義了，所以要均勻撒上。而肉類通常會切成一口大小來餵食，所以只要在每一塊上面撒上適量就沒問題。

不論如何，因為最後會排泄出來就毫無顧忌地撒不只沒有意義，有時候還會造成反效果。如果是純鈣粉的話還沒有關係，但含有維他命或礦物質的產品吃多了就有可能造成該營養素攝取過多。應分多次少量餵食。

期較短的蜥蜴，每次的產卵都會大量排出鈣質（卵殼由鈣質組成），這是可以理解的。所以有必要在食物中添加鈣質。

有些地棲性的品種只要在淺碟中撒上鈣粉就會去舔食，但是想讓個體確實攝取到營養還是應該撒在食物上。另外，因為不會照射到紫外線，所以鈣粉要選用含維他命D_3的產品。

樹棲性蜥蜴

・什麼是樹棲性蜥蜴

這其實是非常籠統的分法，或許可以說是沒有待在樹上就不舒服的品種吧。牠們大多是飛蜥科。美洲鬣蜥科的印象比較強烈，但這個分類除了所謂的美洲鬣蜥和盔蜥亞科（雙冠蜥屬與海帆蜥屬、錐頭蜥屬等）以及變色蜥亞科之外，並沒有完全的樹棲性蜥蜴。

石龍子科也一樣。舉例來說，在彩頁以地棲性品種來介紹的鬆獅蜥也很常爬樹，甚至可以算是半樹棲性。可是牠們主要的生活環境還是在地上。這部分很模糊也有例外存在，以一個大概的基準來說，四肢與尾巴較長、長有某種棘冠的品種大多都是樹棲性。

鬆獅蜥出人意料的常常爬樹

・挑選方式

這個種類身體狀況欠佳的最大理由是「缺水」。進口到日本國內的樹棲性蜥蜴中，幾乎沒有乾燥型。大多都是森林型，喜歡潮濕的環境。也很常喝水。詳細內容會在「給水方式」的項目中說明，如果沒有這些知識，這種蜥蜴很快就會脫水死亡。

首先要選擇外表看起來健康的個體。人類想伸手觸摸時會用力挺起胸膛的個體很好，要避開看起來有點扁塌的個體。總和來說，挑選這些蜥蜴的關鍵字說不定就是抬頭挺胸。冠蜥等類型的蜥蜴會張嘴威嚇才剛好。話是這麼說，但是某些冠蜥太生氣的話，或許是因為腦溢血，有可能氣著氣著就突然猝死。這應該是一種休克死亡，所以要注意不要讓牠們太生氣。

彩頁介紹的綠樹鱷蜥和猴尾蜥不會挺胸，而綠樹鱷蜥畢竟是高級品種，所以進口狀態良好。可以說是不管選哪個個體都不會出錯。問題在於難以飼養。

猴尾蜥只要到一定時期就會有大量進口。這是原產地索羅門群島的問題，因為沒有其他主要的輸出活體。所以如果我們說想要索羅門群島的蛙類、蛇類、或是巨蜥的話，就一定會有這種猴尾蜥被送過來。對方也不想出口太多種類吧，總之就是數量龐大。這樣一來，其中當然就會包含很多狀況不佳的個體。在圖鑑頁裡也有提到，猴尾蜥的拒食個體非常棘手。只要有進食至少就不會死亡，所以要確認牠們有沒有吃進最低限度的量。

・飼養箱與布局

畢竟是樹棲性，飼養箱最重要的就是高度和可以攀爬的樹。這裡需要注意的是該品種是屬於「橫向攀爬型」還是「縱向攀爬型」亦或是「介於兩者型」。也就是牠們偏好攀爬在橫向還是縱向的樹枝上。

舉例來說，即使名稱都有冠蜥且屬於同一類，也會同時存在這3種類型。如果用樹棲性這個大範疇來講，美洲鬣蜥是橫向攀爬，大型冠蜥就是縱向攀爬，猴尾蜥等品種則是介於兩者。

對於橫向攀爬的類型，飼養箱的長寬當然都非常重要。縱向和介於兩者型的種類只要在布局上下工夫，就可以節省很多長寬的空間。

近年來，冠蜥與棘蜥愈來愈受到矚目也是因為如此吧。因為牠們有著壯碩的體格，卻不需要太大的飼養箱。這部分傘蜥也一樣。牠們全都不活潑，只要找到了喜歡的地點就不會再移動。而且，只要使用大型鸚鵡用的鳥籠，牠們就可以在所有的面上移動。市售的飼養箱可能無法完全滿足飼主的需求，自己動手做也可以。

傘蜥平常並不會一直張開牠們的領巾

除了美洲鬣蜥以外的樹棲性品種全都不會隨便使用暴力，也沒什麼力氣。這樣的話，飼主可以買幾片烤肉用的金屬網，將這些組合成箱狀，並只在前方嵌上可以看到裡面的壓克力板，也是不錯的方法。用鐵絲就可以很簡單的將金屬網組合起來，壓克力板也可以在五金零售店請人切成想要的尺寸，只要在邊緣部分用鑽子鑽洞很容易就可以跟鐵絲及金屬網組合。不過基本上，本書並不建議讀者使用ＤＩＹ飼養箱。因為這麼做最後還是會增加個體逃脫的風險。可是在某種意義上，如果不自己做就沒有合適的產品，樹棲性的品種特別是如此。

那麼說到美洲鬣蜥，市面上並沒有飼養箱可以好好將牠們養到最後。因為牠們是活潑、力氣又大的品種，脆弱的ＤＩＹ飼養箱很容易就會被牠們破壞掉。可以使用深度90㎝左右的大型觀賞植物用溫室，但還是有個體只靠尾巴的一擊就將前方玻璃打破的案例。

如果要製作木造飼養箱，前面的玻璃就要有足夠的厚度，也可以抱著受傷的覺悟使用壓克力材質。從這些方面，以及筆者的各種經驗來看也不建議飼養綠鬣蜥。飛蜥科的帆蜥或長鬣蜥、美洲鬣蜥科的雙冠蜥類也常以橫向攀爬在樹枝上，但牠們使用市售的飼養箱也沒什麼問題。

變色蜥類或是小型品種、幼體都可以使用市售飼養箱，沒有什麼太大的問題。

在布局時，組合太多的細樹枝常常沒有什麼意義。使用與該個體身體一樣粗細的樹枝是基礎，並組合幾支這種樹枝。如果不知道該品種喜歡怎麼樣的角度，可以先隨意組合看看再讓牠們自行選擇。如果布置得太複雜也不方便整理，所以要力求簡單。

・保溫

美洲鬣蜥需要高溫的保溫燈。牠們的最佳體溫將近40℃。以其他的品種來說，如果用的是市售的專用飼養箱，使用遠紅外線加熱器將整體環境稍微加溫比較好。

問題是鳥籠和自製金屬網飼養箱，這些都只能從外側用夜間保溫燈和陶瓷加熱器來保溫。只是，因為會頻繁的噴水加濕，所以不會破裂的陶瓷加熱器會比較好用。另外，裝設在上半部的遠紅外線加熱器也很有效。

不管怎麼說，冠蜥與棘蜥都不喜歡太高溫，所以不用太辛苦保溫。這一點猴尾蜥等品種也一樣。

・保濕與給水方式

對大部分樹棲性品種來說，保濕是很重要的事。良好的通風也是很重要的事。牠們並不喜歡悶濕的環境。所以飼主有必要頻繁的噴水。甚至可以想成是「一看到牠們就要噴水」的程度。噴水用的水應該避免冷水，要使用與飼養箱內溫度相同的水。

最重要的是水。要使用飲用水。猴尾蜥等品種會從水容器飲水，但是對於頭部從來不往下看的冠蜥和棘蜥，就算在地上放了水容器，牠們也不會發現，更不會喝。使用滴水裝置供水給牠們是最好的。另外，如果是使用鳥籠或金屬網飼養箱，可以將塑膠盒綁在牠們常待的高度，在裡面裝水並打氣。

COLUMN 02

腔內填充（Gut loading）

先將維他命劑餵食給昆蟲，再將這些昆蟲餵食給個體的方法叫做腔內填充。這是起因於近年來在美國等地，爬蟲類的維他命攝取過多演變成問題，所以有人想出了不是直接餵食，而是更安全的間接餵食方式，以此為出發點受到推崇的就是這種方法。各位不需要想得太難，平常就有好好餵自己保存的蟋蟀或巨型麵包蟲的人，只要在食物裡再加上維他命劑就可以了。

被保存的餵食用昆蟲會在短時間內流失營養。根據情況還會吃掉下方鋪的報紙等物，這些東西有時候也會間接進到個體的胃裡。首先要餵這些食物吃東西。先補強食物的營養再餵食給個體，將這件事漸漸養成習慣比較好。

牠們是喝水量大得驚人的蜥蜴，對缺水也很敏感。如果是剛進口的個體，可以用滴管直接把水帶到牠們嘴邊，讓牠們慢慢喝下。想用噴水的方式讓已經脫水的個體喝水，會花上相當長的時間。此外，其他品種的蜥蜴脫水的話，只要在塑膠盒內裝水，再將個體放進裡面牠們就會喝，但是冠蜥等品種只會專心在發怒上，不怎麼喝。

・餵食

冠蜥、棘蜥、海帆蜥、變色蜥等種類幾乎只要有蟋蟀就沒問題。對不太願意進食的個體使用麵包蟲等會蠕動的昆蟲很有效，但牠們消化能力不太好，所以要避免常用。

另外，這些不活潑的品種一次吃下大量的食物就有可能嘔吐，飼主應該適時停止。激怒牠們再將食物塞進嘴中是最簡單的方法。如此重複幾次，等牠們的胃部開始動，就可以馬上恢復食欲。牠們容易生氣卻習慣得很快，馬上就可以學會從手上取食了。

美洲鬣蜥與猴尾蜥是完全草食性，以蔬菜為主，並給予一些專用的人工飼料即可。帆蜥的草食性也很強，但會吃許多昆蟲類。雙冠蜥除了昆蟲也會吃少量的水果。

・照明

美洲鬣蜥與雙冠蜥、帆蜥、變色蜥需要偏強的紫外線。除了這些以外的種類可以使用較弱的燈。牠們反而有不喜歡明亮環境的傾向，所以一定要設置遮陽處。

地棲性蜥蜴

・什麼是地棲性蜥蜴

這也是很籠統的分類，或許可以想像成是我們一般所認為的蜥蜴。牠們大多會在立體空間移動、也會爬樹，但基本上是生活在地面的種類。類型很多樣化，從棲息在沙漠的乾燥型，到棲息在森林的潮濕型都有；在某種意義上，要用這個範疇來說明會有點困難。

本書將大型南美蜥也列入巨蜥的類群中（本來凱門蜥屬也應該歸類在這裡），所以最大頂多也只有藍舌蜥或王者蜥，沒有太巨大的品種。相對之下，小型品種就只有幾公分的大小，但只要掌握住基礎，牠們也不會太難對付。

・挑選方式

雖然也跟品種有關，但腰骨懸空的個體最好避免。另外，飛蜥和王者蜥一生氣就會膨脹，有時候要等到牠們消氣才會發現是瘦弱的個體。在某種意義上，吃肉或昆蟲的品種就算過瘦，只要有好好進食大多數都可以恢復，但草食性的品種一旦狀況惡化就很難再恢復健康，所以避開瘦弱的個體會比較保險。

接下來的問題與健康無關，小型蜥蜴販售時使用的名稱常常很不一致。如果不知道正式名稱就可能會將牠們飼養在完全不適合的環境中，建議飼主詳細調查，或是向比較了解的店家購買。

・飼養箱

大概可以區分為需要保溫燈的品種要使用較寬敞的，不需要的品種則使用適當的大小。這是因為需要高溫日曬的品種很活潑，而不需要的品種比較不活潑的關係。

另外，保溫燈是為了局部保溫飼養箱內的一個地點，如果在狹小的飼養箱使用保溫燈，整個飼養箱就會過熱。飼主應該了解，保溫燈的目的是為了讓個體取暖後活動，然後再回來取暖，如果太熱了就移動到陰涼處讓身體降溫，並一直重複上述的動作。

特別是像王者蜥和飛蜥這種異常的偏好極度高溫的品種，就需要盡量準備較寬敞的飼養箱。簡單來說如果是60cm左右的飼養箱，只要將日曬地點設定在60℃，整個飼養箱內都超過40℃是可以想見的後果。喜歡如此高溫的品種本來就不多，所以10cm左右的品種用45cm，20cm左右的品種使用60cm左右的飼養箱就可以正常飼養了。大多數喜歡潮濕的品種再小一點也沒有問題。

雖然有點主觀，但等到飼主覺得飼養箱太小再擴大就可以了。另外，請不要忘了喜歡乾燥的品種要使用通風良好的飼養箱。

・底材

潮濕型使用椰殼纖維或腐葉土，乾燥型就使用沙子吧。飼養小型品種不太會用到，但在養中型品種的時候，偶爾會看到有些人會鋪上報紙。這一定要避免。腳爪幾乎一定會因此出現成長上的異常，遲早會造成無法走路的後果。就算沒有這個情形，王者蜥等本來會挖土的種類在人工飼養下有時候會有指甲過長導致步行困難，所以要定期幫牠們剪指甲比較好。

・保溫

只要是在地面上活動，多多少少都會靠地熱來維持體溫。特別是會匍匐前進的蜥蜴，牠們的腹部如果著涼，許多個體的身體狀況就會一口氣惡化。所以要從飼養箱底部保溫，重現出地面隨時都暖烘烘的環境。這時要放置一些岩石或沉木，製造出地面太熱時可以讓牠們躲避的地點。不過在這之前，只要別將加熱墊鋪滿底部就可以避免這種情況。

有需要的品種就要加裝保溫燈。在考慮是否需要之前，先使用看看最快。不喜歡高溫或夜行性的品種當然會排斥，不過也可以先裝上保溫燈看看情況。有些令人出乎意料的品種也是會做日光浴的。

如果對夜行性的品種使用月光燈等夜間保溫燈，就可以觀察到牠們在藍光或紅光下活動的模樣。

・紫外線

對日行性品種是絕對必要的。明顯看得出是生活在沙漠、擁有乾燥肌膚的品種更要照射較強的紫外線。這麼說可能有點模糊，身上如果是沒有光澤的沙土顏色，那麼該品種的紫外線需求量應該很大。

相反的，身上有濕潤光澤的品種以及皮膚是深褐色、像是飽含水分的品種大多都不需要太多的紫外線。

此外，基本上對於喜歡潮濕環境或是接近地底型的品種來說，紫外線並非必要（半水生品種例外。牠們喜歡做日光浴）。

王者蜥與飛鼬蜥會需要金屬鹵化物燈或含紫外線的大型保溫燈，除此之外的品種使用小型的燈就可以了。

・食物

王者蜥和飛鼬蜥是草食性，而其他的品種基本上都是吃昆蟲，中型以上的品種大多很願意進食人工飼料。

小型品種以蟋蟀為主食沒問題。藍舌蜥更是什麼都吃，就算比較不喜歡葉菜類，大部分的食物還是會吃的。

・水

像是藍舌蜥這些在地面匍匐前進的種類，只要有放水容器牠們就會喝，真正棘手的是日行性的小型品種。特別是針蜥或Swift、環頸蜥等許多美洲鬣蜥科的地棲性品種，不知道為什麼就是不會發現水容器的存在。就算從上方走過去也不會發現。這時候就將蜥蜴抓起來，把牠們的頭壓進水容器吧。只要重複幾次牠們總會記住的。

如果發現就算有放水容器，個體還是會在噴水的時候專心一意的舔著水滴，那飼主就應該抱有疑心。飛鼬蜥和王者蜥似乎只靠蔬菜就可以補足需要的水分，但還是應該隨時備有水容器。

巨蜥

・什麼是巨蜥

就如同字面上的意思，是巨大的蜥蜴，但實際上從最大型的科摩多巨蜥、最長的薩氏巨蜥到只有20cm左右的小型品種都有。平均來說最多的是120cm左右的品種。收錄在圖鑑頁裡的毒蜥和牠們血緣比較相近，所謂有毒的蜥蜴就只有這2個種類的毒蜥而已。

那麼說到南美蜥，雖然牠們外表相似，實際上卻和巨蜥完全無關。雖然也是非常受歡迎的種類，但身長超越90cm的南美蜥可以說是一種猛獸，不習慣面對牠們的人幾乎一定會因此而受傷。就算是一般被認為是很乖巧且好飼養的草原巨蜥之中也有粗暴的個體，牠們大鬧起來，即使是很習慣的人也會捏一把冷汗。牠們不愧是蜥蜴中的王者，會光明正大的挑選飼主。如果以輕率的心態開始飼養一定會後悔，所以飼養前一定要認真考慮清楚。

巨蜥（照片中是紅樹巨蜥）銳利的眼神給人一種充滿野性的印象

・挑選方式

以南美蜥和毒蜥來說，幾乎找不到狀態很差的個體被出售的情形。可是巨蜥就不同了。看看牠們就可以發現，即使是在日光浴中睡著，發生狀況的時候也可以隨時行動，非常的機警。如果牠們無力的躺著，叫醒也只會發呆的話，這樣的個體就要避免。因為幾乎一定是狀況不佳的個體。詳細的注意事項寫在澤巨蜥的項目之中，這些重點可以適用在每個品種身上。而在挑選的時候令人在意的「可適應」、「無法適應」的問題，大多在這個階段就已經決定。

通常可以適應環境的個體不會害怕，也不會躲起來。牠們會充滿好奇心的看著我們。就算人把手伸進飼養箱，這種個體大多不會逃走。拿起牠們當然還是會不情願，但只要能取得這樣的個體，就很有可能讓牠們適應環境。

南美蜥正好相反，幼體大多都很膽小，也討厭上手。但會隨著成長，動作漸漸變慢，並很快變得親人。

・飼養箱

幼體與小型品種使用市售的飼養箱就沒問題。大型品種最後都會用到自製或訂製的飼養箱。養巨蜥的飼養箱最重要的是「不能逃跑」這一點。牠們力氣很大，也很擅長鑽過狹窄的地方。

而且，最棘手的地方是牠們的固執。只要有一次被牠們發現「出得去」，牠們就會鍥而不捨的試圖逃脫。這一點實在是沒辦法讓人老實的讚賞牠們的智慧，相反的，如果牠們在某次機會學到如何開門，下一次就一定會企圖開門逃走。所以前面有滑動門的飼養箱一定要上鎖。夏天就算了，如果是冬天逃出來，不耐低溫的牠們會特地跑到寒冷的地方，因此凍死。運氣好找到牠們的時候，以前乖巧的牠們也會性格大變，變成找回野性、粗暴的個體。

不管怎麼說，脫逃對飼主和個體來說都不是好事，所以一定要特別留意。

・保溫

牠們全部都不耐低溫。基礎溫度要用遠紅外線加熱器或加熱墊從腹部保溫，白天要設置保溫燈。使用的燈要很大。小型（瓦數低）的產品會讓個體一直不離開燈泡，導致燙傷。

而南美蜥的話，金南美蜥和有光澤的黑白南美蜥對低溫很脆弱，但紅南美蜥和阿根廷南美蜥對低溫抵抗力佳。

・底材

對於特別容易弄髒環境的生物，沒有哪一種底材是最好的。如果是乾燥型的品種，小型要使用沙漠的沙，大型可以使用紅土，但這些底材絕對不可以用在潮濕型品種身上。特別是使用紅土時會產生粉塵。這些如果黏在脫皮中的潮濕個體身上之後再乾燥，似乎會迅速吸走水分，不只造成脫皮不完全，還會使尾巴或腳趾出現缺損。

腐葉土中含有的泥土也有可能造成同樣的情況。潮濕品種還

COLUMN 03

上手

所謂的上手就是觸摸生物。以此為目的開始飼養爬蟲類的人也不少吧。只要是可能上手的品種，本書就不會特別反對。因為有些事要經由碰觸才會知道。不過，如果不先習慣對待蜥蜴再上手，不要說是碰觸了，也有可能會被牠們所傷。剛開始的時候，可以先從寵物店或朋友養的已經適應的個體開始嘗試比較好。另外，身旁有人可以監督的話會比較安心。

實際上要用語言來說明上手的訣竅是很困難的，所以要自己去看、去摸，然後從做中學。不管懂得怎樣的理論，實際碰觸個體都是完全不同的體驗。牠們可能會在無意中用指甲刺人，走起路來甚至會在飼主身上留下長長的傷口。重點是如何保護自己不受傷，同時讓牠們感到安心。

拿法可以說是會根據品種和個體而不同。舉例來說，大部分品種可以用手心包住似的從下方支撐住腹部，再垂直拿起來牠們就會馬上鎮定下來。重點是要用手垂直舉著，因為大多數蜥蜴在橫向（腹部朝下）的姿勢下就會覺得可以逃跑，並開始亂動。這時將手立起來的話，牠們就會拚命抓住手心或手腕而無心逃跑，所以會變乖。這部分只能勤加練習，在不會造成牠們負擔的前提下練習吧。

是使用濕潤的椰殼纖維會比較好。

・布局

不管是哪個品種，大多都會爬上較粗的樹做立體空間移動。這時為了徹底活用飼養箱內的空間，可以配置幾根粗木，有效利用常常閒置的上半部空間。

・濕度

乾燥型的品種只要有放水容器就不用太在意，除此之外的大多數潮濕型只有浸泡在水容器中是不夠的，所以還是需要頻繁的噴水。特別是樹棲性品種，也可以考慮使用噴霧加濕器。

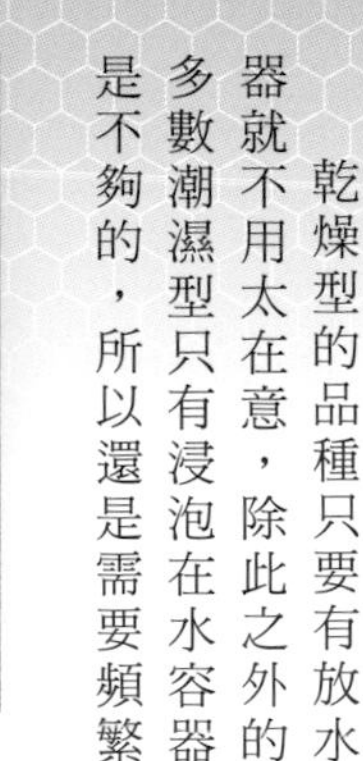

飼養箱內最好可以準備幾根粗木

大部分巨蜥的皮膚狀態最好是可以有點濕潤，樹巨蜥的這個傾向尤其明顯。另外，過於乾燥就會讓牠們皮膚乾裂甚至剝離，應注意。

・餵食

基本上不管是怎樣的尺寸都要以蟋蟀等昆蟲為主食，大型個體可以多餵食一些鵪鶉的幼雛。會這麼說，是因為在人工飼養下容易運動不足，如果餵食老鼠類就很容易肥胖。當然不是說不可以餵食老鼠。可以餵食老鼠，但要使用蟋蟀和鵪鶉作為主食。

除此之外，像是脂肪少的雞胸肉或雞心、雞胗也可以使用。幼體要每天餵食，亞成體之後只要幾天餵食一次即可。另外，每次在快要吃飽前就停止餵食才是最佳的分量，吃到十分飽的話可能會因為某些小事而嘔吐。

南美蜥算是雜食性，也可以餵食綜合蔬菜和水果等食物。

變色龍

・什麼是變色龍

牠們是特殊蜥蜴的代名詞。人們認為牠們是從飛蜥科進化而來。除了迷你變色龍類和奈米比亞變色龍之外，牠們是樹棲習性特別強的種類。為了抓住樹枝，腳趾已經融合，尾巴捲住物體的能力強得可以說是牠們的第五條腿。

變色龍的特別之處還不只如此。沒錯，就像大家所熟知的，牠們會伸長舌頭捕食。兩邊眼球可以個別３６０度轉動。牠們不只是樹棲習性特別強，獵捕昆蟲的能力也非常厲害。

而且體色也會改變。這部分常常被誤會，牠們其實不會根據周圍的顏色來變色。基本上是根據心情與身體狀態。

像這樣擁有其他種類所沒有的特徵，讓牠們成了非常受歡迎的寵物。可是，即便是在飼養技術、設備都日益進步的今日，除了一部分品種，變色龍飼養起來還是不簡單。高冠和豹紋變色龍、費瑟變色龍、巨人疣冠變色龍（還有就是不像變色龍的侏儒變色龍）等品種只要了解原則就可以飼養，但還是需要特別用心照顧的生物。如果想要就近體驗變色龍的魅力，飼主就必須做好配合牠們生活的覺悟。

其中，多數品種「對高溫很脆弱」的部分是最大的難處。最佳氣溫如果是24℃，夏天就必須全天開冷氣。即使如此還是想養的人才能開始飼養。

・挑選方式

就變色龍來說，挑選個體的重要性大到可以說是一切從挑選開始。如果飼主是第一次飼養變色龍，建議要從尋找對變色龍特別了解的店家開始。

CB的高冠、豹紋變色龍比較容易正常飼養，可以說是在哪裡購入都沒有差別，其他的品種就有各自的癖好。而飼主如果不知道這些癖好，是不可能飼養牠們的。可以的話，能找到對難度高的品種就會說「很難」的店家比較好。

變色龍的好壞之中的「壞」很容易分辨，「好」則是很模糊。狀況不佳的個體會表現出明顯不好的臉色，但也是有些到最後死亡之前都呈現出不輸健康個體體色的個體存在。與其用頭腦記住這些知識，不如先到店裡，直接向店家請教關於變色龍的種種。

・飼養箱

大型品種是不可能使用市售飼養箱的，所以要自製或訂製，或是直接讓出一間房間來飼養。比較大型的豹紋或高冠變色龍等品種勉強可以使用市售高60㎝、寬與深45㎝左右的飼養箱來飼養。牠們的視力很好。這意味著牠們很清楚自己「正被囚禁著」。因為對空間的認知能力極強，所以待在狹窄的地方就會直接帶給牠們壓力，對壓力非常脆弱就是變色龍的特性。

而放置的場所也很重要。牠們非常討厭被俯視。如果不是自己待在高處，牠們就會無法安心。所以飼養箱要放在比人類視線更高的地方。

也可以使用鳥籠當作飼養箱，但是有角的品種或高冠變色龍容易被金屬網卡住角或肉冠，有時候會因此折斷。雖然有看不清楚的缺點，但最近市售的網箱就很適合。其實重點就是這個「看不清楚」，變色龍本來就有「不想被看到」這個最不適合當作寵物的特性。牠們就是討厭被看著。雖然已經CB化的品種沒有這麼誇張，但若是剛進口的WC個體，光是跟牠們四目交接就會變成警戒色。

面對這樣的個體，飼主要好好假裝沒有發現牠們。CB變色龍會這麼珍貴且受歡迎，這一點占了很大的因素。如果從幼體開始受到人類照顧，牠們就不會這麼膽小。特別是對於第一次飼養變色龍的人，即使價格較高，還是建議可以從CB開始飼養。此外，CB對溫度等環境的適應力也明顯較高。

在飼養箱的放置處上，還有一個重要的地方。那就是不要在旁邊放置其他的爬蟲類，尤其是蛇。雖然變色龍對昆蟲來說是可怕的掠食者，但以全動物界來講，牠們自己還是比較常處在被掠食的立場。牠們特別怕蛇，或是外貌與蛇相近的蜥蜴、鳥類。這些動物的存在本身就會對牠們造成壓力，須注意。

・食物

主食是各種大小的蟋蟀。每個個體喜好都不同，有些會吃黃斑黑蟋蟀的個體可能會討厭家蟋蟀。基本上各種昆蟲都可以餵食。特別是大型品種，如果給牠們蟬就會眼睛一亮、吃個不停。如果沒有如此，大型品種看到不值得浪費力氣伸出舌頭的食物，有時候只會吐幾次舌頭，還會覺得麻煩而提不起勁去吃眼前的食物。

以前筆者曾對成體的高冠變色龍餵食裝在塑膠盒裡的蟋蟀，而牠吐了幾次舌頭，之後就來到塑膠盒旁邊，很正常的開始大吃特吃。總之食物的大小很重要，牠們不喜歡太大的食物，太小也不行。這部分就請飼主臨機應變吧。

餵食昆蟲的時候，有一件事需要注意。變色龍的下顎「力氣」很大。但是下顎的皮膚，或者該說是牙齦的部分很脆弱，也承受不了受傷。甚至到了令人懷疑牠們怎麼有辦法在野外生存的地步。所以為了不讓牠們被咬，要先將蟋蟀的頭搗碎，有可能刺到牠們的後腳最好也先拔掉。餵食巨型麵包蟲的時候也一樣。

基本上每天都要餵食。可以用鑷子或手餵，但如果怕麻煩，也可以把蟋蟀放在裝了鈣粉的塑膠盒內，然後放進飼養箱。

・水

大部分品種絕對不可以少了每天的噴水。而更喜歡潮濕的品種可以用市售的噴霧裝置，大型飼養箱使用加濕器很有效。比這更重要的是飲用水。只是放置水容器的話，樹棲性的蜥蜴都不會發現。一定要使用滴水裝置或打氣機。跟樹棲性的不活潑品種相比，變色龍只要有注意到水，就算將水放在地上牠們也會去喝。

・保溫

大多數情況下，只要將遠紅外線加熱墊貼在飼養箱側面就沒有問題。會這麼說，是因為變色龍之中沒有需要隨時保持高溫的品種，大部分都喜歡有日夜的溫度差。所以保溫主要靠保溫燈。

有些品種不需要，但大部分都要在白天用瓦數低的保溫燈照射、提高溫度比較好。如果牠們不接受照光，撤除保溫燈也沒關係。如果對會頻繁做日光浴的品種使用太小的燈泡，牠們就會為了取暖拚命接近燈泡而燙傷，這部分要視情況調整。

大部分品種如果體色偏黃或偏白，就表示環境太熱了。相反的，顏色深的時候就要提高溫度比較好。變色龍會像這樣用顏色給飼主暗示，可以好好觀察，藉以培養判斷的能力。

・紫外線

紫外線是必要的，但幾乎所有品種都討厭太明亮的環境。所以紫外線要使用螢光燈類的產品提供，並一定要設置遮陽處。

蜥蜴的拿法

蜥蜴的上手可是說是與爪子的戰鬥。當然，有些個體會咬人會亂動也會猛甩尾巴，但應該不會一下子放這種個體自由、讓牠們上手，所以在這邊不做說明。那麼其他的蜥蜴呢？簡單來說，就是只要剪掉指甲就好了。雖然很快就會長回來，但剪掉總是比不剪好，所以這邊會連同剪指甲的方法一起介紹。

1.抓巨蜥的時候，因為牠們不會自行斷尾，所以可以壓住牠們的尾巴

2.接下來要看準時機壓住脖子。若是從來沒有被摸過的個體，就算牠「很乖」、「不會咬人」，也建議要用這種方式抓取

3.拿起來看看，如果判斷牠們不會咬人或亂動，就可以先用這種方式拿著

4.這樣看起來像是給牠們很大的自由，但其實拇指也出了不小的力氣。力道剛好控制在用蠻力就有辦法掙脫，但是也不會讓牠們太排斥的程度

5.牠們一樣會用尾巴捲著手。這樣暫時就不會亂動或逃跑

蜥蜴剪指甲。大多數蜥蜴的指甲從尖端到根部會有幾個顏色變化的轉折，要剪到第一個顏色轉折點之前一點點

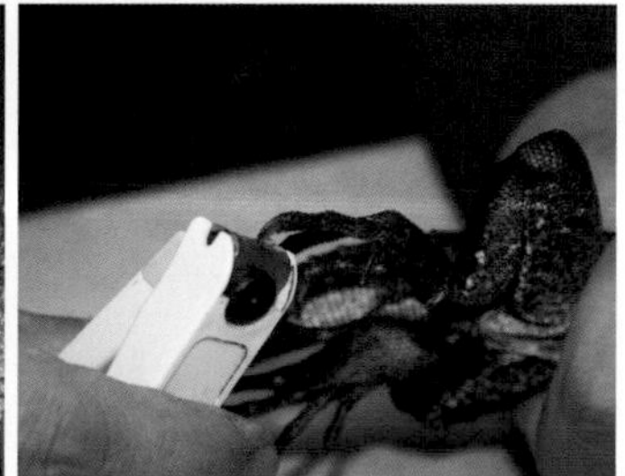

看準了要剪的地方就開始吧。這邊使用的是人類的指甲剪，但是貓狗用的鉗子型指甲剪比較好用

SNAKE

〔 蛇類 〕

沒有眼瞼（但可以說是有一片隱形眼鏡狀的眼瞼）、沒有腳（其中一部分有腳的痕跡）。不管怎麼說，對於該存在卻不存在的事物，人類總是會感到畏懼。牠們就是這麼不受歡迎。不過，卻也是種因簡單而深奧的生物，牠們就是蛇。能被稱為狂熱者的人種最後會踏入的領域，就是這裡。

球蟒「超級莫哈維」

游蛇的飼養實例・加州王蛇篇

人氣品種 PICKUP

[*Lampropeltis getula californiae*]

海岸帶紋

沙漠帶紋

檸檬雪

在已經固定化的品系中屬於比較新的。是稱為幽靈的淡色亞種的白化品系

加州王蛇

學名：*Lampropeltis getula californiae*
分布：北美、下加利福尼亞州
全長：150cm（平均120cm）
溫度：普通　濕度：乾燥　CITES：
特徵：王蛇的亞種。因為牠們連劇毒的響尾蛇都吃，所以有了王蛇的稱號，這個習性在人工飼養下也不會改變，如果與其他的蛇同居，空腹時不論是同種還是他種一律攻擊並吃掉。花色的變化相當豐富，基本上分為帶紋和直線。色彩上有深褐色×黃色的海岸（Coastal）、黑色×白色的沙漠（Desert）。就算兩隻同為直線的蛇也有可能生下帶紋的小蛇，反過來也一樣，所以要培育出想要的花紋和色彩很困難。雖然花色種類很豐富，固定下來的品系卻是意外的少。只要個體願意進食就是最容易飼養的蛇類。

海岸帶紋

是所謂的帶紋，但也帶有直線的特徵，這樣的個體稱為瘋狂或變異

下加州王蛇

下加利福尼亞州的黑化個體群，除了照片中的帶紋之外也有直線的類型，過去曾被當成不同的亞種

白化沙漠帶紋

因為是幼體所以為粉紅色×白色，成長後會變成有透明感的白色×均勻的白色。海岸的白化會是白色×黃色

沙漠直線

這個個體的側面也是白色，但也有許多是幾乎全黑的身體背上有一條白線

巧克力

這個個體在巧克力之中顏色比較淡，通常會是較深的褐色

斑點

類似玉米蛇之中的甜甜圈品系

馬賽克

比較最近才熱門化的奇特品系

海岸直線

這種類型如果黑色部分減少就會改稱為香蕉王蛇

飼養加州王蛇的ONE POINT

牠們可以說是最容易飼養的強壯蛇類，但是孵化後沒有進食的個體可能會持續拒食直到死去。第一次養的人至少一定要確認個體是否有進食的情形。基本上只要牠們願意進食，就可以一路順利的成長茁壯。一般對游蛇的印象是一週餵食1次，但這是指成體，幼體一週要餵食2次。至於一次的餵食量，只要試著讓牠們吃到飽一次就很容易了解了。如果個體吃了3隻老鼠，那就改成一次餵2隻、一週總共餵4隻。這部分就算判斷正確，也可能會因為脫皮前或是心情的變化而有吃或不吃的時候，所以要視情況增減。在牠們長到拇指般的粗細之前都可以盡量讓牠們多吃。另外，有許多人會煩惱老鼠的大小；給了卻吞不下的話可以切成小塊，如果一下子就吞進去的話再換成大一點的即可。有些個體不喜歡太大的食物，也有挑食的個體存在，所以配合牠們準備食物是很重要的。

游蛇之中，尤其是加州王蛇因為是北美產，與蚺和蟒比起來好像比較可以忍耐低溫，實際上

主要食物

●老鼠
●蜥蜴（給拒食的個體）

●水容器

最基本條件是不可以被蛇打翻。也可以用保鮮盒代替，但是太輕的材質很容易被翻倒，使飼養箱淹水

●飼養箱

在某種意義上，只要有好好加蓋，哪種都可以。但牠們是日行性的活潑品種，會四處活動，所以使用可以觀賞的飼養箱比較好。雖然是愈大愈好，但是只要有蛇盤起時的3倍大就可以拿來飼養

●底材

大部分的時候會使用木片或木屑。如果不在乎外觀也可以使用報紙或廚房紙巾。沙子等材質會在吃飯時黏在牙齦上讓牠們不舒服，請注意

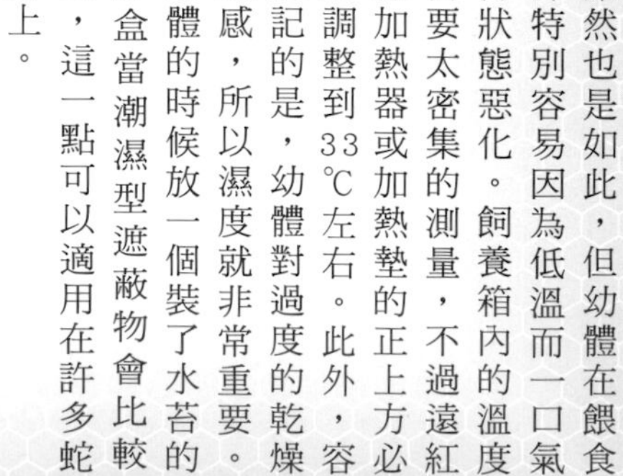

●加熱器

將遠紅外線加熱墊鋪在飼養箱下方。雖然加州王蛇很強壯，但餵食後讓腹部著涼也會身體不適

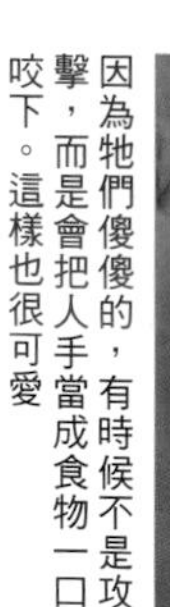

因為牠們傻傻的，有時候不是攻擊，而是會把人手當成食物一口咬下。這樣也很可愛

幾乎是成體尺寸的個體。全長120㎝聽起來似乎很大，但卻是大人可以單手拿起的尺寸

雖然也是如此，但幼體在餵食後卻特別容易因為低溫而一口氣使得狀態惡化。飼養箱內的溫度不需要太密集的測量，不過遠紅外線加熱器或加熱墊的正上方必須要調整到33℃左右。此外，容易忘記的是，幼體對過度的乾燥很敏感，所以濕度就非常重要。養幼體的時候放一個裝了水苔的保鮮盒當潮濕型遮蔽物會比較安全，這一點可以適用在許多蛇類身上。

東部王蛇

學名：*Lampropeltis getula getula*
分布：北美　**全長：**200cm（平均150cm）
溫度：普通　**濕度：**普通　CITES：

特徵：包含加州王蛇在內的王蛇之中的原名亞種，也稱為鎖鏈王蛇。在這些亞種中是最大的，黑色底上有細細的白色花紋是牠們的特徵。此亞種本身是比較熱門的品種，但白化品系的出現只是最近的事。過去都只發現有幾個地域變異個體群的存在。雖為最大的亞種，幼體的體型卻偏小，和其他亞種差別不大。很容易飼養。

布魯克王蛇

學名：*Lampropeltis getula "brooksi"*
分布：北美　**全長：**150cm（平均90cm）
溫度：普通　**濕度：**普通　CITES：

特徵：也稱為南佛羅里達王蛇，通常被當作佛羅里達王蛇的地域變異個體群。請記得，像這種在分類學上沒有被承認是一個品種或亞種的蛇，在嗜好的世界裡也會有名字留存下來。幼體大部分都和佛羅里達王蛇沒什麼差別，但黑色部分會隨著成長變淡，整體變得偏黃。已知有薰衣草白化、缺紅、雪白、減黑等品系存在。

佛羅里達王蛇

學名：*Lampropeltis getula floridana*
分布：北美　**全長：**170cm（平均120cm）
溫度：普通　**濕度：**普通　CITES：

特徵：與東部王蛇很像，但身上會出現橘色或紅色，花紋比較複雜。有缺紅以及薰衣草白化等品系。據說牠們在濕度略偏高的環境下狀況比較好，但不用太注意也沒有問題。有些個體與後面會提到的布魯克王蛇難以區別，但此亞種的黑色鱗片沒有淡色的部分，整體的光澤較強。在王蛇之中，此亞種與東部王蛇、加州王蛇是食蛇習性最強的種類，所以一定要單獨飼養。

星點王蛇

學名：*Lampropeltis getula holbrooki*
分布：北美　**全長：**160cm（平均120cm）
溫度：普通　**濕度：**普通　CITES：

特徵：也稱為霜降王蛇。在王蛇中是幼體時體型最小的。雖然容易餵養，但剛孵化的時候必須特別將乳鼠切過才能餵食。另外，有不少個體在幼體時期容易亢奮，所以一開始要放遮蔽物在飼養箱內讓牠們安心。從以前就有白化品系存在，到最近才出現了薰衣草品系。成長到一定程度後就很容易飼養。

斑點王蛇

學名：*Lampropeltis getula "goini"*
分布：北美　**全長：**150cm（平均120cm）
溫度：普通　**濕度：**普通　CITES：

特徵：佛羅里達王蛇與東部王蛇在自然環境中的亞種間混種個體群。過去曾擁有學名，但現今已不受承認。也叫做哥伊尼王蛇，因為是雜交個體群，所以要指出一個典型的個體特徵就很困難。近年來出現的個體雖然有斑點這個名稱，但花紋的流向卻大多比較接近直線。帶有金屬光澤的橘色在繁殖的過程中漸漸加強，也有些全身都呈現色彩的個體存在。

草原王蛇

學名：*Lampropeltis calligaster*
分布：北美
全長：100cm（平均80cm）
溫度：普通　**濕度：**普通　**CITES：**

特徵：是比較小型的粗壯王蛇。已知有包含摩爾蛇在內的3個亞種。不知道為什麼摩爾蛇不叫做摩爾王蛇，所以與非洲產的擬盾蛇（Mole snake）很容易搞混。3個亞種的一般體色都是以褐色為基調的樸素色彩，所以進口的都是美麗的白化品系，這些白化品系在色彩和花紋上又有更細化的分類，其受歡迎的程度可見一斑。除了原名亞種以外只有極少數在市面上流通。

墨西哥黑王蛇

學名：*Lampropeltis getula nigrita*
分布：墨西哥
全長：100cm（平均80cm）
溫度：普通　**濕度：**普通　**CITES：**

特徵：又名黑沙漠王蛇。有些幼體的腹部或側面有白點，但通常都是全身帶有光澤的漆黑。相似的亞種有黑王蛇，但牠們的身體上有淡淡的白點。而且令人意外的是，黑王蛇是幾乎沒有進口的隱藏版稀有品種。全黑的游蛇種類不多，可能也因為其他品種的黑色蛇類價格較高，所以此亞種很受歡迎。飼養和餵食都很容易，沒有什麼特別辛苦的地方。

沙漠王蛇

學名：*Lampropeltis getula splendida*
分布：北美、墨西哥
全長：130cm（平均110cm）
溫度：普通　**濕度：**普通　**CITES：**

特徵：有時候會在進口時加註地名，稱為索諾蘭沙漠王蛇。自然環境中也存在與墨西哥黑王蛇雜交的地區，所以有些個體的黃底色非常的少。體型較偏肥短，成長後亮色部分會變淡，黃色部分多的個體有著不辱其學名*splendida*（華麗的）的美麗。雖然數量稀少，也有白化、減黃等品系存在。

杜蘭戈山王蛇

學名：*Lampropeltis mexicana "greeri"*
分布：墨西哥　**全長：**100cm（平均80cm）
溫度：普通　**濕度：**普通　**CITES：**

特徵：雖然有點零散，但基本上大多是稍微偏綠或奶油黃的灰色底上，有著被黑色框住的紅色或橘色的帶狀花紋。和灰帶王蛇的布萊爾很像。在3個類型中是數量最少的，底色愈偏綠的個體就愈珍貴。墨西哥王蛇的幼體雖小，但跟其他的王蛇比起來頭部較大，大部分一開始就可以吞食小型的乳鼠，很容易照顧。不吃的個體可以餵食蜥蜴。

墨西哥泰瑞王蛇

學名：*Lampropeltis mexicana "theyeri"*
分布：墨西哥　**全長：**100cm（平均80cm）
溫度：普通　**濕度：**普通　**CITES：**

特徵：就如同英文「Variable-king」（多樣王蛇）的名稱，花色上有和牛奶蛇一模一樣的三色花紋的牛奶相、馬鞍型花紋的里歐尼斯相，如果再加上配色就有相當多種類，收藏家也很多。有些個體和灰帶王蛇的阿爾特納很難分辨，但可以從此種的眼睛是橘色這點來區分。已知有藍黑色上帶著淡淡環形花紋的黑化品系存在。

墨西哥王蛇

學名：*Lampropeltis mexicana "mexicana"*
分布：墨西哥　**全長：**100cm（平均80cm）
溫度：普通　**濕度：**普通　**CITES：**

特徵：又稱為灰王蛇，與墨西哥泰瑞王蛇、杜蘭戈山王蛇統稱為墨西哥王蛇。這3種類型都有類似亞種名的名字，但此種並沒有亞種，只有地域個體群。有說法指出，以墨西哥王蛇為基礎，和灰帶王蛇的布萊爾、阿爾特納的各種類雜交生下的就是另外2個種類，但詳細情形不明。在墨西哥王蛇的3種類型中變異算少，基本上是灰色底色搭配紅色花紋。

阿爾特納王蛇

學名：*Lampropeltis alterna*
分布：墨西哥　**全長：**150cm（平均90cm）
溫度：普通　**濕度：**普通　**CITES：**

特徵：又稱為灰帶王蛇，是灰帶王蛇中的其中一種型態。灰色或灰褐色的底上有不明顯的黑色或橘色帶狀花紋。以前是非常稀有的高人氣蛇種，到了最近已經變得大眾化。幼體很嬌小，有時候會吞不下乳鼠，有點難飼養。初學者最好避開還未開始進食的小型個體。到可以輕鬆吃下乳鼠之後就很強壯且容易飼養。

露雲妮王蛇

學名：*Lampropeltis ruthveni*
分布：墨西哥　**全長**：90cm（平均80cm）
溫度：普通　**濕度**：普通　CITES：

特徵：雖然外表酷似牛奶蛇，但在分類上與墨西哥王蛇和灰帶王蛇比較接近。體型有些短胖，成體看起來相當有魄力。此種的白化就是所謂的克雷塔羅王蛇，且因為牠們的一口氣普及，使得普通體色個體的輸入變得很少。與有點神經質的牛奶蛇相比，此種比較容易照顧，所以很適合想養三色花紋蛇類的初學者。

布萊爾王蛇

學名：*Lampropeltis alterna*
分布：墨西哥　**全長**：100cm（平均80cm）
溫度：普通　**濕度**：普通　CITES：

特徵：灰帶王蛇的其中一種型態，與阿爾特納是同一品種。灰色底上有明顯的橘色粗帶狀花紋。白化等品系非常少，有極少的機會可以看到混合克雷塔羅王蛇血統的混種白化品系。這一點墨西哥王蛇也一樣。此種的純色彩變異大概只有缺紅了。成長很緩慢，這也是繁殖起來很花時間的其中一個原因。要注意的地方跟阿爾特納差不多。

桑托斯島山王蛇

學名：*Lampropeltis zonata herrerae*
分布：下加利福尼亞州　**全長**：80cm（平均70cm）
溫度：普通　**濕度**：普通　CITES：

特徵：這可能是本書刊載的爬蟲類之中最珍稀的品種了。從全世界來看，附有彩色照片的介紹也十分稀少。是所謂的加州山王蛇，雖然黑色帶紋的數量與細長的體型都在在顯示出牠們的確屬於這個品種，但黑白色調的體色卻使人聯想到加州王蛇。飼養資訊等於是完全沒有，當然也沒有進口到日本國內。在熱門的游蛇類裡，尤其是育種很興盛的王蛇屬之中，可以說是夢幻般的品種。

聖佩德羅山王蛇

學名：*Lampropeltis zonata agalma*
分布：墨西哥、下加利福尼亞州
全長：80cm（平均70cm）　**溫度**：普通
濕度：普通　CITES：

特徵：俗稱「agalma」。相似的許多種類中，此種很有特色而容易分辨。頭部明顯分為黑紅兩色，在市面上的加州山王蛇之中是最頂尖的。在這個種類裡會長得比較粗，體型壯碩。所有加州山王蛇的幼體動作都很快且神經質，但隨著成長會逐漸變成大膽的性格，也有可能上手。不會太大也不會太小，而且又美麗，是兼具3個優點的蛇類，但可惜幾乎沒有進口。

聖地牙哥山王蛇

學名：*Lampropeltis zonata pulchra*
分布：北美　**全長**：90cm（平均80cm）
溫度：普通　**濕度**：普通　CITES：

特徵：在有2個品種的山王蛇裡面，*zonata*種稱為加州山王蛇。已知有數個亞種，每個亞種基本上鼻尖都是黑色。此外，紅、黑、白的顏色比例接近均等的個體也多。與牛奶蛇或相似的三色類型王蛇不同，紅色的部分在成長後也不會轉黑，成體還是很美所以很受歡迎，但近年幾乎沒什麼進口。有稍微神經質的一面，但飼養本身並不困難。

克雷塔羅王蛇

學名：*Lampropeltis ruthveni* var.
分布：墨西哥　**全長**：90cm（平均80cm）
溫度：普通　**濕度**：普通　CITES：

特徵：是露雲妮王蛇的白化品系，一般來說會用不同的稱呼。順帶一提，種小名的後面加註「var.」的時候，就代表這是一種變種個體。此品系是第一個大眾化的三色白化種，說牠們引起了一股世界級的狂熱風潮也不為過。在這之後，人們發現牠們可以很容易的與其他品種雜交，促成了混種王蛇（設計師王蛇）的培育成功。雖然幼體較小，但飼養起來相對容易。

西奈牛奶蛇

學名：*Lampropeltis triangulum sinaloae*
分布：墨西哥　**全長：**120cm（平均90cm）
溫度：普通　**濕度：**略偏潮濕　**CITES：**

特徵：在彼此相似的亞種眾多的牛奶蛇中，此亞種紅色部分的面積非常大，因此比較容易分辨。身體纖細且粗細平均，頭部、脖子、身體幾乎沒有差別。沒有具攻擊性的個體，但剛開始飼養的時候特別不安分，很難上手。雖然牠們遲早會習慣，但一開始拿在手上會慌張的亂動，停不下來。幼體偏小，不過只要有開始進食，照顧就不會太辛苦。

吉娃娃山王蛇

學名：*Lampropeltis pyromelana knoblochi*
分布：墨西哥
全長：140cm（平均120cm）
溫度：普通　**濕度：**普通　**CITES：**

特徵：俗稱「knoblochi」。據說有些個體甚至超越200cm，是很大型的高山王蛇。在此種中也是很受歡迎的亞種，紅色的鮮豔度（從很深的紅色到淡淡的橘色都有）、花紋、黑色部分的面積等特徵都從相對較久以前就開始個別繁殖。是體型較大的亞種，但幼體還是很小。只要有開始進食，飼養就很容易，動作也不會太激烈，所以照顧起來很輕鬆。近年來進口量增加，已經變成了熱門品種。

亞利桑那山王蛇

學名：*Lampropeltis pyromelana pyromelana*
分布：北美、墨西哥
全長：100cm（平均70cm）
溫度：普通　**濕度：**普通　**CITES：**

特徵：在2種山王蛇中，鼻尖是白色的這個種類稱為高山王蛇。比加州山王蛇的體型更細長，幼體也非常細小。牠們連極小的乳鼠也吞不下去，所以不習慣這類型的人應該避免從還沒開始進食的幼體飼養。一旦開始進食乳鼠，成長就出乎意料的快，不會太麻煩飼主。此亞種有一個稱為阿普利蓋特山王蛇的地域個體群，牠們頭部以外的黑色花紋幾乎消失，非常漂亮。

納爾遜牛奶蛇

學名：*Lampropeltis triangulum nelsoni* var.
分布：墨西哥　**全長：**120cm（平均90cm）
溫度：普通　**濕度：**略偏潮濕　**CITES：**

特徵：照片中是白化個體，在牛奶蛇的白化品系中是最熱門的。牠們是中型亞種，和西奈牛奶蛇很像，但此亞種從總排泄口到尾巴前端的黑色部分較多（所以白化的尾巴是白色），從這點可以分辨兩者。讓此亞種的白化個體與其他亞種雜交可以培育出混種個體。飼養起來容易，成長也很快。要注意，如果環境太過乾燥就容易引起脫皮不完全。最近幾乎看不到普通體色的個體了。

宏都拉斯牛奶蛇

學名：*Lampropeltis triangulum hondurensis*
分布：中美
全長：200cm（平均120cm）
溫度：普通　**濕度：**略偏潮濕　**CITES：**

特徵：在熱門的牛奶蛇之中體型最大。品系的改良很進步，已知有美麗的減黑、白化、缺紅、雪白等。所有的牛奶蛇都給人神經質的印象，但此亞種感覺比較像王蛇，食欲旺盛、成長也很快。有極少的WC個體進口，但牠們動作快且具攻擊性，甚至會讓人以為是別的品種。有紅、黑、白花紋的普通體色和紅、橘、黑的橘化體色。

柏布拉牛奶蛇

學名：*Lampropeltis triangulum campbelli*
分布：墨西哥　**全長：**90cm（平均70cm）
溫度：普通　**濕度：**略偏潮濕　**CITES：**

特徵：從很久以前開始就是熱門的亞種，已知的品系有白色帶紋會從黃色轉為橘色的杏果相、紅色部分趨於消失且有不規則帶紋的萬聖節相、紅色部分完全消失的奧利奧相等等。不是非常大型的亞種，但是體型相當粗壯，成體有著不像是牛奶蛇的魄力。雖然和其他牛奶蛇一樣有神經質又膽小的一面，但飼養本身很簡單。

哥倫比亞牛奶蛇

學名：*Lampropeltis triangulum andesiana*
分布：南米　**全長：**140cm（平均130cm）
溫度：普通　**濕度：**略偏潮濕　**CITES：**

特徵：又稱為哥倫比亞怪獸牛奶蛇的最大級亞種。甚至有盤捲起來直徑超過30cm的個體存在。牛奶蛇基本上是從北美開始，愈往南愈多大型亞種棲息。牠們體型較小的時候紅色部分、白色部分的鱗片有一片一片的黑色，所以整體看起來顏色偏暗。幼體體型大得不像是牛奶蛇，因此養起來沒什麼問題。雖然進口量不多，但因為三色花紋的蛇類很少有這麼巨大的品種，所以很受歡迎。

東部牛奶蛇

學名：*Lampropeltis triangulum triangulum*
分布：北美　**全長：**120cm（平均90cm）
溫度：普通　**濕度：**略偏潮濕　**CITES：**

特徵：花紋不是帶狀也不是三色帶紋，所以乍看之下令人聯想到玉米蛇。雖然有點奇特，但牠們就是牛奶蛇的原名亞種。還有一種像是將此亞種的紅豆色部分變得更紅的紅牛奶蛇，但是這些北美產牛奶蛇的幼體體型都很嬌小、養不起來。牠們本來是吃蜥蜴的幼體，所以就連小型的乳鼠也吞不下。市面上也有極少數的嬰兒期幼體流通，但還是避開比較明智。

黑牛奶蛇

學名：*Lampropeltis triangulum gaigeae*
分布：中美　**全長：**200cm（平均150cm）
溫度：普通　**濕度：**略偏潮濕　**CITES：**

特徵：在為數眾多的牛奶蛇亞種中是最奇特的一種。幼體時期與哥倫比亞牛奶蛇很相似，一樣有黑色的鱗片，而且其面積會隨著成長擴大，最後變成全黑的牛奶蛇。黑化後留有淡淡環形花紋的個體更是有著無法言喻的美麗。花紋完全消失後，牠們很有魄力的體型會令人聯想到森王蛇。進口量少，不是很常見的蛇類。

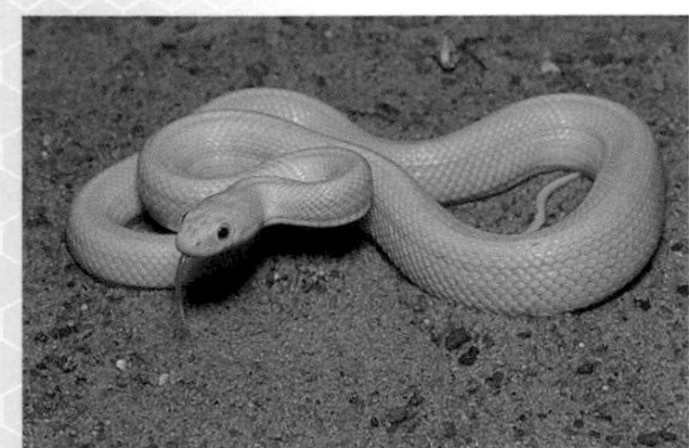

德州隱錦蛇

學名：*Elaphe obsoleta lindheimeri* var.
分布：北美
全長：160cm（平均120cm）
溫度：普通　**濕度：**普通　**CITES：**

特徵：隱錦蛇的亞種，照片中是有名的輕白化個體。普通體色就像是偏褐色的黑隱錦蛇。有著類似瓷器般白色的輕白化個體很受歡迎，但很可惜的是，此種有許多容易亢奮且具有攻擊性的個體。另外，曾因為一時之間大量繁殖的關係，出現了不少眼球突出的個體，現在也偶爾可以看見。已知有所謂的白化與t+白化品系。基本上很容易飼養。

黑隱錦蛇

學名：*Elaphe obsoleta obsoleta*
分布：北美、加拿大
全長：250cm（平均150cm）
溫度：普通　**濕度：**普通　**CITES：**

特徵：又叫做黑鼠蛇。有幾個亞種和地域個體群，日本國內有進口黃隱錦蛇、灰隱錦蛇、橘紅隱錦蛇等亞種。此亞種在其中算是性格比較乖巧的，已知有白化、甘草糖、輕白化、斑紋等品系。就像其名稱一樣，也有些個體是純黑色，但非常稀少，通常會有斑點或直線花紋。不膽怯且沉穩的個體還滿多，所以很好照顧。受到驚嚇就會發出奇特的臭味是此屬共同的特徵。

猩紅王蛇

學名：*Lampropeltis triangulum elapsoides*
分布：北美
全長：60cm（平均50cm）
溫度：普通　**濕度：**略偏潮濕　**CITES：**

特徵：雖然名稱中有王蛇，但卻是牛奶蛇的一種。這種小型蛇的紅、黃（有極少數是白色）、黑的配色很漂亮，但是不只身體細、嘴巴也小，成體最多也只能吞下大一點的乳鼠。畢竟是北美產，所以幼體極小、養不起來。國外的育種家會使用一種叫做「Pinky pump」的強制餵食器將牠們養到一定的程度。牠們是很有魅力的蛇，但成體的進食狀況也不佳，在此種之中算是很難飼養的亞種。

玉米蛇

學名：*Elaphe guttata guttata*
分布：北美
全長：180cm（平均150cm）
溫度：普通
濕度：普通　CITES：

特徵：廣受全世界歡迎的寵物蛇。有著多到數也數不清的品系，直到現在也還有新品系被培育出來。照片中是基礎體色。牠們不愧是蛇類的入門品種，基本上很容易飼養，但幼體意外的脆弱，有許多個體會拒食或是出現嘔吐的習慣。這邊將介紹具代表性的品系，不過組合了色彩變異、花紋變異、地域個體群的變異而培育出的品系也很多，讀者可以想像看看牠們的模樣。

雪白
缺乏黑色素與紅色素的品系。如果個體有減黑的血統，整體顏色就會偏粉紅，有呈現萊姆綠體色的泡泡糖品系存在。

黑色素缺乏
也就是所謂的白化。是缺乏黑色素的品系。螢光、晚霞、反轉歐基提等等都是白化品系。

幽靈
缺紅與減黑交配生下的個體，呈現以淡紫為基調的色彩。黃色也消失的品系稱為銀色女王。

黑色素減少
俗稱減黑。是黑色素減少的個體，根據程度的差別，個體的表現型也會不一樣。有幾個體系，例如熔岩、陽光之吻等。

紅色素缺乏
俗稱缺紅。是缺乏紅色素的品系。如果再加上缺乏黃色素就稱為木炭。

甜甜圈
背部的斑點連起來變成圓圈形的品系。腹部是白色。幼體比較大，容易飼養。

直線
背部的花紋連接起來成為一條直線的品系。腹部是白色。幼體很嬌小，有點難以飼養。

歐基提
底色的橘很明顯，是一種紅黑對比很鮮明的地域變異。玉米蛇不只有色彩變異，其他也有邁阿密等地域個體群存在在體系之中。

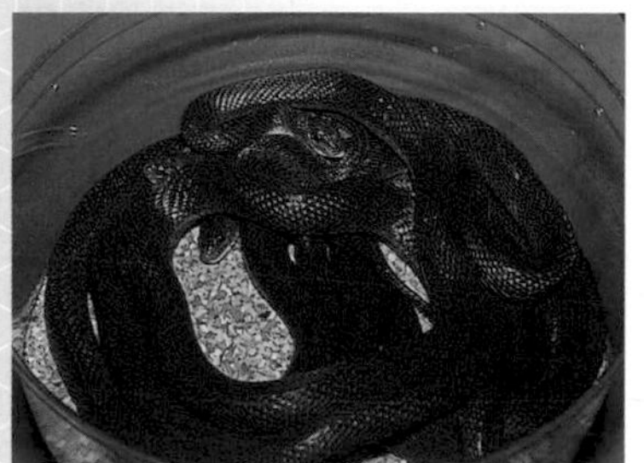

血紅
幼體與基礎體色沒有太大差別，但灰色的部分會漸漸轉紅，最後底色和斑紋會變得幾乎沒有差別，變成鮮紅色的蛇。

暴風雪
缺乏黑、紅及黃色素，連花紋都消失的品系。腹部是白色。幼體嬌小，有點難以飼養。

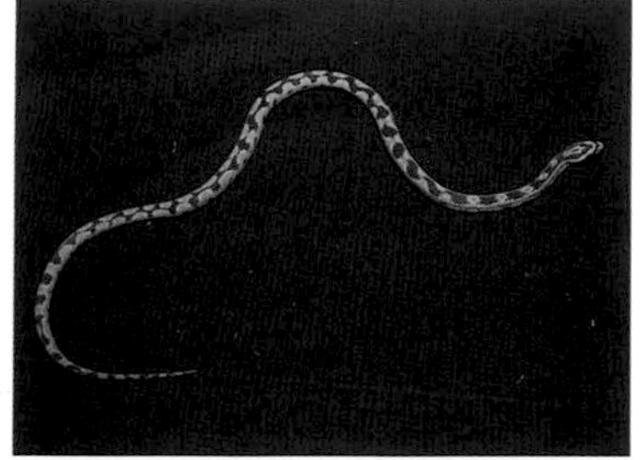

鋸齒
背部的花紋連接起來變成鋸齒狀的品系。也稱為拉鍊，比較複雜的稱為阿茲特克，更複雜的稱為數碼。

鮮奶油絲綢
白化個體與埃默里鼠蛇交配生下的品系。名字的由來是美國的一種冰棒。

奶油
白化的體系之一。以人們認為是黃化個體的焦糖為基礎，減黑變成琥珀、白化則是奶油，還有屬於超級的金沙品系存在。

薰衣草
到現在依然不了解這種品系究竟是屬於哪種類型的變異。以紫色為基調，還有更鮮豔、屬於減黑和白化的蛋白石品系，以及屬於雪白的珍珠品系等。

叢林玉米蛇
與加州王蛇之間的異種雜交品系。叢林玉米蛇之間也可以繁殖。其他也有像是與牛奶蛇、山王蛇、松蛇、其他的鼠蛇之間的混種。

埃默里鼠蛇
牠們是玉米蛇的亞種、獨立品種或是地域變異等說法都有。整體來說是帶有綠色的褐色，色彩不鮮豔。也稱為大平原鼠蛇、棕彩玉米蛇。

紅鼠蛇
成長後花紋有消失的傾向，腹部是白色。曾一度被當作亞種，但現在屬於一種地域變異。琴鍵等品系也一樣。

泛貝克斯錦蛇

學名：*Bogertophis subocularis*
分布：北美、墨西哥　**全長：**180cm（平均130cm）
溫度：普通　**濕度：**乾燥　**CITES：**

特徵：又名沙漠鼠蛇。大大的眼睛很可愛，動作很慢，個性也大多很沉穩。花紋幾乎消失的金髮品系、以及金髮品系缺乏黃色素變成的銀色品系很有名。從CB的嬰兒尺寸到稀有的WC成體尺寸都有進口。濕漉漉的飼養箱會讓牠們身體不適，所以水容器被翻倒的時候要馬上將底材換新。幼體雖然很纖細，但因為頭部大所以可以正常進食乳鼠。

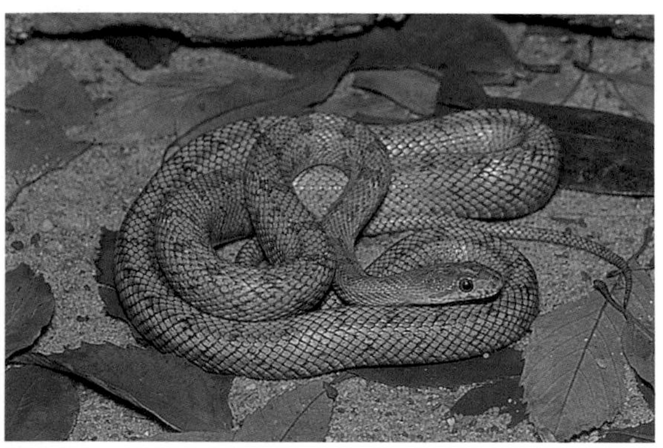

班氏錦蛇

學名：*Elaphe bairdi*
分布：北美、墨西哥　**全長：**160cm（平均140cm）
溫度：普通　**濕度：**普通　**CITES：**

特徵：有光澤感的藍、紅、橘色混在一起，呈現一種微妙的金屬質感，就像金箔宣紙一樣，所以有金箔錦蛇的別名。幼體時以褐色或灰色為基調，身上有明顯的斑紋，但成長後會出現劇烈的變化。分為墨西哥產和德州產，但牠們之間的差別模糊不清，有不少個體都無法分辨。個性非常乖巧、動作也很慢，所以容易相處也容易飼養。是可以推薦給新手的品種。

下加州錦蛇

學名：*Bogertophis rosaliae*
分布：下加利福尼亞州　**全長：**150cm（平均120cm）
溫度：普通　**濕度：**乾燥　**CITES：**

特徵：又稱為羅薩利亞鼠蛇。感覺就像是沒有花紋的泛貝克斯錦蛇，幼體時有不明顯的纖維狀花紋，但會隨著成長轉為帶著光澤的純橄欖棕色。非常稀少，進口到日本國內的數量屈指可數。似乎是需要一點技巧的品種，據說有幾個已經成長到一定程度卻猝死的案例。做出日夜溫差、以及不可以過量餵食似乎就是飼養的關鍵。

紅頭錦蛇

學名：*Elaphe moellendorffi*
分布：中國、越南
全長：200cm（平均150cm）
溫度：偏低　**濕度：**略偏潮濕　**CITES：**

特徵：別名百花錦蛇，也會以學名直接稱為「moellendorffi」。以綠色或褐色為基調，因為頭尾是紅色所以稱為紅頭錦蛇。在亞洲的錦蛇中也算是相當大型的品種。市面上WC的亞成體較多，多數進食狀況有點差。選購時應確認牠們有開始進食，並選擇穩定的個體。偶爾可以發現CB個體，但因為牠們容易相處所以單價很高。這一點可以套用到所有亞洲的錦蛇身上。

灰腹綠錦蛇

學名：*Elaphe frenata*
分布：東南亞
全長：120cm（平均100cm）
溫度：偏低　**濕度：**略偏潮濕　**CITES：**

特徵：又稱灰腹綠樹錦蛇。體型纖細，幼體是灰色，但成長過程中會轉為美麗的綠色。偶爾會出現偏藍的個體，則另外以土耳其石的名稱來稱呼。市面上WC成體較多，但牠們在亞洲的錦蛇中屬於比較容易飼養的，進食狀況也很好。有個稱為綠錦蛇的相似品種，但其進口量非常稀少。兩者都喜歡略偏潮濕的環境，但太悶濕的話容易引發皮膚病。

紫灰錦蛇

學名：*Elaphe porphyracea*
分布：東南亞
全長：90cm（平均80cm）
溫度：偏低　**濕度：**略偏潮濕　**CITES：**

特徵：也稱為紅竹蛇、紫灰山錦蛇，有幾個亞種。稱為克氏錦蛇的越南產鮮豔亞種有黑色的直條紋，中國產是紅豆色，照片中的馬來西亞產則是深紅色，很多樣化。幼體時期一律是淡橘色搭配深褐色的帶狀花紋。以前曾是難飼養品種的代名詞，不過最近的個體只要別暴露在過度的高溫下就很強壯。動作敏捷，有許多略具攻擊性的個體。

豹紋錦蛇

學名：*Elaphe situla*
分布：歐洲
全長：100cm（平均90cm）
溫度：普通　**濕度：**普通　**CITES：**

特徵：也稱為豹紋鼠蛇。和北美產的玉米蛇很像。在國外是非常受歡迎的品種，也有培育出直線型等品系。很少進口到日本國內。有點膽小且容易亢奮，但飼養本身並沒有那麼困難。剛開始飼養的時候要設置遮蔽物，首要目標是讓牠們安定下來。有些個體就算用鑷子餵食也不會吃，只專心在攻擊上，所以可以將食物放在遮蔽物附近。

雙斑錦蛇

學名：*Elaphe bimaculata*
分布：中國
全長：80cm（平均70cm）
溫度：普通　**濕度：**普通　**CITES：**

特徵：底色是黃褐色到褐色，背部有紅色或橘色的斑點兩兩排列，因此而得名，英文名稱就叫做「Twin-Spotted Ratsnake」。這些斑點偶有縱向排列的情況，會連在一起變成直線型。牠們身體粗細平均所以脖子並不明顯，乍看之下像是生活在地底的品種，但牠們只在地表活動。外型樸素所以不怎麼受到關注，但是很容易飼養，和很相似的白條錦蛇在部分愛好者中相當受歡迎。

高砂蛇

學名：*Elaphe mandarina*
分布：中國、東南亞
全長：160cm（平均100cm）
溫度：偏低　**濕度：**潮濕　**CITES：**

特徵：身上有黑色與黃色、橘色等鮮豔的色彩，基本上與日本產的鑽地蛇有同樣的生活習慣，人工飼養下常會鑽進底材裡，幾乎不會現身。到了特定時期就會進口WC的亞成體，但牠們的進食狀況非常差。雖然偏好潮濕，但還是需要乾燥的場所，如果整個飼養箱內都很潮濕，就容易罹患皮膚病。另外，牠們在夏天的高溫下常常拒食，所以需要開冷氣。

王錦蛇

學名：*Elaphe carinata*
分布：中國、東南亞　**全長：**250cm（平均180cm）
溫度：普通　**濕度：**普通　**CITES：**

特徵：鼠蛇類亢奮的時候多少都會發出臭氣，但此種特別明顯，所以又名臭青公。英文名稱為「Stink snake」、「King ratsnake」等。是容易亢奮的大型品種，有點難以應付。如果不讓牠們在寬敞到一定程度的飼養箱內活動，身體狀態就會漸漸惡化，所以要避免使用狹小的飼養箱。牠們的食物很多元，也會吃爬蟲類，所以要避免同時飼養複數個體。

波斯錦蛇

學名：*Elaphe persica*
分布：西亞　**全長：**90cm（平均70cm）
溫度：普通　**濕度：**普通　**CITES：**

特徵：照片中是黑化個體，基礎體色的個體反而很少出現在市面上。已知有只有頭部是白色的斑彩品系。是體型偏細的小型鼠蛇，流通在市面上的CB個體很少。飼養起來很容易，因為幼體嬌小，一開始需要餵食切過的乳鼠，但進食狀況良好，可以順利的長大。個性乖巧，但動作有點快且不安分，所以應該不適合上手。

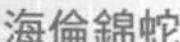

海倫錦蛇

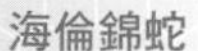

學名：*Elaphe helena*
分布：西亞　**全長：**130cm（平均90cm）
溫度：普通　**濕度：**普通　**CITES：**

特徵：眼睛後方有線條紋路的小型品種。相似的品種有三索頷腔蛇，但此種的體型還是比三索頷腔蛇小很多。這2個品種不知為何都很容易亢奮，生起氣來就會變成縱向的S形並展開猛烈的攻擊。雖然有點神經質，但進食狀況不錯，很容易飼養。需要注意的是，牠們如果太過亢奮有時候會拒食。本書將鼠蛇類都歸類在*Elaphe*屬中，但近年來有學說已經將許多品種改為別屬。

公牛蛇

學名：*Pituophis melanoleucus sayi*
分布：北美、加拿大、墨西哥
全長：250cm（平均170cm）
溫度：偏高　**濕度**：乾燥　**CITES**：

特徵：進入亢奮狀態就會像公牛一樣發出很大的噴氣聲，因而得名。通常被當作松蛇的亞種，有時候也會被當作獨立品種。是相當大型的品種，成長也很快。雖然食量很大，但有時候會無法消化太大的食物，所以大量餵食小塊的食物比較好。雖然有許多容易亢奮的個體，但繼續飼養下去就會漸漸習慣而變得乖巧。已知有白化與幽靈、白色、減黑以及各種地域變異的品系存在。

紅尾節蛇

學名：*Gonyosoma oxycephalum*
分布：東南亞、印尼
全長：230cm（平均150cm）
溫度：偏高　**濕度**：略偏潮濕
CITES：

特徵：因為尾巴的前端顏色偏紅，因此而得名。吐信的時候舌頭會上下移動是牠們的特徵。幾乎是樹棲性的品種，大部分時候會將身體盤在樹上。幼體是以灰色為基調，成長後會轉變成綠色，但也有成長後依然是灰色的個體群存在。稍微容易亢奮，個性粗暴的個體也多。要注意養在狹窄的飼養箱會使狀態惡化。以褐色為基調的詹森氏鼠蛇是牠們的相似品種，也是已知有黑化品系的品種。

夜錦蛇

學名：*Elaphe flavirufa*
分布：墨西哥、中美
全長：160cm（平均90cm）
溫度：普通　**濕度**：普通　**CITES**：

特徵：又稱墨西哥夜蛇。配色和北美產的玉米蛇很像，但體型纖細得多，而最特殊的部位是牠們的眼睛。黑眼珠是一個點，這使牠們的臉看起來有點奇特。動作遲緩，性格也很乖巧。有幾個亞種，但幾乎不會分開進口。幼體的紅色深，看起來很鮮豔，但會隨著成長變淡。幼體時期有一些略偏神經質的個體，但整體來說進食狀況良好，很容易飼養。

黑松蛇

學名：*Pituophis melanoleucus lodingi*
分布：北美　**全長**：190cm（平均160cm）
溫度：偏高　**濕度**：乾燥　**CITES**：

特徵：就如同牠們的名稱，是一種渾身漆黑的松蛇。大部分幼體主要會在下半身出現花紋，但有隨著成長逐漸消失的傾向。不過會完全變黑的個體卻是意外的少，有不少個體成長後也會留下花紋。在整體來說容易亢奮的松蛇之中，此亞種有比較多乖巧的個體。此屬的蛇即使是嬰兒體型也大得足夠吞下跳鼠尺寸的老鼠，但還是多餵食乳鼠尺寸比較好。

北部松蛇

學名：*Pituophis melanoleucus melanoleucus*
分布：北美　**全長**：210cm（平均170cm）
溫度：偏高　**濕度**：乾燥　**CITES**：

特徵：特徵是粗壯體型的北美產蛇類。也有說法指出此種與公牛蛇、牛蛇、松蛇都是同一品種。此亞種與佛羅里達松蛇是比較常見的松蛇，白化等品系也多。上手的時候會有點不安分，但對於想飼養大型游蛇的人來說是很適合的種類。鑽進底材的習性很強，不穩定的個體有時候會用鼻子摩擦飼養箱的蓋子而受傷，要注意。

聖地牙哥牛蛇

學名：*Pituophis catenifer annectans*
分布：北美、下加利福尼亞州　**全長**：180cm（平均150cm）
溫度：偏高　**濕度**：乾燥　**CITES**：

特徵：是最熱門的牛蛇，也有很多白化或紫斑、缺紅、雪白等品系。體型比松蛇細、鼻尖鈍、頭部也有點扁平。有種說法是將松蛇與牛蛇歸類成同一種，但兩者分開說明會比較容易理解。在這個種類裡面，此亞種的幼體比較小，但還是可以輕鬆吞下乳鼠，所以很容易飼養。在低溫的環境餵食容易嘔吐，還有可能會養成習慣並導致死亡，須注意。

下加州牛蛇

學名：*Pituophis catenifer bimaris*
分布：下加利福尼亞州　**全長：**180cm（平均140cm）
溫度：偏高　**濕度：**乾燥　**CITES：**

特徵：是現今最少見的一種牛蛇。基礎色是黃褐色到橘色、紅色，與相似的海角牛蛇比起來花紋比較不明顯，顏色也比較深。在日本幾乎看不到，在某種意義上算是夢幻中的牛蛇。飼養方式與其他亞種一樣即可，沒有什麼特別的難處。在相對樸素的許多亞種裡面，此亞種的美麗可說是鶴立雞群，如果能有進口應該會很受歡迎。

中美松蛇

學名：*Pituophis lineaticollis*
分布：墨西哥　**全長：**150cm（平均120cm）
溫度：偏高　**濕度：**乾燥　**CITES：**

特徵：雖然名稱中有松蛇，但鱗片比較光滑，真要說的話此種會比較接近牛蛇類。牠們的外型大約介於牛蛇與泛貝克斯錦蛇之間。是極度稀有的品種，近年來只有進口幾隻個體。比其他品種更不容易亢奮，給人乖巧的印象。以色彩來說很樸素，但有著很高雅的氣質，因此很受歡迎。飼養實例很少，但並不是很困難的品種，和其他品種一樣應該無妨。

海角牛蛇

學名：*Pituophis catenifer vertebralis*
分布：下加利福尼亞州　**全長：**170cm（平均150cm）
溫度：偏高　**濕度：**乾燥　**CITES：**

特徵：又稱為聖盧卡斯牛蛇。身體前半部是鮮豔的橘色和紅色、朱紅色，愈到後半部則黑色斑紋愈明顯，在沒有下加州牛蛇進口的現在，是最華麗的亞種。雖然沒有穩定的進口，也不算太稀少，漸漸有少量輸入。飼養方式與其他亞種一樣即可，有許多剛進口的個體容易亢奮，但只要安定下來就會很快的習慣。飼養時務必準備遮蔽物。

中美森王蛇

學名：*Drimarchon corais melanurus*
分布：中美
全長：270cm（平均200cm）
溫度：普通　**濕度：**略偏潮濕　**CITES：**

特徵：是森王蛇的一員，有幾個亞種，分布在北美到墨西哥的是「Indigo」，分布在中南美的則另外稱為「Cribo」。幼體的頭部與眼睛大大的很可愛，但有許多進口的WC個性都很暴躁，有點難應付。主要在地面上活動，幾乎不會爬樹等立體空間移動。對會動的東西很敏銳，會獵食所有的脊椎動物，但人工飼養下只餵食老鼠也沒有問題。

東部森王蛇

學名：*Drymarchon corais couperi*
分布：北美
全長：270cm（平均200cm）
溫度：普通　**濕度：**普通　**CITES：**

特徵：以頂級游蛇的稱號而聞名，在原產國美國受到嚴格的保育，只有在歐洲繁殖一部分，近年已經沒有進口。身體是帶著光澤的深藍色，有些個體會在喉部或頭部出現紅色。幼體有點進食狀況不佳的情形，但只要順利成長就會加快，變得容易飼養。牠們不太會盤捲起來而是在飼養箱內四處活動，所以需要相當程度的飼養箱。另外，因為牠們會互相獵食，所以要避免複數個體一起飼養。

墨西哥松蛇

學名：*Pituophis deppei*
分布：墨西哥
全長：160cm（平均150cm）
溫度：偏高　**濕度：**乾燥　**CITES：**

特徵：看起來就像是淡彩色調的公牛蛇，有2個亞種，也有頭部是鮮紅色的個體存在。是相當稀有的品種，但也偶有進口。外型介於公牛蛇、松蛇類與牛蛇類之間，雖然鼻頭不尖，但頭部厚實。飼養方式可與其他品種相同，乖巧的個體較多所以容易照顧。雖然是滿冷門的品種，但也有外型華麗的地域個體群（個體變異？）存在，只要進口量能增加，想必也會很受歡迎。

皇家冠蛇

學名：*Spalerosophis atriceps*
分布：中近東　**全長：**150cm（平均120cm）
溫度：偏高　**濕度：**乾燥　**CITES：**

特徵：在過去被當成數個亞種的冠蛇到了近幾年已經各自變成獨立的品種，此種在日本稱為三毛蛇。幼體時背部有明顯的規律花紋，成長後會消失，並在身上隨機出現不規則黑斑，或是只有頭部變成黑色。這些色彩變化幾乎找不到規律性，而且個體差異也很大，飼養時很值得期待。最好可以在偏大的飼養箱內讓牠們做日光浴。

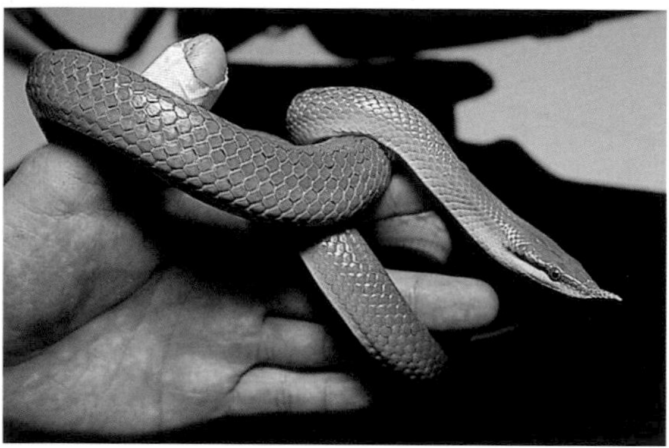

尖喙蛇

學名：*Rhinochophis boulengeri*
分布：越南　**全長：**120cm（平均100cm）
溫度：略偏低　**濕度：**潮濕　**CITES：**

特徵：日文名稱為天狗蛇。是最近剛開始出現在市面上的品種，鼻頭就跟牠們的名稱一樣有柔軟的角狀突起。幼體是灰色，會隨著成長轉為綠色。母蛇身上會有賀爾蒙異常引起的色彩變化，已知有土耳其藍色的個體存在。幾乎是樹棲性，幼體體型很小，有點進食狀況不佳的情形，但只要成長到吃得下乳鼠的尺寸就出乎意料的強壯。是稀有品種，但在日本國內也有繁殖的例子。

馬蹄鐵蛇

學名：*Coluber hippocrepis*
分布：歐洲、北非洲　**全長：**150cm（平均120cm）
溫度：普通　**濕度：**普通　**CITES：**

特徵：因為背上有馬蹄鐵形狀的花紋而得名。在所有游蛇裡面身形纖細且動作敏捷的種類都統稱「Racer」，裡面也包含了各種屬。此種在幼體時期有點不起眼，但腹部會隨著成長轉為紅色，變得非常漂亮。動作很快、略具攻擊性，但是進口量少且很受歡迎。只要可以準備夠寬敞的飼養箱就不難飼養，食物也只要用尺寸適合的老鼠即可。

帶蛇

學名：*Thamnophis sirtalis*
分布：北美、加拿大、墨西哥
全長：130cm（平均70cm）
溫度：普通　**濕度：**略偏潮濕　**CITES：**

特徵：棲息在北美的水邊，主要獵食魚或青蛙。有許多亞種，花紋種類有格紋、斑點、直線；色彩從水藍色到褐色都有。因為牠們的主食是小魚，所以在怕老鼠的人之間很受歡迎。牠們食欲很強，如果沒有常常餵食就很容易瘦下來，飼主應注意。棲息在水邊的牠們很需要濕度，但如果太潮濕就容易感染皮膚病，所以整體環境維持乾燥，並放置大一點的水容器比較好。

擬盾蛇

學名：*Pseudaspis cana*
分布：非洲
全長：200cm（平均180cm）
溫度：偏高　**濕度：**乾燥　**CITES：**

特徵：也稱為非洲鼴鼠蛇的大型品種。幼體有明顯的花紋和鮮豔的色彩，但成長後花紋會消失，全身轉為褐色。以前有極少數的WC幼體進口，但近來只剩下從美國進口的少數CB個體。幼體有點神經質且具攻擊性。飼養實例很少、缺乏資料，不過與松蛇類同樣的飼養方式應該是最適合牠們的。以老鼠餵食沒問題。

非洲家蛇

學名：*Lamprophis fuliginosus*
分布：非洲
全長：130cm（平均90cm）
溫度：偏高　**濕度：**普通　**CITES：**

特徵：牠們稱為家蛇，所謂非洲家蛇是幾個品種的總稱。眼睛有點突出且幾乎長在正側面，臉部特徵有點不可思議。鱗片很平滑有光澤。因為畢竟是總稱，色彩上很多樣化，從深巧克力色到淡淡的珊瑚色都有。幼體非常細小，連乳鼠也吞不下。雖然會進口的個體大多已經成長到一定程度，但還是應該先確認牠們的進食狀況再購買。只要有開始進食，飼養起來就很容易。

舊金山帶蛇

學名：*Thamnophis sirtalis tetrataenia*
分布：北美　**全長**：100cm（平均80cm）
溫度：普通　**濕度**：略偏潮濕　CITES：

特徵：在為數眾多的帶蛇之中是最稀有也最美麗的品種。雖然也有配色類似的帶蛇存在，但只有此種可以呈現如此鮮明的紅色和藍色。略偏細的體型是其特徵。在原產地受到嚴格的保育，市面上數量極少因此非常昂貴。飼養方式與其他帶蛇相同，大部分進口的個體都已經開始進食乳鼠，所以可以繼續以老鼠為主食來餵養。

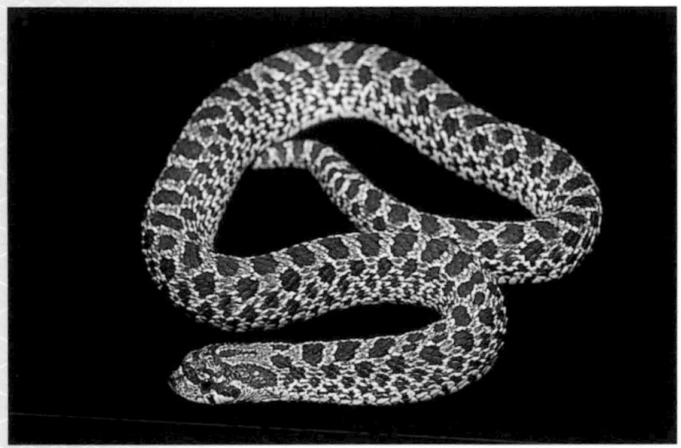

西部豬鼻蛇

學名：*Heterodon nasicus*
分布：北美、墨西哥　**全長**：60cm（平均50cm）
溫度：普通　**濕度**：普通　CITES：

特徵：像毛毛蟲一般的體型和翹起來的鼻頭很有特色，英文就叫做「Hognose snake」。此屬全都喜歡吃蟾蜍，但此種的喜好比較多元，也會吃老鼠，所以很容易飼養。已知有3個亞種，除了原名亞種以外也有進口墨西哥豬鼻蛇。最近也培育出了白化等品系。幼體很嬌小，餵食的時候需要將乳鼠先切過。另外，因為牠們容易亢奮，所以建議以放置的方式餵食。

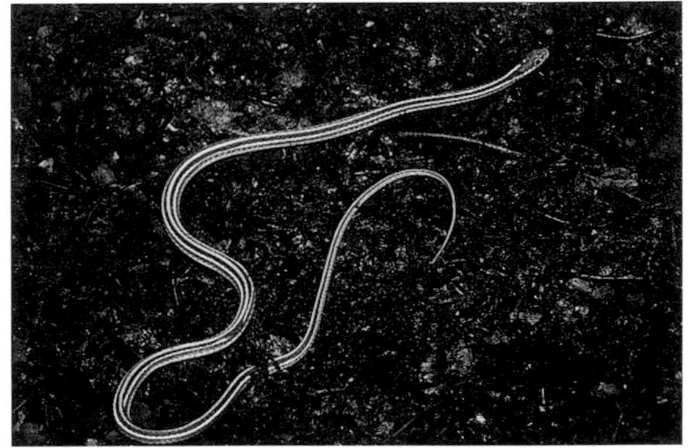

擬帶蛇

學名：*Thamnophis proximus*
分布：北美、中美　**全長**：120cm（平均90cm）
溫度：普通　**濕度**：略偏潮濕　CITES：

特徵：在帶蛇之中體型極度細長的品種稱為擬帶蛇。已經成長至一定程度的個體的頭部大小也不足以吞下乳鼠，所以主要的食物是青鱂或金魚。如果個體吞得下也可以餵食乳鼠。雖然屬於小型品種，但牠們的身體較硬，所以飼養在寬敞一點的飼養箱比較好。市面上幾乎都是WC個體，到了特定時期就會大量進口。雖然需要一些技巧，但飼養起來沒有那麼困難。

珊瑚豬鼻蛇

學名：*Lystrophis semicinctus*
分布：南美　**全長**：60cm（平均50cm）
溫度：普通　**濕度**：普通　CITES：

特徵：特徵是有著類似牛奶蛇的色彩，又稱為三色豬鼻蛇。要使用一般蛇類的飼養箱，並製造出一部分潮濕的環境來飼養。長期處在高溫的環境中會讓牠們身體不適，要特別留意。大部分情況下，牠們會馬上進食乳鼠，但有時候也會因為尺寸而無法進食，這種時候要先切過再餵食。能夠正常吃乳鼠後成長速度會加快，很容易飼養。偶爾可以看到紅色部分消失的雙色個體。

東部豬鼻蛇

學名：*Heterodon platyrhinos*
分布：北美、加拿大　**全長**：100cm（平均80cm）
溫度：普通　**濕度**：普通　CITES：

特徵：*Heterodon*屬有3個品種，另外還有南部豬鼻蛇。除了西部豬鼻蛇以外的2個品種多數只吃青蛙，所以流通量不多。激動起來會將整個身體壓平、發出噴氣聲來威嚇敵人。有少量進口，一開始可以先用浮蛙或爪蟾餵食，再慢慢轉換成老鼠。只不過牠們的消化不好，就算已經可以吃老鼠，也最好不要給予太大隻的老鼠。此種有黑化品系。

馬達加斯加滑豬鼻蛇

學名：*Leioheterodon madagascariensis*
分布：馬達加斯加　全長：140cm（平均120cm）
溫度：普通　濕度：普通　CITES：

特徵：又稱馬達加斯加豬鼻巨蛇，英文名稱為「Giant hognose snake」。此屬有3個品種，另外的*modestus*和*geayi*是以肌色與褐色為基調，沒有明顯的花紋。通常會從馬達加斯加進口WC個體，但市面上也有少數美國進口的CB個體。性格稍微容易亢奮，但只會威嚇幾乎不咬人。食性很多元，但一般來說很容易進食老鼠，只用老鼠餵養也沒有問題。

鉛色水蛇

學名：*Enhydris plumbea*
分布：東南亞　全長：60cm（平均50cm）
溫度：普通　水深：偏淺　CITES：

特徵：體型短胖的完全水生小型品種。可以金魚等小魚餵養，但如果不非常頻繁的餵食就會瘦下來。在水中只會一味的逃走，可是一旦將牠們抓到陸地上就會胡亂咬人，需要特別注意。此外，牠們偶爾會自行上岸，可以放置沉木，讓一部分沉木伸出水面。要使用水槽飼養，但沒有確實加蓋的話牠們就會逃跑。市面上主要是WC個體，其中也有懷孕的母蛇，有時候會突然生產。

馬達加斯加葉吻蛇

學名：*Langaha madagascariensis*
分布：馬達加斯加　全長：90cm（平均80cm）
溫度：普通　濕度：略偏潮濕　CITES：附錄Ⅱ

特徵：特徵是鼻頭的突起，這個特點有雌雄差異，公蛇是細長的角狀，母蛇則是細長的松果狀。從形似枯枝的外表也可以發現牠們是樹棲性，主要獵食蜥蜴。人工飼養下不怎麼願意吃乳鼠，但也有些個體一開始就會吃。牠們不是很活潑的品種，所以能飼養在比較狹窄的環境，但需要使用比較高的飼養箱，且一定要在箱內布置可以爬的樹枝。

爪哇瘰鱗蛇

學名：*Acrochordus javanicus*
分布：東南亞、印尼
全長：180cm（平均120cm）
溫度：略偏高　水深：偏深　CITES：

特徵：身上有銼刀狀的鱗片，很久以前也被稱為象鼻蛇。此屬中另外還有幾乎是生活在海水的瘰鱗蛇、有著特殊複雜花紋的阿拉佛拉瘰鱗蛇等品種出現在市面上。進口的大部分是WC亞成體，很少有嬰兒尺寸。對大型個體來說金魚太小，所以主要是餵食小型的鯉魚或鯽魚。可能是因為性格不活潑所以食量不大，飼養的重點是能否找到大小剛剛好適合牠們吞食的食物。

釣魚蛇

學名：*Erpeton tentaculatum*
分布：東南亞
全長：60cm（平均50cm）
溫度：普通　水深：略偏深　CITES：

特徵：外表類似枯枝的水蛇。不像其他品種會四處活動，大多是用尾巴纏住沉木等物體、靜靜的不動。鼻頭上有兩根突起物。體表很粗糙，上岸後會身體僵硬、假裝成樹枝的模樣。牠們吃小魚，可以金魚等魚類為主食餵養。分為斑點型和直線型，給人的印象很不一樣。個性乖巧也不活潑，所以比其他的水蛇還要容易照顧。

寬紋水蛇

學名：*Homalopsis buccata*
分布：東南亞
全長：130cm（平均80cm）
溫度：普通　水深：偏淺　CITES：

特徵：在此屬中體型比較細長。暗色的馬鞍形花紋很有特色。亞洲的水蛇全都不喜歡太新鮮的水，直接使用自來水容易使牠們罹患皮膚病。飼養用的水要放入落葉或沉木，使水質偏弱酸性比較好。此外，牠們與水中的物體纏在一起會感到安心，所以有放置沉木總是比較好。此屬的蛇多少都帶有一點毒性，飼主要小心別被牠們咬到。

頸棱蛇

學名：*Macropisthodon rudis*
分布：中國
全長：90cm（平均70cm）
溫度：略偏低　**濕度：**潮濕　**CITES：**

特徵：牠們的外觀就像是標準的毒蛇，但個性很乖巧，毒性也不強。會裝死的習性很有名，裝死時嘴巴會半張、全身癱軟，甚至發出腐臭味，可說是維妙維肖。幼體與成體都有進口，主食是青蛙，幾乎不會進食鼠類食物。幼體時期可以餵食浮蛙，但到了成體就沒有適合的蛙類，可以的話最好是在成長階段中將食物轉換為老鼠。

攣斑金花蛇

學名：*Chrysopelea pelias*
分布：東南亞
全長：150cm（平均90cm）
溫度：偏高　**濕度：**略偏潮濕　**CITES：**

特徵：這種蛇會張開肋骨在空中滑翔，因此非常有名。只要飼養在較寬敞的飼養箱內，就算看不到滑翔，也可以觀察得到牠們在樹枝間跳躍移動的模樣。本來主要是以蜥蜴為食，但相較下乳鼠較容易進食。在過度乾燥的環境下容易有脫皮不完全的情形，所以要在飼養箱內頻繁的噴水。除了此種之外也有金花蛇的進口。因為牠們是樹棲性，所以必須布置一些樹枝。

巴西水王蛇

學名：*Cyclagras gigas*
分布：南美
全長：210cm（平均180cm）
溫度：偏高　**濕度：**略偏潮濕　**CITES：**附錄II

特徵：威嚇敵人時會張開皮褶，給人一種像是眼鏡蛇的印象，但此種的原產地南美並不存在有這種行為的眼鏡蛇。因為很相像而成為此種名稱由來的水眼鏡蛇是非洲產。此種的體型粗壯，接近圓筒狀，是相當大型的品種。有點容易亢奮，但也會很快適應並變得乖巧。飼養時要使用較大的水容器，並確實做好濕度的維持。以尺寸適合的老鼠餵養即可，進食狀況不錯。

閃鱗蛇

學名：*Xenopeltis unicolor*
分布：中國、東南亞、印尼　**全長：**120cm（平均90cm）
溫度：普通　**濕度：**潮濕　**CITES：**

特徵：閃閃發光的平滑鱗片是牠們的特徵。大部分的時間都待在地底下，所以底材要使用腐葉土或椰殼纖維等可以鑽的材質。牠們不耐乾燥，底材一定要先經過濕潤處理。另外，牠們也很常喝水，所以要隨時備有不會被打翻的水容器。此種幾乎沒有個體差異，但幼體的脖子上有白色的環狀花紋，根據產地的不同也有些成長到相當程度依然留有花紋的個體存在。雖然進食狀況不好，不過一旦開始進食就很健壯。

橫紋斜鱗蛇

學名：*Pseudoxenodon bambusicola*
分布：中國　**全長：**70cm（平均60cm）
溫度：略偏低　**濕度：**潮濕　**CITES：**

特徵：英文名稱意為紫竹蛇，但色彩有性別差異，其中一方不是紫色而是以黃褐色為基調。激動起來會像眼鏡蛇一樣張開皮褶。此種畢竟是捕食青蛙的蛇，所以不太進食老鼠。會從中國或香港進口WC個體，但其中有不少都很虛弱，購入後要馬上餵牠們喝水，並準備可以讓他們安心的環境。基本上是屬於生活在地表的類型，所以不需要做立體的布局。

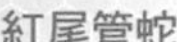

紅尾管蛇

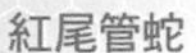

學名：*Cylindrophis ruffus*
分布：東南亞、印尼、中國　**全長：**100cm（平均60cm）
溫度：普通　**濕度：**潮濕　**CITES：**

特徵：在本地會棲息在田地附近，獵食青蛙和小魚、小蛇等生物。尾巴前端尖銳，感受到威脅就會縮起身體，伸出尾巴露出紅色的部分，藉此威嚇敵人。飼養時要鋪設一層厚厚的潮濕底材，並隨時備有較大的水容器。如果讓牠們乾燥就會迅速死亡，須注意。奇特的習性和外表很有名也很受歡迎，但卻不容易進食。一開始可以餵食浮蛙等蛙類，再漸漸轉換成鼠類。

蚺・蟒的飼養實例・球蟒篇

[*Python regius*]

球蟒

學名：*Python regius*
分布：非洲
全長：150cm（平均120cm）
溫度：偏高　**濕度：**乾燥　CITES：
特徵：受到威脅就會盤捲成球狀，因此而得名。有紀錄顯示某些例外會成長到250cm的程度，但基本上沒有這種個體。只要盤捲起來直徑達40cm，以此種來說就可以算是相當巨大的了。個性與其說是乖巧不如說是膽小。但是WC成體中也有不少很會咬人，甚至碰不得的個體。牠們可以說是最容易受到誤會的蟒蛇，確立正確的飼養方式也只是最近幾年的事。在正確的飼養法已經普及的現在，日本國內的繁殖例子也一口氣增加。雖然牠們給人一種適合新手的印象，但其實是很需要技巧的。

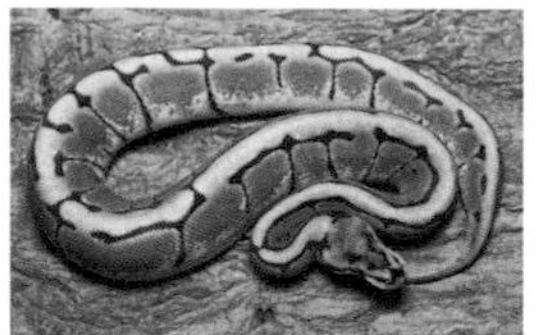

蜘蛛
深色花紋只出現在背部，而且看起來就像蜘蛛網一樣，因此有了這個名稱

斑彩
部分變異成白色。這個品系的出現可以說是改變了球蟒育種的歷史

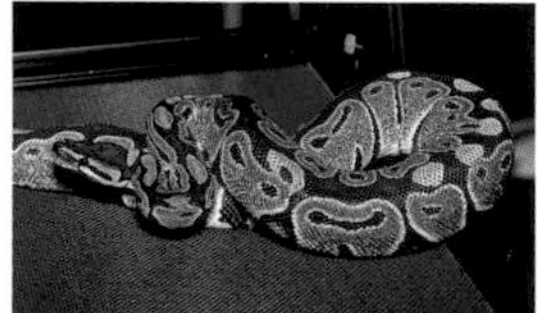

黃色素缺乏
英文叫做「Axanthic」。是缺乏黃色素的個體。此品系與白化可以培育出雪白品系

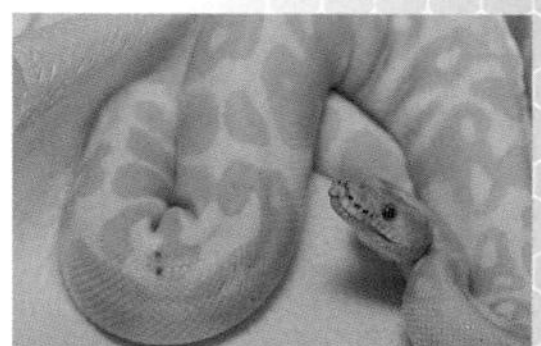

白化
在所有蟒蛇的白化品系之中也有著特別突出的美

淡彩
因為是顯性遺傳所以很受歡迎的熱門品系

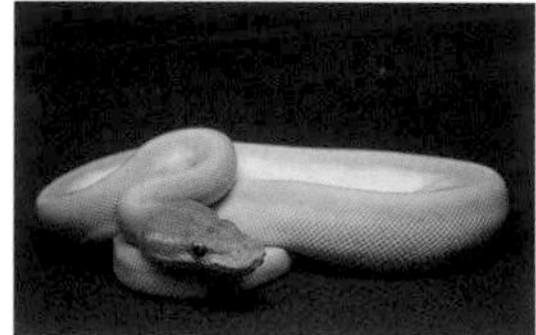

超級莫哈維
從莫哈維培育出的純白球蟒。是頂級的品系

莫哈維
整體色彩偏淡的不可思議品系

超級淡彩
淡彩品系之間交配得出的絕美品系

飼養球蟒的ONE POINT

請讀者先記住一件事：「牠們是可以半年不進食的蛇類」。而且特別是WC個體，牠們是很難進食且神經質的蛇。如果不先記住這2點，大多會招致失敗。雖然也與時期有關，但現在CB、WC在市面上的數量差不多是一半一半，所以飼主可以任意選擇其中一種。如果對自己的技術有自信，在寵物店也有確認到進食情況就可以選擇價格便宜的WC，但還是建議第一次飼養的人一定要選擇CB。而且可以的話選擇幼體更好。若是從嬰兒時期開始，順利的話2年內都可以不用經歷拒食的情況。一開始的2年，此種的食欲好得驚人，長得一天比一天大。而差不多到了第2年的秋天，牠們就會一下子進入季節性拒食。一旦進入這種狀況，牠們說什麼都不會吃。這並不是生病，也沒有問題。牠們的生態就是如此。所以在進入季節性拒食之前要盡量讓牠們多吃，一口氣將牠們養大。通常幼體也吞得下跳鼠左右的大小，可以一週餵食約2次跳鼠或大乳鼠，讓個體一直維持吃飽的狀態。而且最好可以盡早加大食物

● 飼養箱

只要不會讓個體逃脫，任何類型都可以，但考慮到方便觀察，使用市售的專用飼養箱會比較好。另外，一般人容易認為球蟒只會在地面上活動，但只要放進木頭，牠們其實也會常常攀爬

● 加熱器

飼養蚺或蟒的時候，空氣的保溫很重要。這時候，上圖中裝在飼養箱上蓋的加熱器類型就很好用。為了不讓腹部著涼，可以再從底部用遠紅外線加熱墊保溫

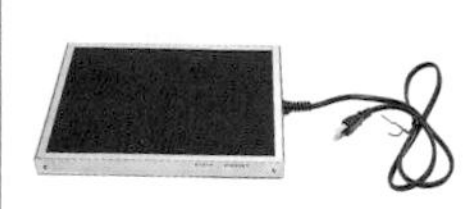

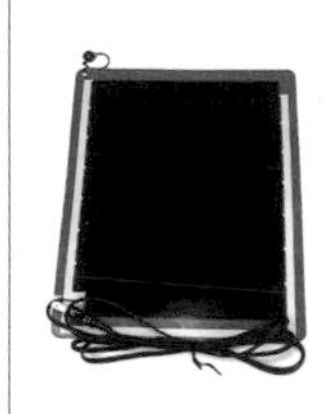

● 底材

可用木屑或木片，使用廚房紙巾也沒有問題

● 水容器

通常會使用可以全身進入的大小，實際上只要個體是健康的，也有好好維持濕度的話，就算脫皮前不泡水也可以完整脫皮。個體長大後，更換成小一點的水容器也無妨

主要食物

●老鼠

的尺寸。會不停進食小塊食物的個體沒有問題，但大多數的個體都有餵食一次就感到滿足的傾向。因此，飼主應該盡量餵食大一點的食物。這樣飼養下來的個體就算從秋天到春天什麼都不吃也不會瘦下來。只要給水就可以了。另外，為了加速消化，飼養時要隨時將環境維持在高溫。飼養箱內一定要設置35℃左右的地點，讓牠們可以在吃飽後慢慢取暖。而令人意外的是，牠們常常會有爬樹等在立體空間移動的行為。這也可以預防便祕（待在狹窄的飼養箱等無法運動的環境容易造成便祕），所以最好可以這麼布置。

翻轉姿勢

懷卵的母蛇會讓腹部朝上，將身體翻轉過來。這是身體伸長再翻轉過來的情況

交配

仔細一看的話常會有「沒有進入」的情形，所以飼主要好好觀察

已經排卵的母蛇

身體後半部會膨脹。可是過幾天就會恢復原狀，如果沒有經常檢查就會錯過

孵卵

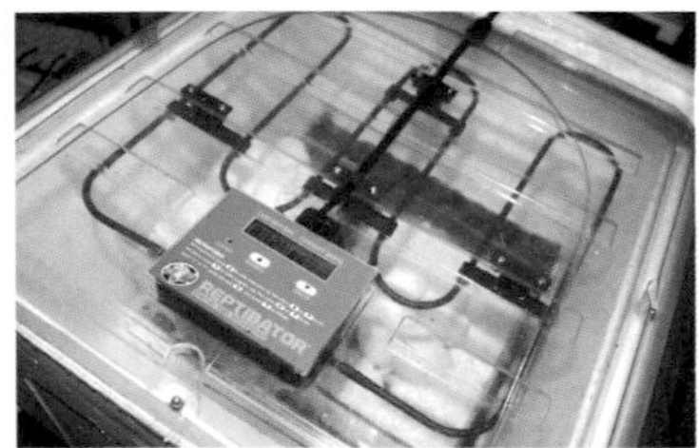

筆者使用的是改造過的市售孵卵器（將保麗龍的部分改深）

移開母蛇

剛移開的樣子。如果可以的話就個別移開，但還是建議不要勉強，直接移動到孵卵床

產卵

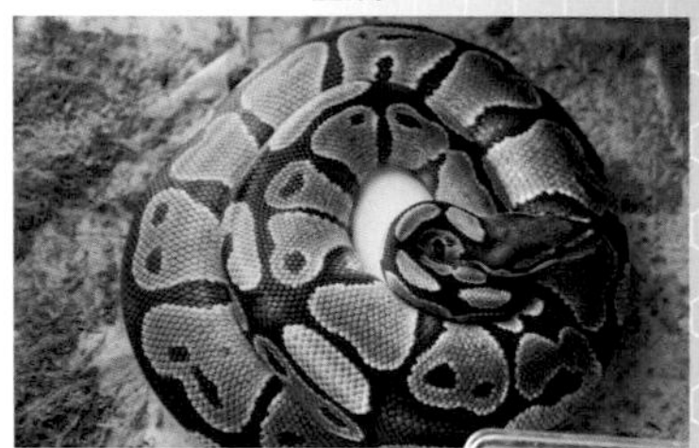

大部分時候牠們會將卵完全遮住，有時候乍看之下不會發現

出生了！

感動的一刻！但飼主還是靜靜的守候吧。順利的話，60天（根據溫度的不同也會出現正負5天的誤差）左右就會出生

檢查卵

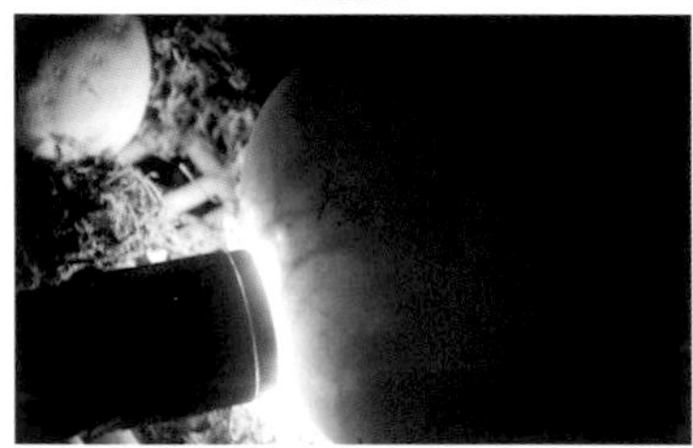

只要是受精卵，過了一天內部就會生成血管。用手電筒照射就可以看見。這時候不可以讓卵滾動

不能弄濕的卵

鐵則是不將卵弄濕。要維持的是空氣中的濕度

到產卵前的大致流程

球蟒在人工飼養下的繁殖例子已經逐漸增加。
這裡將加上照片，依照順序簡單的說明可愛小蛇出生前的流程。

1. 將夜間的溫度降低5℃左右。具體來說日間是30℃，夜間是25℃左右。持續2週。
2. 公蛇的食欲會因為溫度降低而減退（如果是季節性拒食更好）。
3. 就算個體表現出想吃的樣子也要完全停止餵食公蛇。
4. 母蛇願意吃的話就可以盡量餵食，就算不再吃，只要有吃完一定量就沒問題。
5. 將公蛇放到母蛇的飼養箱內。
6. 如果過了幾天還沒有交配的跡象，就再次分開。1週後再同籠。
7. 母蛇有時候是因溫度變化而排卵，有時候是因交配的刺激而排卵，所以要不斷重複同籠與分開的動作，讓牠們多次交配。
8. 能在排卵時交配是最好的，但也需要看公蛇的意願，所以無法這麼順利。
9. 從排卵到受精的這段時間，母蛇的食欲會異常的好，這時候可以盡量餵食。
10. 受精後，母蛇之前的好食欲就像是騙人似地開始拒食。此外，也會頻繁的來往於飼養箱內的溫暖地點與涼爽地點之間。
11. 不進食後過了一陣子，母蛇就會進行所謂產卵前的「最後脫皮」。
12. 脫皮前後會露出腹部，採取「翻轉姿勢」，看到這個動作就可以著手準備產卵床和孵卵器了。
    也有些個體不會做翻轉姿勢而直接產卵，但大部分情況下，這個動作就是受精並懷卵的證明。
    如果沒有這個動作，就要再次放進公蛇，讓牠們交配。
13. 最後脫皮1個月後（有正負3天的誤差）會產卵。

緬甸岩蟒

學名：*Python molurus bivittatus*
分布：東南亞
全長：600cm（平均400cm）
溫度：偏高　**濕度：**普通　**CITES：**附錄Ⅱ

特徵：被認定為危險動物。稱為緬甸蟒，是CITES附錄中的亞洲岩蟒、錫蘭岩蟒的亞種，可以說是全世界最熱門的大蛇。個性乖巧的個體多，以大蛇來說是比較容易相處的，但人工飼養下也能輕鬆超過3m的大小，所以不建議飼養。最近市面上出現了最大只會成長到2m的地域個體群，稱為侏儒緬甸蟒，但畢竟還是同一品種，一樣屬於危險動物。

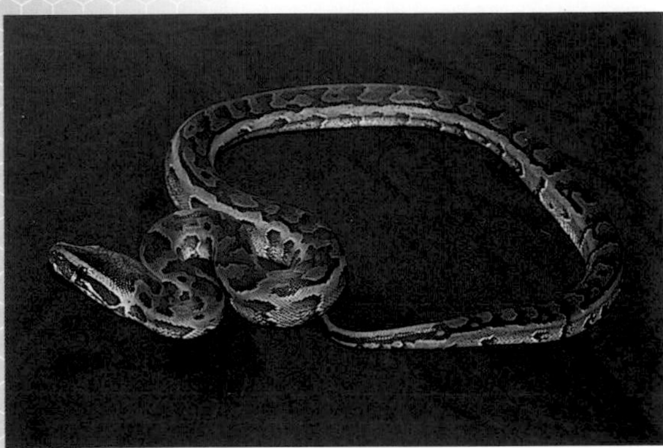

非洲岩蟒

學名：*Python sebae*
分布：非洲　**全長：**700cm（平均400cm）
溫度：偏高　**濕度：**普通　**CITES：**附錄Ⅱ

特徵：被認定為危險動物。稱為非洲蟒，有2個亞種，另一亞種納塔爾岩蟒並不會巨大化。此種不只是體型很大，即使有極少數的據說個性乖巧的個體，但整體來說大部分都很粗暴且具攻擊性，很不好應付。在市面上流通的岩蟒中屬於比較便宜的，因此有些人會以輕率的心態開始飼養，但幾乎一定會超出飼主的能力範圍，所以被認定為危險動物也是很合情合理的。

黃金蟒

學名：*Python molurus bivittatus* var.
分布：東南亞　**全長：**600cm（平均400cm）
溫度：偏高　**濕度：**普通　**CITES：**附錄Ⅱ

特徵：就是白化的緬甸岩蟒，因為在此屬中是第一個普及的白化品系，所以一般所說的黃金蟒就是指此種。在球蟒出現大量的改良品系之前，此種是品系最多的品種，花紋消失的綠緬甸、有著複雜花紋的迷宮、花崗岩，再加上白化血統的品系都贏得了全世界的喜愛。公蛇通常不會超過3m，是勉勉強強可以應付的尺寸，但飼養是需要通過申請的。

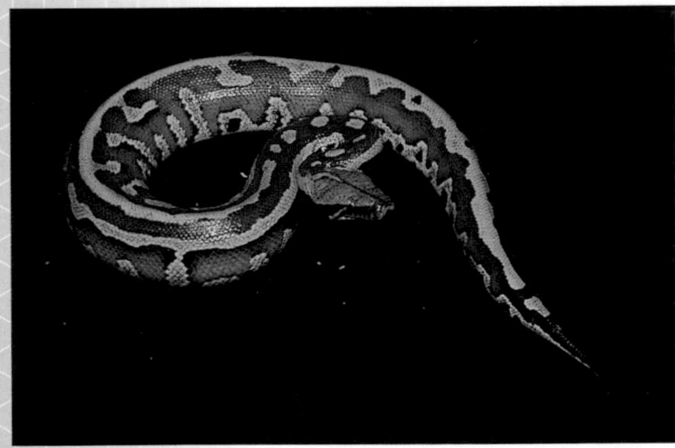

血蟒

學名：*Python curtus*
分布：東南亞、印尼　**全長：**300cm（平均160cm）
溫度：偏高　**濕度：**潮濕　**CITES：**附錄Ⅱ

特徵：又稱為短蟒或短尾蟒。分為紅色的紅血蟒、黃色的婆羅洲血蟒、黑色的黑血蟒3個亞種，但也有將牠們各自分為獨立品種的說法。肥短的體型為其特徵，最近的CB個體比較和緩，但整體來說還是很粗暴的品種。對乾燥非常沒有抵抗力，如果沒有準備可以讓牠們馬上進入的水池，皮膚就會乾燥粗糙，食欲也會降低。雖然是不活潑的品種，但餵食間隔太長卻很容易使牠們消瘦，幼體更是需要頻繁的餵食。

網紋蟒

學名：*Python reticulatus*
分布：東南亞、印尼　**全長：**900cm（平均500cm）
溫度：偏高　**濕度：**略偏潮濕　**CITES：**附錄Ⅱ

特徵：被認定為危險動物。因為是世界上最大型的蛇類而聞名，又稱網目錦蛇。體型與其他巨型品種比起來偏細，成長到2m之前都沒什麼分量，光看這樣的尺寸會讓人誤以為可以飼養在家庭裡，但之後就會迅速長胖，變成不辱大蛇名號的龐然大物。只要看過超越4m的個體，幾乎所有人都會打消飼養的念頭。性格粗暴的個體多，而且牠們聰明到會挑選對象攻擊，所以絕對不是可以推薦的品種。

黑鑽樹蟒

學名：*Morelia boeleni*
分布：印尼
全長：400cm?（平均300cm）
溫度：普通　**濕度**：略偏潮濕　CITES：附錄Ⅱ

特徵：不只是此屬，在所有的蟒蛇類之中也算是最稀有的品種之一。生態和習性都有許多不明之處，以前曾被認為最大不過250cm，但牠們很明顯可以到達400cm。CB化幾乎沒有進展，所以市面上數量極少。牠們應該是屬於高山型的蟒蛇，在太高溫的環境下會身體不適。另外，也有說法指出長期飼養下需要照射紫外線。幼體呈現紅褐色，成長後會轉變為帶著光澤的黑色。

安哥拉蟒

學名：*Python anchietae*
分布：非洲
全長：180cm（平均150cm）
溫度：偏高　**濕度**：乾燥　CITES：附錄Ⅱ

特徵：外型類似球蟒，但在過去曾被稱為夢幻中的蟒蛇。近年來包含日本國內，CB化有所進展，雖然價格依舊高昂，但出現的機會已經增加。觸感比球蟒柔軟，也比較細長。雖然有一些略偏神經質的個體，但整體來說進食狀況好，飼養起來很簡單，成長也快。如果能再大眾化一點，尺寸和美麗的程度都會讓牠們成為很受歡迎的品種吧。照片中是日本國內第一隻CB，是花紋極度細密的個體。

帝汶蟒

學名：*Python timorensis*
分布：印尼
全長：200cm（平均180cm）
溫度：偏高　**濕度**：略偏潮濕　CITES：附錄Ⅱ

特徵：在此屬中算是小型，是僅次於黑鑽樹蟒的稀有品種。雖然名稱中有帝汶，但此種並沒有分布在這個地方。膽小的個體很多，不習慣的個體甚至會在上手的時候一邊亂鬧一邊噴灑排泄物。在國外的流通量少，所以會被以高價交易，偶爾會有一定數量進口到日本國內。飼養本身很容易，雖然有些個體會在上手時大鬧，但整體來說很乖巧。牠們也會在立體空間移動，所以要布置一些樹木。

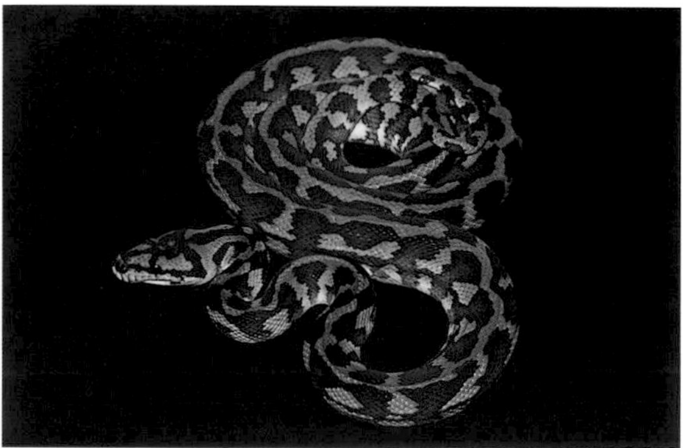

印尼地毯蟒

學名：*Morelia spilota variegata*
分布：印尼　**全長**：250cm（平均200cm）
溫度：偏高　**濕度**：略偏潮濕　CITES：附錄Ⅱ

特徵：也就是一般的地毯蟒。在此種之中是流通量最多的亞種。市面上從CB幼體到WC亞成體都有。體型不會太大、乖巧個體較多，因此是很受歡迎的蟒蛇，成長中的色彩變化相當劇烈，愈小則愈樸素，長大後就會漸漸呈現黃色或橘色。樹棲性強，但不知為何爬上樹後個性就會變得比較急躁。飼養起來很容易，在日本國內也有不少繁殖的例子。

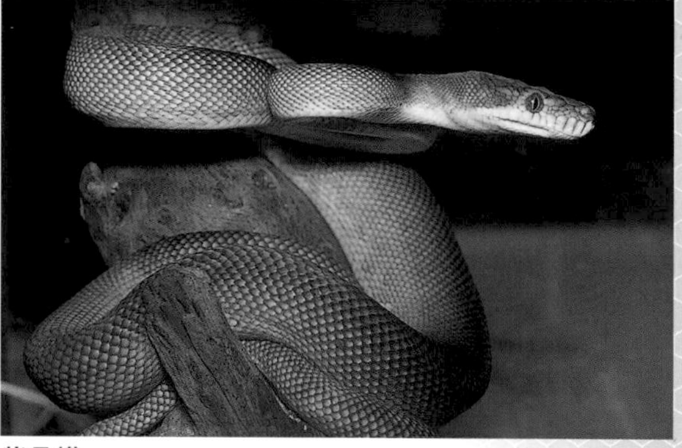

紫晶蟒

學名：*Morelia amethistina*
分布：印尼　**全長**：300cm（平均200cm）
溫度：偏高　**濕度**：略偏潮濕　CITES：附錄Ⅱ

特徵：被認定為危險動物。近年來本來的地域個體群被分割為數個品種，也有些不到2m的品種存在。嚴格來說只有澳洲產的叢林莫瑞蟒會巨大化，印尼產則很少會超過3m。每個品種都是體型細長、頭部大，有各式各樣的花紋和色彩。很容易飼養，但個性神經質，也有許多具有攻擊性的個體，非常不好應付。

叢林地毯蟒

學名：*Morelia spilota cheynei*
分布：澳洲　**全長**：200cm（平均180cm）
溫度：偏高　**濕度**：普通　CITES：附錄Ⅱ

特徵：幼體時全身偏黑，亮色部分也頂多是帶著一點點黃色味的奶油色，但會隨著成長產生巨大的變化，本來是奶油色的部分到了亞成體甚至會轉為螢光檸檬黃。色彩鮮豔的程度有很大的個體差異，所以很難從幼體的模樣想像牠未來的樣子，不過一般來說，一開始對比就很明顯的個體會有比較漂亮的傾向。已知有與鑽石蟒雜交的個體，稱為混種地毯蟒。很容易飼養。

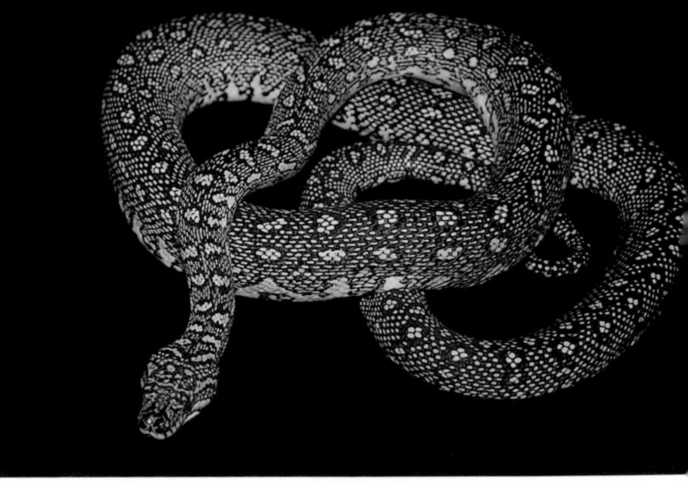

鑽石蟒

學名：*Morelia spilota spilota*
分布：澳洲　**全長：**250cm（平均200cm）
溫度：普通　**濕度：**普通　**CITES：**附錄Ⅱ

特徵：黑底上有白色或黃色的細密花紋，是很特別的蛇類，但牠們是地毯蟒的原名亞種。和已經成為獨立品種的中部地毯蟒都曾經是夢幻中的蟒蛇。近年來中部地毯蟒的流通量增加了許多，但鑽石蟒卻反而有減少的傾向，最後幾乎已經沒有進口。和叢林地毯蟒一樣幼體偏黑，花紋也不明顯，但隨著成長會愈來愈華麗。飼養起來有很多不明確的地方，有點困難。

巴布亞蟒

學名：*Apodora papuana*
分布：印尼　**全長：**400cm（平均300cm）
溫度：偏高　**濕度：**略偏潮濕　**CITES：**附錄Ⅱ

特徵：屬於單屬單種的不可思議蟒蛇。又稱巴布亞橄欖蟒，很容易跟澳洲產的稀有種──橄欖蟒搞混。雖然是大型品種，但性格乖巧、動作緩慢，所以很容易相處，但問題是牠們的食性。此種在大型品種中是很少有的強烈食蛇性。時常會聽到牠們在同籠或是逃脫時將白化紅尾蚺和窩瑪蟒吃掉等駭人聽聞的事件，所以飼主一定要多加注意。實際上也真的有餵食蛇類給拒食的個體而恢復健康的例子。

綠樹蟒

學名：*Morelia viridis*
分布：印尼、澳洲　**全長：**200cm（平均150cm）
溫度：偏高　**濕度：**潮濕　**CITES：**附錄Ⅱ

特徵：因為會以特別的形狀盤捲在樹枝上而聞名的蟒蛇。有很長一段時間是屬於單屬單種，近年來才被歸類進*Morelia*屬。藍色的個體「Blue chondro」是從舊屬名留下的稱呼。幼體是黃色或紅色，成長後會漸漸轉為綠色，但稱為金絲雀的個體成長後依然會維持美麗的檸檬黃色。成體的色彩會根據地區或個體的不同而有所變異，也有許多以產地分別收集的愛好者。有點難以相處的個體很多。

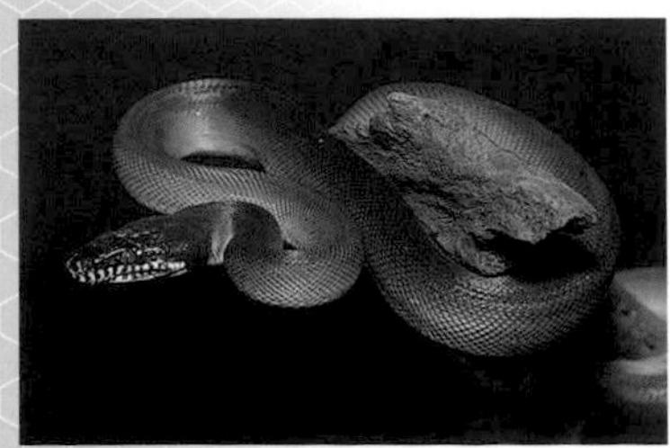

亞爾伯提斯蟒

學名：*Leiopython albertisii*
分布：印尼、澳洲
全長：250cm（平均180cm）
溫度：偏高　**濕度：**略偏潮濕　**CITES：**附錄Ⅱ

特徵：因為嘴唇部分是鮮明的白色，因此又名白唇蟒。通常頭部是黑色，身體則分為亮褐色、深褐色、黑色3種類型，黑色個體屬於大型個體群，可以區分為提米卡黑、南方型態。基本上個性粗暴急躁的個體多，但提米卡黑的個體整體來說都很乖巧好照顧。有點難以相處且進食狀況不佳個體也不少。幾乎是地棲性，不太會立體移動。

馬氏岩蟒

學名：*Liasis mackloti*
分布：印尼、澳洲
全長：200cm（平均180cm）
溫度：偏高　**濕度：**略偏潮濕　**CITES：**附錄Ⅱ

特徵：又稱為麥肯德羅白眼水蟒。有3個亞種，另外的白眼水蟒和韋塔島水蟒也偶有進口。在3個亞種中是體型最大的，一般體色是淡橄欖棕底色搭配不規則的細密黑點。偏好略為潮濕的環境，但如果太悶濕就會造成皮膚病，所以要隨時準備較大的水容器，讓牠們可以自行調節濕度。實際上，人工飼養下牠們常常喜歡待在水中。有些神經質的個體，但進食狀況不錯。

水岩蟒

學名：*Liasis fuscus*
分布：印尼
全長：200cm（平均180cm）
溫度：偏高　**濕度：**略偏潮濕　**CITES：**附錄Ⅱ

特徵：又稱為棕水蟒。全身是帶有光澤的褐色，沒有什麼花紋。幼體時期有些略具攻擊性的個體，但整體來說都很乖巧且容易照顧。亞成體以前是屬於比較細長的體型，之後就會變粗，使人聯想到哥倫比亞彩虹蚺。雖然待在水中的時間與牠們的名稱不太相符，但還是在略偏潮濕的環境狀況會比較好。只不過太潮濕也會造成皮膚病，要注意。

黑頭蟒

學名：*Aspidites melanocephalus*
分布：澳洲　**全長：**400cm（平均250cm）
溫度：偏高　**濕度：**乾燥　**CITES：**附錄Ⅱ

特徵：日文名稱叫做頭黑蟒蛇。進口到日本國內的量極少，可能是因為繁殖困難，在國外的流通量也很少，因此相當昂貴。幼體時似乎有些進食狀況略差的個體，不過只要一上軌道就會發揮本領大吃特吃，成長也很快。雖是體型較大的品種卻也很活潑，有時候看到人的手就會以為是食物而發動攻擊。只要適應了環境就可以說是非常容易飼養，但此種有強烈的食蛇性，所以飼主要慎防逃脫和其他蛇類同時飼養。

環紋蟒

學名：*Bothrochilus boa*
分布：俾斯麥群島　**全長：**200cm（平均150cm）
溫度：偏高　**濕度：**略偏潮濕　**CITES：**附錄Ⅱ

特徵：又稱俾斯麥環紋蟒。幼體身上有漂亮的螢光橘色和黑色，但橘色部分會隨著成長褪色，變成褐色。有完整環狀花紋的個體很少，最近反而是直線型條紋的個體較多。在美國等地是很熱門的品種，但極少進口到日本國內。幼體時略具攻擊性，常常擺出攻擊姿勢，但很快就會習慣並變得乖巧。

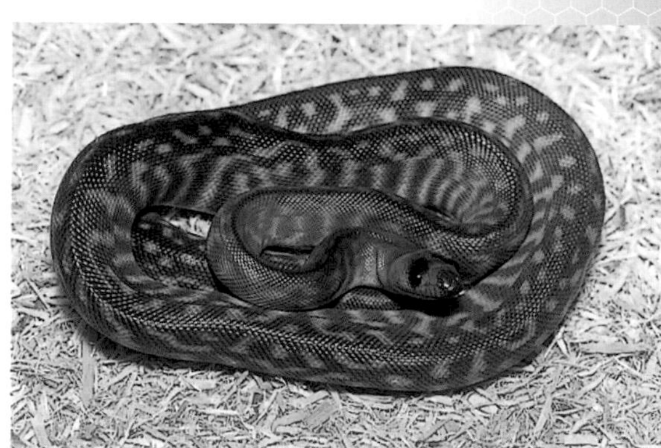

窩瑪蟒

學名：*Aspidites ramsayi*
分布：澳洲　**全長：**300cm（平均160cm）
溫度：偏高　**濕度：**乾燥　**CITES：**附錄Ⅱ

特徵：奶油色的底色配上紅褐色到橘色的不規則花紋，是種很美的蟒蛇。已知有幾個地域變異，但因為牠們是很昂貴的品種，進口到日本國內的只有普通的個體。飼養起來容易，不膽怯的個體也多。但也有些個體因為這個性格，常會把人誤認為食物而亂咬一通。牠們的生理時鐘特別準確，有不少進口的個體從秋天到冬天都會進入拒食狀態。

美洲閃鱗蛇

學名：*Loxocemus bicolor*
分布：墨西哥、中美
全長：90cm（平均70cm）
溫度：偏高　**濕度：**普通　**CITES：**附錄Ⅱ

特徵：嚴格來說此種並不能算是蟒蛇類。有2個亞種乃至2個類型。英文名稱為墨西哥穴居蛇，給人一種強烈的地底生物印象，但一般在人工飼養下會躲在沉木等物品下方，而不太會鑽進底材中。雖然在國外不是太稀奇的品種，卻很少進口到日本國內，很難見到。個性很乖巧，拿在手上也不太會逃跑。以老鼠餵養即可，進食狀況不錯。

邱準氏星蟒

學名：*Antaresia childreni*
分布：澳洲
全長：100cm（平均80cm）
溫度：普通　**濕度：**普通　**CITES：**附錄Ⅱ

特徵：名稱中的邱準（Children）是人名，雖然屬於小型種所以意思沒錯，但這並不是「兒童蟒蛇」的意思。幼體容易亢奮，常常挺起身體威嚇，但很快就會習慣。與同屬的斯氏星蟒非常相像，只看單一個體會很難分辨。此屬的飼養很容易，可以用養游蛇類的感覺飼養，所以很受歡迎，在日本國內的繁殖例子也不少。繁殖方式大致上與北美的游蛇相同即可。

斑點星蟒

學名：*Antaresia maculosus*
分布：澳洲
全長：170cm（平均100cm）
溫度：普通　**濕度：**普通　**CITES：**附錄Ⅱ

特徵：照片中是稱為約克角半島、花紋疏密明顯的類型，通常花紋會更細，很難與邱準氏星蟒和斯氏星蟒區分。在澳洲產的蟒蛇中是最普及的一群，除了最小品種的珀茲星蟒以外，進口量相對穩定。幼體很嬌小，偏好吃蜥蜴，進食狀況略差。如果是從可以吞食乳鼠的尺寸開始飼養，就沒有特別的難處。

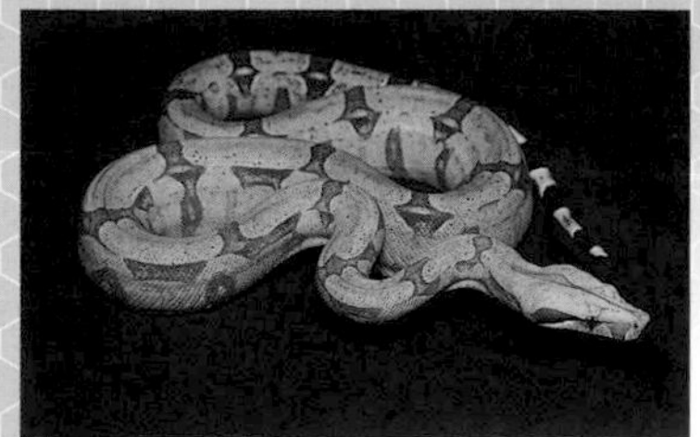

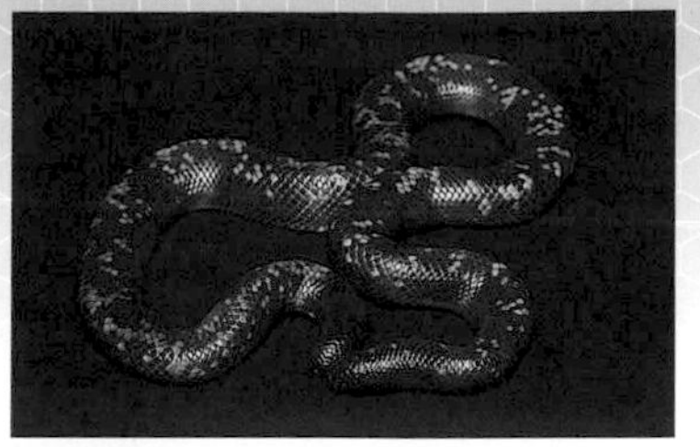

玻利維亞紅尾蚺

學名：*Boa constrictor amarali*
分布：南美
全長：250cm（平均200cm）
溫度：偏高　**濕度：**普通　**CITES：**附錄Ⅱ

特徵：被認定為危險動物。又稱為短尾蚺，體型略偏短胖。一般稱為「amarali」，分為玻利維亞型和南巴西型。硬要說的話後者的胡椒狀紋路比較少，看起來比較清爽。是非常稀有的亞種，但近年來已經有穩定的進口。飼養方式與原名亞種差別不大，但此亞種主要在地面上活動，不太會有爬樹等行為。

紅尾蚺

學名：*Boa constrictor constrictor*
分布：南美
全長：300cm（平均200cm）
溫度：偏高　**濕度：**普通　**CITES：**附錄Ⅱ

特徵：被認定為危險動物。蓋亞那、蘇利南、祕魯等都很有名，是所謂紅尾蚺的原名亞種。牠們的尾巴都是紅色，在所有亞種之中是體型最大的。性格非常溫和，在大蛇之中是最適合當寵物的品種，但可惜的是飼養需要經過申請。幼體與成體都很擅長爬樹等立體移動。幼體對低溫和乾燥很脆弱，但成長到一定程度就非常強壯且容易飼養。

橡皮蟒

學名：*Calabaria reinhardtii*
分布：西非
全長：90cm（平均70cm）
溫度：偏高　**濕度：**潮濕　**CITES：**附錄Ⅱ

特徵：此種嚴格來講也不算是蟒蛇類。頭部和尾巴不好分辨，感覺到威脅就會將身體縮成一團球狀。幾乎是完全生活在地底下，飼養時要鋪一層厚厚的潮濕椰殼纖維或腐葉土。進食狀況極差，因此長期飼養的例子非常少。一開始可以從活體乳鼠開始餵，再漸漸轉換成冷凍鼠似乎會比較好。另外，因為牠們的食量不大，花一點時間慢慢讓牠們開始進食是最好的。

豬島紅尾蚺

學名：*Boa constrictor imperator*
分布：中美　**全長：**200cm（平均160cm）
溫度：偏高　**濕度：**普通　**CITES：**附錄Ⅱ

特徵：被認定為危險動物。是哥倫比亞紅尾蚺最有名的地域變異，灰褐色的底色上有不明顯的鞍形花紋是牠們的特徵。大部分紅尾蚺會根據心情或溫度、身體狀況來改變色彩，豬島紅尾蚺雖然花紋不明顯但這個特性卻很顯著，變化大到甚至會看起來像不同個體。體色比普通個體偏白的話會被稱為白粉而受到珍視。飼養方式只要以其他亞種為準即可，沒有特別困難的地方。

哥倫比亞紅尾蚺

學名：*Boa constrictor imperator*
分布：中南美、墨西哥　**全長：**250cm（平均180cm）
溫度：偏高　**濕度：**普通　**CITES：**附錄Ⅱ

特徵：被認定為危險動物。是分布範圍很廣的紅尾蚺，有為數眾多的地域變異，現在出現的白化等品系也全都是出自此亞種。中美產的個體特別長不大，一部分在150cm左右就會停止成長。因為大量輸入所以價格很便宜，不過因為今後日本全國都需要植入晶片以及通過申請才能飼養，因此進口量估計會大減。個性乖巧、容易飼養。

白化紅尾蚺

學名：*Boa constrictor imperator* var.
分布：中南美、墨西哥
全長：200cm（平均180cm）
溫度：偏高　**濕度：**普通　**CITES：**附錄Ⅱ

特徵：被認定為危險動物。現在白化的原名亞種並沒有多到會出現在市面上（並非沒有），所以一般看到的白化都是此亞種。在品系上另外還有減黑和鮭魚、缺紅等等。將此白化品系加上鮭魚品系的血統培育出的晚霞系列可說是最高傑作。因為某些不明原因，紅尾蚺的每個品系都很難培育成大體型，無法超越2m。

綠樹蚺

學名：*Corallus caninus*
分布：南美
全長：200cm（平均180cm）
溫度：偏高　**濕度**：略偏潮濕　CITES：附錄Ⅱ

特徵：和綠樹蟒非常相似，但牠們的鱗片帶有光澤，頭部也比較大。是很需要技巧的蚺蛇，WC個體的進食狀況不佳，就算是CB個體也不是那麼好飼養。基本上喜歡潮濕，但不能到悶濕的程度；雖然喜歡高溫，但也需要一些溫度略為下降的時間。另外，確認個體是否有好好喝水、並拉長餵食間隔也是個訣竅。個性神經質又具有攻擊性。牠們的牙齒長而尖，被咬到會非常的痛。

珍珠島紅尾蚺

學名：*Boa constrictor sabogae*
分布：中美
全長：180cm?（平均150cm）
溫度：偏高　**濕度**：普通　CITES：附錄Ⅱ

特徵：被認定為危險動物。是到最近才開始流通的亞種，幾乎可以說是身分不明。體型略偏細長，從腹部非常狹窄這一點來推斷，牠們應該幾乎是完全樹棲性的品種。如果看到牠們在地面上的動作，會發現牠們與其他亞種不同，是像響尾蛇一樣的側行式。與其將牠們當作紅尾蚺的亞種，甚至可以將牠們當成此屬的其他品種。個性乖巧，飼養起來並不難。

雪白紅尾蚺

學名：*Boa constrictor imperator* var.
分布：中南美、墨西哥
全長：200cm（平均180cm）
溫度：偏高　**濕度**：普通　CITES：附錄Ⅱ

特徵：紅尾蚺品系的最高傑作之一。白化與缺紅交配，再將其子代加入計算的話，大約有1/16的機率會出現這個雪白品系。雪白之間的交配似乎很困難，其中一方會使用其他品系繁殖，所以數量一直很稀少，此品系從出現以來價格一直相當高昂。另外，其中有許多母蛇都缺乏繁殖能力，有不少體質虛弱的個體，很難養大。雖然牠們非常美麗，可惜卻是有諸多問題的品系。

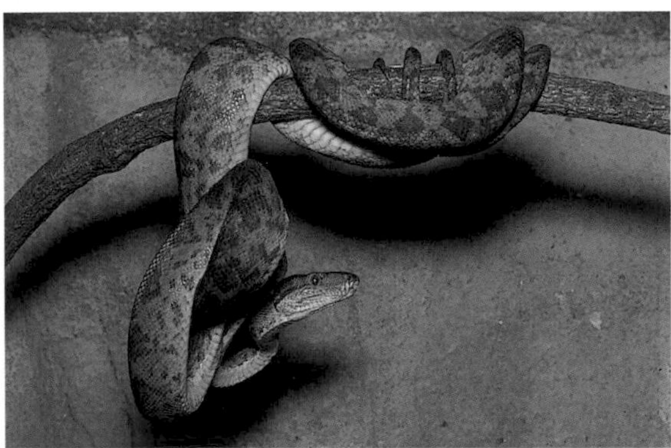

花園樹蚺

學名：*Corallus hortulanus hortulanus*
分布：南美　**全長**：250cm（平均180cm）
溫度：偏高　**濕度**：略偏潮濕　CITES：附錄Ⅱ

特徵：又稱亞馬遜樹蚺。個體變異非常大，從黃色到褐色、灰色，極端一點甚至還有鮮紅色的個體存在。亞種的庫氏樹蚺也有進口，但很難分辨其中差別。另外到了最近，此屬的第三種——環紋樹蚺也開始進口，這樣所有的品種就都齊全了。環境適應能力似乎比綠樹蚺還要高，很容易飼養。有些剛開始飼養的個體進食狀況不好，但飼主不需要太在意。

亞馬遜盆地綠樹蚺

學名：*Corallus caninus* var.
分布：南美　**全長**：250cm（平均200cm）
溫度：偏高　**濕度**：略偏潮濕　CITES：附錄Ⅱ

特徵：此種現在和綠樹蚺屬於同一品種，但從頭部沒有大型鱗片、鱗片上沒有光澤、體型較大、背部有白色線條等特徵可以區分兩者。通常綠樹蚺是從蘇利南進口，實際上此類型的分布比較廣，從阿根廷附近也有WC個體的輸入。一般來說亞馬遜的色彩會比較深，但根據產地的不同也有些跟普通綠樹蚺差不多的個體。

哥倫比亞彩虹蚺

學名：*Epicrates cenchria maurus*
分布：南美　**全長**：200cm（平均160cm）
溫度：偏高　**濕度**：普通　CITES：附錄Ⅱ

特徵：幼體時期有明顯的花紋，但會隨著成長淡化，最後消失。是最熱門的彩虹蚺，所以有穩定的進口量。在此屬中體型也算是特別短胖，大型個體就相當有魄力。進口的主流是CB幼體，因此進食狀況沒有什麼問題，很容易飼養。只不過幼體喜歡略偏潮濕的環境，如果過度乾燥就會造成呼吸道異常，需要特別注意。

巴西彩虹蚺

學名：*Epicrates cenchria cenchria*
分布：南美　**全長**：180cm（平均160cm）
溫度：偏高　**濕度**：普通　**CITES**：附錄Ⅱ

特徵：體色是帶著光澤的紅褐色上有黑色的圓圈花紋。底色會變異，從鮮豔的橘色到接近黑色都有。不管是哪一種，腹部都為白色。因為是最鮮豔的彩虹蚺所以很受歡迎，進口很穩定。略偏細的體型看起來像是樹棲性，但牠們主要是在地面上活動。相似的亞種有祕魯彩虹蟒，但大多數很難分辨。飼養起來很容易，進食狀況也不錯。

棱角吻沙蟒

學名：*Candoia carinata*
分布：印尼、美拉尼西亞　**全長**：90cm（平均70cm）
溫度：偏高　**濕度**：潮濕　**CITES**：附錄Ⅱ

特徵：一般常被稱為太平洋樹蟒，公蛇最長不到50cm。分為體型纖細的小型樹棲性原名亞種「*carinata*」，以及體型肥短的大型地棲性亞種「*paulsoni*」。將後者依鱗片和頭部的形狀還可以細分為3種類型。*carinata*似乎是以蜥蜴類為主食，進食狀況略差，大部分的*paulsoni*則一開始就會進食老鼠。另外，*paulsoni*有許多個體都很粗暴，會發狂似的咬人。

古巴蚺

學名：*Epicrates angulifer*
分布：中美　**全長**：230cm（平均180cm）
溫度：偏高　**濕度**：普通　**CITES**：附錄Ⅱ

特徵：與彩虹蚺同屬，但外型不華麗。已知有斑點型和直線型。是體型相當大的品種，動作敏捷。個性有點暴躁的個體不少，和牠們接觸時要注意。棲息於中美的此屬中，還有西班牙島彩虹蚺等品種有少數進口，但基本上進口量很少。另外，其中也有被列入CITES的品種。神經質的個體多但進食狀況不錯，飼養起來很容易。要隨時備有水容器，讓牠們任何時候都可以進去。

綠森蚺

學名：*Eunectes murinus*
分布：南美
全長：900cm（平均500cm）
溫度：偏高　**濕度**：潮濕　**CITES**：附錄Ⅱ

特徵：被認定為危險動物。是足以與網紋蟒相抗衡的最大等級蛇類，以重量而論應該就是世界第一了。偏好待在水中的程度甚至可以說是水生。因此眼睛長在頭部上方，有一張像青蛙一樣可愛的臉。不過牠們的個性很有問題，根本找不到乖巧的個體，有不少都會突然發動攻擊。具備了體型大、力氣大、脾氣大這些不適合飼養的三大要素，所以不建議飼養。

新幾內亞樹蚺

學名：*Candoia asper*
分布：印尼、美拉尼西亞
全長：60cm（平均50cm）
溫度：偏高　**濕度**：潮濕　**CITES**：附錄Ⅱ

特徵：是非常肥短的奇特體型，使人聯想到槌蛇。剛進口的個體需要的環境與其說是偏潮濕，不如說是溼地。另外，有可以鑽的底材會讓牠們比較快穩定下來。大部分個體很容易進食老鼠，但也有些固執的只願意吃青蛙，這種時候可以使用浮蛙餵食。動作遲緩個性也溫和，但也有些個體會突然跳起來咬人。因為牠們活動力不強，餵食間隔可以拉長。

索羅門樹蚺

學名：*Candoia bibroni*
分布：美拉尼西亞
全長：200cm（平均150cm）
溫度：偏高　**濕度**：潮濕　**CITES**：附錄Ⅱ

特徵：看起來就像是體型細長版的太平洋樹蟒，但鱗片比較平滑。已知有2個亞種，通常會從索羅門進口，所以看得到的恐怕都是澳洲亞種。原名亞種分布在斐濟。有比較多個性相對乖巧的個體，但偶爾也會有具攻擊性的個體。色彩變異的範圍很大，從樸素的褐色和灰褐色，乃至於多彩的粉紅和橘色都有。較小的個體有時候會只吃蜥蜴類。

黃森蚺

學名：*Eunectes notaeus*
分布：南美　**全長：**400cm（平均300cm）
溫度：偏高　**濕度：**潮濕　CITES：附錄II

特徵：跟一般的綠森蚺比起來略偏小型，但個性更粗暴。不存在乖巧的個體，而且進食狀況不佳的個體也很多。雖然沒有被認定為危險動物，但真要比起來，一般販售的此種可以說是比危險動物還要難以應付。飼養時需要相當大的飼養箱，也要準備在牠們長大後也進得去的水容器，所以會很大費周章。因此只能推薦給無論如何非此種不養的人。

斑沙蚺

學名：*Eryx miliaris*
分布：中亞　**全長：**50cm（平均40cm）
溫度：普通　**濕度：**乾燥　CITES：附錄II

特徵：分為色彩偏黑的俄羅斯沙蚺和偏白的土耳其沙蚺2個亞種。是偏小型的品種，眼睛的位置特別偏向上方，臉部特徵很不可思議。這種臉型的還有蚺科中少見的卵生蛇——阿拉伯沙蚺，牠們進口的數量也很少。沙蚺類偏好乾燥的環境，但當然也會喝水，所以要隨時備有小型的水容器。個性乖巧的個體比較多，但偶爾也有會突然回頭咬人的個體。

非洲沙蚺

學名：*Eryx colubrinus*
分布：非洲　**全長：**60cm（平均50cm）
溫度：偏高　**濕度：**乾燥　CITES：附錄II

特徵：也稱為東非沙蚺。過去曾分為肯亞沙蚺與埃及沙蚺2個亞種，但近年來的趨勢是不分亞種。在沙蚺類中很稀奇的有白化、缺紅、雪白等品系的出現，可以從這點看出此種的人氣之高。一般來說飼養時會鋪沙，但已經開始進食的個體使用報紙等材質也沒有問題。最近從西非會進口與此種色彩幾乎相同的撒哈拉沙蚺。

兩頭沙蚺

學名：*Charina bottae*
分布：北美、加拿大
全長：70cm（平均50cm）
溫度：普通　**濕度：**普通　CITES：附錄II

特徵：蚺科中分布區域最北的品種。頭部與尾部是同樣的形狀，感覺到威脅就會縮起身體並伸出尾巴，保護頭部不受敵人的攻擊。尾巴前端有像是傷痕的痕跡，這使得尾巴看起來更像頭部。英文名稱直譯為橡膠蚺，牠們的觸感也的確像是柔軟的橡膠。非常受歡迎，進食狀況不差也很容易飼養，但在原產地受到嚴格的保育，所以極少進口。幼體非常嬌小，但牠們不愧是蚺蛇，小隻的乳鼠還是能夠硬吞下去。

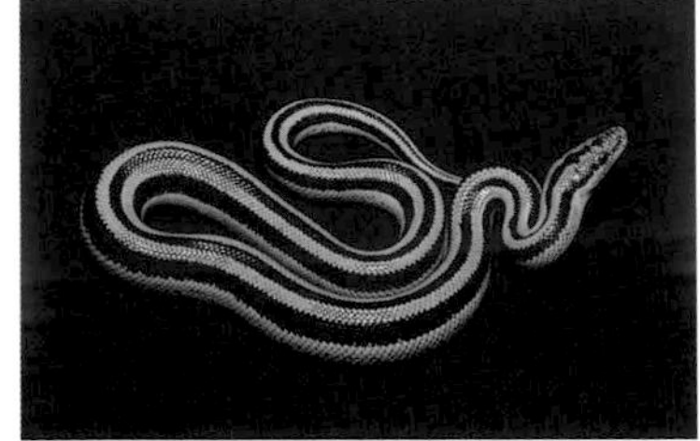

玫瑰沙蚺

學名：*Lichanura trivirgata*
分布：北美、墨西哥
全長：100cm（平均60cm）
溫度：普通　**濕度：**普通　CITES：附錄II

特徵：這種小型蚺蛇擁有幾個亞種和數不清的地域變異。照片中是一般稱為墨西哥玫瑰沙蚺的亞種，體色為奶油底色配上黑色直線條。根據亞種的不同，有些底色是藍灰色，有些線條會是橘色或巧克力色。另外，線條有些是平順的，有些則是呈鋸齒狀，看起來不明顯的也有。飼養起來很容易，但有些個體會在冬天拒食。只要沒有極度消瘦就可以不用理會。

約翰沙蚺

學名：*Eryx johni*
分布：中近東
全長：100cm（平均60cm）
溫度：偏高　**濕度：**乾燥　CITES：附錄II

特徵：略偏大型的沙蚺。又稱印度沙蚺。圓筒狀的體型很有特色。有幾個亞種，一部分成長後還會留有幼體的花紋，但一般的成體是褐色且沒有明顯的花紋。雖然是小有名氣的品種，但實際上進口量並不多，只有極少數流通在市面上。很容易飼養，但有些WC成體的進食狀況並不好。這種時候就只給水、不要太勉強，慢慢讓牠們開始進食比較好。

蛇類的飼養方式

游蛇

・什麼是游蛇

只要想成是市面上的蚺和蟒以外的蛇類，大致上就沒錯。如果範圍太廣，說明起來就會有點困難，所以這裡將以「除了蚺和蟒以外，會吃老鼠的蛇類」這樣的定義來繼續解說。

大型品種之中有些會達到300cm左右，但一般來說大部分都在120cm左右的程度。包含有名的玉米蛇、鼠蛇、王蛇、牛奶蛇等，比較奇特的還有豬鼻蛇。除了比較特殊的品種以外飼養基礎都相同，再來只要微調溫度與濕度即可，所以牠們可說是很基礎的蛇類。

只要可以飼養牠們，就可以應用到其他的蛇類身上。牠們可以說是蛇類飼養的基礎，所以飼主要確實記住這些知識。

・挑選方式

首先要避開有脫皮不完整、明顯過瘦、渾身是蝨子等情況的個體，再來就只要確認個體是否有開始進食就可以了。理想上第一次養蛇的人不要挑選嬰兒幼體，而是選擇稍微成長後的個體比較沒問題。每個品種都一樣，就算是屬於強壯好飼養的種類，蛇類還是有些脆弱的一面。

・飼養箱

照原則來說，只要寬度有蛇盤捲起來的3倍、深度2倍左右的空間就可以飼養。實際上也有許多人是用塑膠盒或打了洞的塑膠衣箱飼養。只不過，使用這麼狹窄的飼養箱的話，就不像是飼養而比較像是收容了。游蛇有許多日行性的品種，難得牠們都是一些充滿活力的蛇，只在小小的箱子裡放進底材和水容器的養法實在太無趣了。

個體長大以後，很難準備到與全長差不多寬的飼養箱。在某種意義上，能夠看到個體在飼養箱內直直前進的模樣就只有在牠們還小的時候。所以至少在幼體時期也應該將牠們飼養在有照明和適切布局的寬敞飼養箱內。玉米蛇和鼠蛇類更要準備較高的飼養箱，能為牠們布置一些樹枝的話，就能觀察到牠們自由自在的滑動在細枝間的模樣。

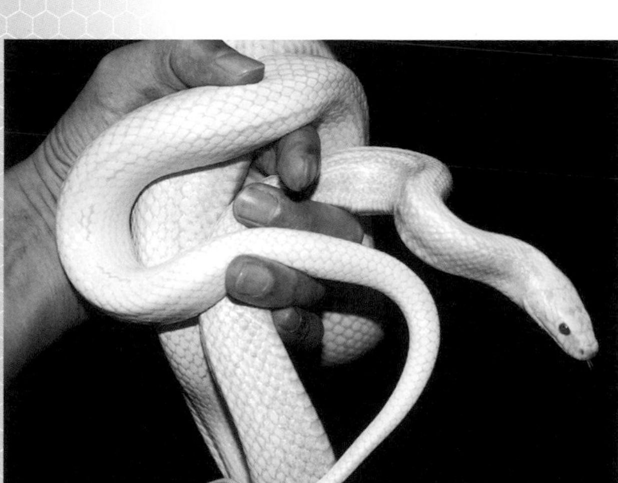

就玉米蛇來說，就算從嬰兒時期開始飼養，只要滿2年，連母蛇也可以長成這樣的尺寸。差不多到這種大小就可以開始以繁殖為目標了

如果是單純為了收集而養也可以理解，但若是不去欣賞該品種本來的動態而是當作收藏品或以繁殖為目的，筆者也認為這是沒有意義的事。蛇類是種類繁多的生物。享受樂趣的方式多不勝數，飼主可以在模仿沙漠環境的飼養箱內養王蛇或牛奶蛇，或是在以森林為構想的飼養箱內養玉米蛇或鼠蛇，也可以針對多到數不清的玉米蛇品系在照明的顏色上下工夫。養在連照明都沒有的塑膠衣箱裡，就只有餵食和換水的時候會見面，這樣實在太寂寞了。第一次親眼見到牠們脫皮的時候，自己是怎麼想的？有看過牠們爬樹的樣子嗎？

忘記一開始的感動，不去看本來就看得見的事物，這樣還能說是在飼養蛇類嗎？就從一隻蛇開始也好。請好好為牠布置一個飼養箱吧。

・底材

通常會使用木片或木屑、廚房紙巾等材質。不過，實際上不管要鋪沙子或是沙礫都沒有關係。為什麼這些底材不理想呢？因為會在餵食時刺到蛇的牙齦。就只是因為如此。過去筆者也曾在其他地方寫道「要避免使用沙子或沙礫」，不過實際上，我們經常使用的木屑也一樣有刺進牙齦的風險。

仔細想想，養沙蚺的時候鋪沙，養游蛇的時候卻不鋪，這是很奇怪的事。沙蚺的嘴巴並沒有防沙功能。而且從吃相來說，牠們更是粗魯。愈想就愈不了解過去為什麼要否定使用沙子。因此這裡記載的資訊是：可以使用沙子或沙礫。

但是對於沒有挖沙習性的品種來說，如果沙子鋪得太厚，又是從飼養箱底部保溫的話，有時候溫度會有傳遞不到的情形。這時候請好好觀察。如果底材是木屑的話，牠們就可以馬上鑽進去找到更溫暖的地點。這就是這些底材的優點。既是底材，同時也是遮蔽物。請讀者選擇自己認為最佳的底材。

亞洲的潮濕型或鑽地型游蛇可以使用濕潤的椰殼纖維或腐葉土、徹底擰緊的水苔等材質。另外，剛孵化的幼體不管是哪個品種，都用水苔來收容比較好。舉例來說，只要看過幾隻玉米蛇的幼體，就可以理解幼蛇大概是怎麼樣的尺寸。如果購入的幼體小到不在自己心裡的平均值內的話，建議可以用水苔來飼養。這一點，王蛇也是一樣的。

・保溫

要使用遠紅外線加熱器或加熱墊從飼養箱底部保溫。只要加熱器接觸到的最高溫處維持在33℃左右，其他的地方維持在25℃左右也沒什麼問題。這個高溫處是很重要的，特別是餵食後如果不能讓牠們取暖，身體狀況就會迅速惡化。根據情況還有可能致死。

即使是以比較偏好低溫的紫灰錦蛇和高砂蛇等亞洲鼠蛇為例，如此高溫的「地點」也要有比較好。當然，若是在狹小的飼養箱內製造一個33℃的地點，恐怕整個箱內都會變成27℃左右。但這樣是不行的，只可以使用在空間比較大的飼養箱內，其他的地方必須要是牠們喜歡的低溫環境才可以。基本上游蛇的保溫可以大概就好，但一定要設置高溫處。

另外，讀者可能會覺得意外，日行性的種類只要有設置保溫燈，牠們也會去做日光浴。飼主可以用市售的專用飼養箱、布置一些樹枝，再從網蓋的外側用小型的保溫燈照射看看。可以看到很新奇的景象。燈泡可以不含紫外線，所以使用藍色系或紅色系的燈泡也很有意思。

・水與濕度

幼體時期要隨時備有可以全身進入的水容器。這時候如果用的容器太深，幼體就有可能溺水。雖然恐怕是已經衰弱的個體才會發生，但因為有這種案例，所以最好選擇比較淺的水容器。對於豬鼻蛇這種粗短體型的蛇更要特別注意。

水就算沒有髒，也一定要定期更換。另外，因為冬天蒸發的快，所以要每天檢查。大部分亞成體以後的個體可以忍受大約1個星期的斷水，但任何品種的幼體都很不耐缺水。因此牠們死亡的速度出乎意料的快，所以就算斷食也絕對不可以斷水。

另外，帶個體回家的當天要先將牠們的頭壓進水容器裡。大多數情況下，牠們會在運輸途中口渴，如果是剛進口的個體，可能就有好幾天沒有喝水。而且這麼做也是為了讓牠們記住水容器的位置。

前面有寫到，對剛孵化的幼體要鋪設水苔，在還是幼體時，就算不鋪水苔，也要放置裝了水苔的保鮮盒給牠們當作潮濕型遮蔽物。如果使用頻率降低也可以撤除，但對大多數游蛇的幼體來說可以算是必需品。另外，飼養潮濕型的亞洲鼠蛇時也可以讓底材保持乾燥，並隨時放著這樣的遮蔽物。

北美的品種不特別需要，但其他區域的游蛇要在夜間對飼養箱內部粗略的噴水，暫時提高環境濕度比較好。還沒開始進食的WC個體有時候也會在噴水後突然開始進食。

・餵食與拒食

近年來出現了一些認為「個體願意進食是理所當然的」這種奇怪的習慣，但飼主一樣可能會遇到「帶回家就不吃了」、「某天突然拒食」、「繁殖出來的幼體不吃東西」等等養蛇時一定會遇到的拒食情形。這裡就先針對繁殖出的幼體來說明吧。

一定會有幾隻不吃東西的個體出現，這一點可以套用到所有的游蛇身上。而且就算等待或是用盡各種手段，通常就是不會吃。當然，體內還留有卵黃的時候，不吃是理所當然的，但如果是拒食2週以上的個體，最好可以強制餵食。

好了，讓我們想想本來會吃的個體為什麼會突然拒食。如果是蚺或蟒這類有基礎體力的蛇，飼主就可以慢慢思考對策，但是游蛇可沒什麼體力。特別是幼體，飼主感覺到牠們拒食的時候大多是過了1週左右，這時距離極限已經沒有多少時間。牠們不吃就是有不吃的理由。請飼主花一個晚上好好檢驗。

可以說的是，發現的當下請不要碰觸個體。先暫時緊盯著飼養箱，確認是否有不完善的地方。大致上要檢查的有以下幾點。

＊飼養箱有沒有移動過？
＊冬天的時候，風有沒有從縫隙吹進去？
＊加熱器有沒有故障？
＊夏天有沒有不開冷氣、將房間緊閉就出門？
＊有沒有每天跟蛇玩？
＊食物的解凍方式有改變過嗎？
＊是不是快要脫皮了？
＊有沒有和其他個體同籠？
＊是不是餵食技巧太差了？

等等。請飼主一一檢驗吧。

縫隙吹來的風出乎意料的經常發生。住在高級公寓的人可能與這種事無緣，但大部分的老房子總會有些縫隙。如果在餵食前移動飼養箱，讓飼養箱直接吹到從縫隙進來的風，個體恐怕就會拒食。

接下來是加熱器的故障。使用遠紅外線加熱器的時候，就算接觸不良也可能不會發現。而在夏天需要注意的是「密閉的房間」。這對任何一種爬蟲類來說通常都無法忍受。不要說是拒食了，致死的可能性甚至更高。從天氣寒冷的季節開始飼養爬蟲類，今年才第一次遇到夏天的人就需要特別注意。如果住公寓又不開空調直接外出，回家的時候愛蛇就全死了。各位可以先嘗試看看，看自己是否可以在盛夏的密閉房間裡待上一整天。不可能的吧。就算只開除濕也好，請打開冷氣吧。

如果沒有裝冷氣機，又因為家裡的原因不能裝的話，就將窗戶打開、關上紗窗，讓電風扇全速運轉吧。這種時候要比平常更注意脫逃的問題。另外，有許多游蛇的生理時鐘到了秋天就會開始作用，一下子變得不進食。這樣就是進入了冬眠期，無論如何都不會吃。只要外觀看起來沒有變瘦，就靜靜的等待春天來臨吧。

是不是太常跟蛇玩了？這也是很常發生的事。當然，讓個性親人的個體上手也沒什麼問題。不過，從購買那一天開始每天觸摸個體，因此致死的案例到現在也還是存在。雖然筆者不是要否定上手，但蛇並不是玩具。首先要讓牠們適應環境、餵食，這些事成功進行幾輪之後，才終於可以碰觸牠們。

食物的解凍方式從自然解凍改成熱水解凍時，老鼠的氣味會

COLUMN 01

脫皮不完全

脫皮進行得不順利，身上到處留有舊皮，或是完全脫不掉的狀態就叫做脫皮不完全。

所有的兩棲爬蟲類都會脫皮。以蜥蜴為例，有時候爪子前端或尾巴會留有舊皮，這些地方就有可能壞死並造成缺損，蛇類的舊皮則似乎是比較常留在眼睛或尾端。不論如何，脫皮不完全都會對生物造成莫大的壓力，所以有必要盡早脫皮完畢。發生這種情況的原因大多是濕度不足，而且好發於瘦弱或狀況不佳的個體身上。

成長期的幼體脫皮頻率大約是幾週一次，體色一開始會變得黯淡，然後遲早會轉為偏白（眼睛特別明顯）。這是因為舊皮與新皮之間會分泌類似潤滑油的物質，等到這個步驟完成，幾天內就會開始脫皮。個體狀況不佳的話，這種潤滑油的量似乎會比較少，所以才會脫皮失敗。通常牠們會用鼻頭摩擦障礙物，依照上顎、下顎的順序脫皮，再讓舊皮卡在障礙物上，然後一口氣將皮脫掉。

蜥蜴的話，雖然也和種類有關，但牠們很少會一口氣脫皮，會花上數天到數週的時間一片一片的慢慢剝落。守宮大概在幾小時內就會結束。

那麼，如果發現個體有脫皮不完全的情形，面對小型個體請準備襪子，大型個體就請準備布袋。請將個體放進裡面，再直接浸到溫水裡，襪子或布袋完全濕透之後，再來就放到不會著涼的溫暖場所。只要放置數小時到半天的時間，蛇皮就會脹起，而且大部分的蛇都會因為在裡面蠕動而成功的脫皮。

如果這樣還是無法脫皮完全，就輪到飼主出場了。因為這時候牠們的舊皮都已經泡脹了，所以只要用手摩擦就會很容易的剝落。全身都沒有脫皮的情況下，就要將蛇好好固定住，從鼻頭到下顎剝掉舊皮，再來只要慢慢將全身的皮剝掉即可。如果只有眼睛殘留，就要用指甲輕刮眼球。筆者曾見過眼睛上殘留大約三層舊殼的蛇，但這樣遲早會讓眼球出現異常，所以請一定要幫牠們剝掉。

變淡，有時候會因此造成個體拒食。蛇是一種意外的敏感又神經質的生物。連細微的差別都可以分辨得出來。

除非是貪吃的王蛇，否則基本上在脫皮前食欲都會降低。飼主很常因為牠們不吃東西而感到擔心，但在幾天後出現眼睛變白等脫皮的徵兆就會放下心中的大石頭。

蛇是很脆弱的生物。飼養複數個體時，假如是2隻，幾乎可以確定其中一隻的食欲會降低。平常2隻同籠是沒有什麼問題的，但一講到餵食，吞食的技巧就會有高下之分。這樣一來，先吞下食物的個體就會去搶另一隻蛇的食物。既然吞食技巧都這麼差了，動作當然很遲緩，很容易就會被搶食。這樣的情況持續個幾次，這個個體就會灰心，最後放棄取食。好好照顧的話複數飼養是可以的，但在牠們還不習慣的時候建議還是單獨飼養比較好。

而最後一點。有些人餵食的技巧不好。的確不會有人邊看邊教飼主怎麼餵食，這或許也情有可原。但是一看就知道「啊啊，這樣難怪牠不吃」的人還是有的。因此這裡將說明蛇類的餵食基礎。

首先是購入後的第一次餵食。要用鑷子夾住老鼠的脖子，拿到飼養箱裡面。這時候先觀察一下個體的樣子吧。如果會頻繁的吐舌，大多就會直接吃掉食物，所以要慢慢將老鼠拿近，並維持在3顆蛇頭的距離。停在這裡的話自己的手會開始抖，老鼠也會適度的抖動。蛇靠近也不要動。接下來只要等牠們開口就行了。

另一方面，如果將老鼠放進飼養箱牠們也沒有反應的話，就不要勉強，將老鼠放著、蓋上蓋子，讓環境暗下來。只要隔天老鼠不見了就沒問題。如果還是不吃，幼體的話等2天、成體等1週，然後再次挑戰。初期的餵食是絕對不能太心急的。

不管怎麼做，都會有些只吃靜置食物的個體存在。相反的，也會有只吃鑷子夾的食物的個體（這並非因為習慣，應該是因為該個體對會動的東西很敏感）。如果在這樣的情況下，幼體經過了2週都不願進食，就要進行強制餵食了。

・餵食、間隔、與老鼠的解凍

首先要講一件與食物相關、很嚴肅的事。其實世界上還是有許多人不知道「冷凍老鼠要解凍」這件事。也就是說他們會將冰凍的老鼠直接放進飼養箱內。雖然蛇沒有因此死亡很令人佩服，但牠們畢竟不是笨蛋，所以會在有保溫裝置的飼養箱內靜靜的等待老鼠解凍。

另外也有幾個例子是飼主聽寵物店說「請一週餵食一次乳鼠」，就持續好幾年只以乳鼠將

COLUMN 02

上手1

上手有各式各樣的目的，但不論是哪一種，不碰觸就無法開始。例如清理時的移動、脫皮不完全的治療、確認狀態等等，有很多機會可以觸碰個體。另外，單純想摸也是一種理由。

如果是健康又親人的個體，藉由碰觸來與之交流也不是一件壞事。只不過有趣的是，會被咬的人面對怎樣的個體都會被咬。他們可能就是不知道怎麼與蛇保持距離。他們會湊巧在容易被蛇攻擊的位置停下手、然後猶豫。這就是被咬的最大原因。

除非是相當巨大的個體，否則對蛇來說人類就是很巨大的生物。手也是一樣的，很少有人會飼養頭部比自己的手掌還要大的蛇類吧。飼主絕對不可以忘記，對蛇來說，人類（手）就是一種來路不明的巨大生物。被這麼大的物體慢慢逼近，蛇也是會害怕的。牠們害怕的話就會想要發動攻擊除掉敵人。

會被咬的人大多都是戰戰兢兢的試探著接近蛇。這對牠們來說只會造成不安。要是被人到處亂碰、在身邊晃來晃去，蛇也會覺得很煩燥。

讓蛇類上手的訣竅就是所有的動作都要一氣呵成。打開上蓋時如果個體已經擺好迎戰姿勢，就要用蓋子或面紙盒遮住蛇的視線，下一個瞬間就要將牠們拿起。拿起來以後，小型個體會纏住手指，面對中大型的蛇就要用整隻手臂支撐住牠們的重量。

分擔體重是很重要的，要是抓住牠們的尾巴垂在半空中，平常乖巧的個體也會發狂似的咬人。這一點在體重愈重的蛇身上愈是明顯。只要將牠們抱起來，通常牠們就會搞不清楚發生了什麼事，只想要安定下來而纏住手腕或手指。這個「搞不清楚發生了什麼事」就是最重要的一點。

玉米蛇從幼體養大。但這些事其實很令人笑不出來。因為沒想到會有這種事，所以寵物店也都沒有提醒飼主。這麼做的當事者如果沒有聽到別人提供的資訊，也會以為這樣就是對的。因為如此理所當然，也就不會提出疑問。

而飼養生物最常被問到的問題就是「一週要餵幾次、一次餵幾隻呢？」但這根本是無法回答的問題。如果要說為什麼，就是因為被問的人大多不知道那條蛇的情況。連大小和個性都不知道的話是無法回答的。有些個體食量小，有些個體食量大。當天的心情也會有關係，擅長吞食的個體可以吞下較大的食物，不擅長的個體就要準備較小的食物，所以每個個體都不一樣。了解牠們的個性就是飼主的義務。不過，沒有基礎也談不上應用，所以這邊會說明所謂大致上的基準。

首先是3顆蛇頭的量。這是一次餵食量的基準。要考慮個體的頭部寬度，可以餵食偏大的老鼠1隻，或是偏小的老鼠2隻。如果個體看起來還想吃、做出尋找食物的動作，就可以繼續餵食。幼體的話比較方便，個體想吃多少就餵多少，下次開始再以比這次稍微少一點的量餵食即可。

亞成體之後如果讓牠們吃太多就會造成肥胖，所以要遵守3顆蛇頭的量。接下來要提到的是次數。剛開始的1～2年是每週2次。之後就是每週1次，成體之後10天餵1次即可。總之要先將幼體餵養長大。當然，請不要忘記食物的大小要隨著個體的成長調整。

關於老鼠的解凍，最理想的方式是使用微波爐。這是最快也最確實的。但如果飼主與家人同住，一旦這麼做，就有可能會跟蛇一起被趕出家門。另外，像是將「解凍」錯按成「加熱」，結果碰！的一聲親眼見到非常血腥的景象，之類的事件也是時有所聞。

比較建議的方法是將老鼠放進塑膠袋內，使用熱水解凍。可以用手捏捏看，確認裡面是否有解凍。有些個體願意吃用熱水直接煮過的老鼠，但也有些會因為氣味消失而不吃。

・強制餵食

就像字面上的意思，是對拒食的個體強制進行餵食。除非情況緊急，否則沒有必要強制餵食成體。雖然人們對這個行為的看法很兩極，但只要不誤判使用時機，就可以將本來註定死亡的個體搶救回來。相反的，時機不對就會變成壓垮駱駝的最後一根稻草。

舉例來說，出生未滿1年的個體拒食了2週，且環境沒有任何不完善之處，也不是季節性拒食的情況下，這個時候飼主就應該作出必須強制餵食的判斷。剛孵化的幼體拒食也是一樣。要是再拖拖拉拉下去，拖愈久，個體的體力就消耗得愈多。

需要準備的東西有解凍的乳鼠和剪刀、牙籤。要將這些東西放進蛇的嘴裡。只要習慣了就可以不使用任何工具，剛開始的時候可以使用名片或是現在很令人懷念的電話卡撬開蛇的嘴巴，再從縫隙中塞進乳鼠的頭。等到乳鼠的頭完全進入嘴裡之後，就要用單手的食指壓住頭部、拇指壓住下顎，防止牠們吐出來。另外一隻手再用剪刀將乳鼠的頭部與身體剪開。接下來用牙籤的鈍端輕輕將乳鼠頭部壓進蛇的嘴裡，壓到喉嚨附近時再用手從外側推壓，讓食物往裡面移動。慢慢推就會知道底部在哪裡，這時就可以停手。每週要這樣餵食2次，

COLUMN 03

上手2

讓蛇上手時需要注意的是，絕對不可以讓蛇（生物）接近不了解蛇的人。不了解蛇的人會誤以為只要人拿著蛇，牠們就會無條件的「順從」。這是一個盲點，就算是乖巧的個體，只要被碰到臉或是在牠們的面前突然做出什麼動作，有時候也會反射性的咬人。即便是正在上手的人也一樣。總之不可以將手伸到牠們的面前。

另外很不可思議的，大部分的人都誤以為「動物被摸頭就會開心」。除了貓狗等已經被馴化的生物，頭部都是要害。牠們一定會保護頭部，也討厭頭部被觸摸。不了解的人一定會做出蛇討厭的事（只會做蛇討厭的事），所以如果不好好說明，不要說是讓他人了解蛇的優點，還會害人被咬、造成反效果。

觸碰蛇的時候，讓蛇「去牠想去的地方」是基本守則。不過要是真的放牠們自由就會不見蹤影，所以控制牠們的去向就要看上手的人的技巧了。而如果是擅長上手的人來拿，蛇就會安心的停在手上。在活動上或是寵物店偷學高手的技巧也很不錯。

並暫時持續一陣子。

一開始只餵食切下來的頭部比較好消化，也容易塞進去。繼續餵食下去，等個體稍微胖起來，就可以改成讓牠們咬著乳鼠，再將蛇頭朝下垂在半空中。這時候要輕輕的壓著蛇的下半身。只要牠們順利啟動本能，就會覺得「不能鬆口」然後自己吞下食物。如果還是不願意而吐出來，就再繼續強制餵食即可。只要進食和正常排便有變成一個循環，牠們總有一天一定會自行進食的。

蚺&蟒

・什麼是蚺&蟒

蚺蛇與蟒蛇，也就是所謂的大蛇。但其中從將近10m的網紋蟒和綠森蚺，到僅僅50cm左右的玫瑰沙蚺等品種都有。實際上會巨大化的品種只有幾個，大部分的體型都在2m左右。許多品種就算體型大也很溫馴、動作緩慢，所以作為寵物的需求量很大。自從紅尾蚺因為許多不幸的偶然同時發生，所造成的單一事件而被認定為危險動物，這股熱潮就有點退燒，但還是受到死忠的粉絲支持。

如果要問紅尾蚺究竟危不危險，不要說是日本，全世界應該都會回答「NO」，可是已經決定的事就無法推翻。為了不要讓第二、第三次不幸事件發生，大型品種的愛好者今後就需要更加謹慎。

・挑選方式

飼主可以單純選擇喜歡的品種與個體，但最大的問題是「能否養到最後」。這部分希望各位可以審慎思考。另外，有不少品種也會像球蟒一樣，CB與WC的個體之間有相當大的差異，所以不論是哪個品種，從CB開始會比較保險。

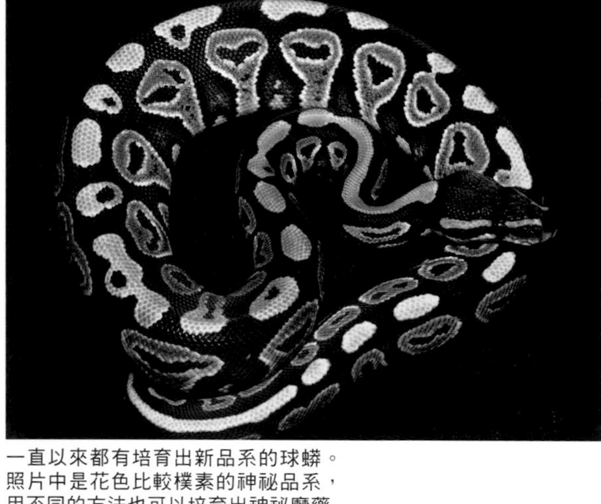

一直以來都有培育出新品系的球蟒。
照片中是花色比較樸素的神祕品系，
用不同的方法也可以培育出神祕魔藥

・飼養箱

雖然也和品種有關，但1m左右的小型品種也可以使用和游蛇一樣的飼養箱。不過請不要誤會了，大型品種的1m幼體和小型品種的1m成體的力量是完全不同的。大型品種的力氣一開始就很大，所以就算個體還小，也要準備堅固一點的飼養箱。如同蛇類飼養的基礎，只要不會讓個體逃跑，任何類型的飼養箱都可以，被認定為危險動物的品種（所有品種皆有收錄在本書圖鑑中。現在只要品種受到認定就包含其所有亞種）都要使用法規規定的飼養箱，否則不會得到飼養許可。

樹棲性的綠樹蟒和綠樹蚺的飼養箱長寬不受重視，好像只要夠高就可以了，但牠們雖然總是維持一樣的姿勢，其實在夜晚也是很好動的。如果飼養箱太小，當然就沒辦法好好活動。而沒辦法好好運動可能就是牠們很容易

COLUMN 04

逃脫

養蛇最讓人頭痛的問題就是逃脫了。忘記加蓋不在討論範圍內，除此之外的情況下，牠們也有可能從狹窄的縫隙中逃走，這些縫隙甚至都是一些會讓飼主脫口而出「不會吧……」的奇妙地方。牠們一旦逃脫，想再找到就幾乎要憑運氣了，所以每次都要一一確認，檢查是否有忘記蓋上蓋子。

另外，讓蛇上手的時候要確認周遭沒有障礙物，也絕對不可以讓個體離開手上。「我家的孩子很乖不會亂跑」這種話只是飼主的妄想。牠們只要離開手上就一定會逃跑。比較棘手的是牠們將頭鑽進書櫃的縫隙或是角鋼架等物的時候。牠們會突然發揮出前所未有的力量，拔都拔不出來。硬拔又會讓牠們的骨頭受傷，但又不能因此就讓牠們繼續鑽，結果變成進退兩難的局面，請飼主注意。

基本上飼主認為「已經習慣」的個體更容易發生意外，請一定要小心謹慎。

便祕的原因。

實際上看過國外育種家的養蛇房就可以發現，不拿來繁殖的個體每1隻也有90㎝見方左右的空間。雖然似乎沒有必要做到如此地步，但還是要確保飼養箱能讓牠們達到最低運動量。

這也可以套用到大部分的蚺蛇和蟒蛇身上。雖然也有像真的很不活潑的新幾內亞樹蚺這種品種存在，但大部分的品種都不會只是維持盤捲的姿勢。球蟒的便祕情況特別常見，這很明顯是由於飼養在狹窄飼養箱而導致的運動不足，因為不動（不能動）會讓腹肌力量變弱、無法擠出糞便。持續便祕會讓牠們漸漸食欲不振，遲早會讓身體狀況惡化。就算不致如此，不運動也會讓代謝變差，導致食欲下降。除了完全地棲性的品種以外，飼養箱內至少要放置一根可以攀爬的樹木，讓牠們可以在立體空間移動。為此，也需要夠寬敞的飼養箱。

・溫度

雖然蚺＆蟒是很粗略的分類，但除了一部分的例外，牠們的共通點就是「偏好高溫」。各位可以想成至少要有30℃左右。因為牠們吃的食物尺寸比游蛇類大，消化時間長，所以更需要熱能。

另外，除了兩頭沙蚺和玫瑰沙蚺以外都沒有分布在北美，歐洲也沒有分布。在亞洲也只有分布到中國南部附近，更北部的區域就沒有分布。沒錯，牠們棲息的地區都在熱帶。這麼一想，牠們偏好高溫也是可以理解的。

保溫要使用遠紅外線加熱器或加熱墊，根據情況有時也會需要用陶瓷加熱器從飼養箱外側輔助保溫。此外，只有保溫腹部是不夠的，牠們的基礎是保持空氣溫度。所以能夠加裝在飼養箱上蓋的遠紅外線加熱器就非常有效。

飼養箱的項目中有「要放置可攀爬的樹枝」，這根樹枝也能夠幫助牠們調節體溫。不管是有裝上部式的遠紅外線加熱器，還是在箱底鋪設加熱墊，能夠躲避的地方和前往溫暖地點的墊腳石都是很重要的。只要在飼養箱內布置一根樹枝，牠們就可以往上到遠紅外線加熱器的正下方取暖，往反方向去就可以在不會受到下方熱能干擾的地方讓身體降溫。

這種可以讓個體自行調節體溫的環境是非常重要的。即使不像蜥蜴一樣頻繁，蛇也會移動來調節體溫。

・底材

比較偏好乾燥的品種使用木屑，喜歡潮濕的品種使用椰殼纖維或水苔，沙蚺等品種則可以使用沙漠的沙。但並沒有品種是太純粹的乾燥型（大概也只有窩瑪蟒、黑頭蟒、沙蚺以及玫瑰沙蚺吧），其他全都是多多少少需要濕度的品種。

說到血蟒和新幾內亞樹蚺，剛進口的個體需要像是泡在小水窪裡的環境。這2個品種的濕度要求不是普通的高，一不小心就會因為乾燥而身體不適。另外，血

COLUMN 05

與蝨子的戰鬥

養蛇的時候，有時個體的身上會在不知不覺間出現0.5釐米的黑色顆粒。仔細一看還會動。沒錯，這就是蝨子。只是長了蝨子並不會死，但蝨子最可怕的地方是會傳染對蛇來說致死率很高的疾病。因此飼主一旦發現蝨子，就要馬上驅除。

雖然有許多種藥品，但全部都不是爬蟲類專用，所以無法詳細寫在這裡，但通常會使用貓狗用的除蚤、除蝨用藥，或是一般家庭用來殺蒼蠅的固形產品。這些東西如果使用方式不對，都會殺死蛇，或是在日後留下某種缺陷，所以建議飼主可以事先跟寵物店或獸醫討論。

寵物店通常都要照顧許多個體，所以一定知道驅除蝨子的方法。這部分會與個體的體型、種類、身體狀況、飼養箱等各式各樣的條件相關，所以沒辦法簡單的得出結論。千萬不可以小看蝨子，要確實處理這個問題。

球蟒的產卵畫面。培育出自己理想中的品系也很有樂趣

蟒如果喝不到水，就算是成體也很容易在其他品種還耐得住的期間內輕易死亡。

基本上除了特別會鑽地的品種，底材可以說是為了吸收大量的尿液而存在，樹棲型的品種則是為了保濕而鋪設水苔。小型個體或小型品種可以使用廚房紙巾或報紙，但若是用在大型個體，就會馬上變得皺巴巴的。

・水與濕度

在個體還小的時候會使用可以全身進入的容器，等到體型變大，水容器也會巨大化而變得很難清理，所以飼養大型個體只要放置不會被翻倒的飲用水容器即可。

而森蚺類另當別論，牠們很依賴水，所以需要適合牠們體型的水容器。通常健康的個體就算不在脫皮前泡水，有適度噴水的話也可以完整脫皮。除了乾燥品種，平常1天噴水1次為佳。特別是在餵食前噴一些溫水可以提高個體的活動力、增加食欲。這對有點拒食傾向的球蟒也有效果。

・餵食

飼養爬蟲類時，會使用到這麼大型的食物大概只有這個分類的其中一部分了。老鼠從乳鼠到淘汰鼠都會用。下一階段就會使用到大鼠。第一次看到大鼠成鼠的人應該都會嚇到，因為比一般家庭用電話的話筒還要大。

可是天外有天。沒錯，還有兔子。這不管看幾次都會讓人很不舒服。因為差不多就是養在普通家庭的成貓的普遍大小。幸運的是，本來市面上能夠吃兔子的品種大概就只有網紋蟒、緬甸岩蟒、非洲岩蟒、綠森蚺、黃森蚺、紅尾蚺的原名亞種、黑鑽樹蟒的最大型個體。紫晶蟒恐怕是吞不下。飼養這些品種的人總有一天會遇到要餵兔子的時候，請將這件事謹記在心（不過，大量餵食大鼠也是一種方法）。

總之這個分類中的蛇都會從小時候就開始吞食很大的食物。舉例來說，頭部只有成人拇指大小的亞爾伯提斯蟒也吃得下淘汰鼠。剛孵化的球蟒就會吃大乳鼠或跳鼠。如果是紅尾蚺的原名亞種，連剛孵化的幼蛇都可以吞下小一點的成鼠。

幼體時期餵食了多少、身體有多強壯，這些在日後都會變得非常重要。這會根據品種的不同而有不同的目的，例如說球蟒，在牠們進入季節性冬眠之前需要長得愈大愈好，紅尾蚺則是需要消化能力高的強壯身體。如果在這種時候太過馬虎就會將個體養成虛弱的身體，若是球蟒的話，成長就會極度的緩慢。蚺蛇和蟒蛇的幼體就是需要大量的餵食。

餵食間隔也不需要特別訂定。膨脹的腹部復原後就可以再

COLUMN 06

兩棲爬蟲類的專門術語1

開始飼養兩棲爬蟲類最困擾的，應該就是有太多的專門術語。本書也會簡單列舉其中一些。這裡將說明在這個嗜好的世界裡常用到的術語。

●CB…captive bred。意指人工繁殖的個體。有些人書寫時會用縮寫，口說時用英文。

●WC…wild caught。意指野外採集的個體。一般會寫成縮寫，口說時用英文。

●CH…captive hatched。人工孵化的個體。也包含非蓄意繁殖的個體。

●CR…captive raised。人工飼養一段時間，狀態調整好的WC。

●FH…farm hatched。又稱農場CB。在本地的收容場所孵化的個體。

●農場…海外各國收容個體的場所。

●養殖場…繁殖個體的場所。

●出口商…出口爬蟲類的人。

筆者幾乎沒有給球蟒餵食過乳鼠類，但因為這個個體會害怕有長毛的老鼠，所以才會餵食大乳鼠。因為也有這種案例，所以如果個體不吃，就可以試著變換老鼠的尺寸

餵食。就算當下不吃，等2~3天再餵也可以。而且只要發現可以加大食物尺寸的機會，就不要猶豫、直接加大。如果個體中途放棄吞食，就再降低一號尺寸即可。

這在小型品種身上也一樣，行不通的品種大概只有綠樹蚺和黑鑽樹蟒、鑽石蟒。面對這3個品種，拉長餵食間隔是最好的。這些品種本來都棲息在涼爽的區域，所以都需要做日光浴。恐怕是因為這層原因，讓牠們的消化功能比其他品種還要弱。

另外，也有些品種因為太不活潑，所以不怎麼餓肚子。那就是新幾內亞樹蚺和棱角吻沙蟒。這2個品種的偏好本來就有不同之處，前者喜歡青蛙，後者喜歡蜥蜴。雖然牠們都會吃老鼠，不過牠們一旦吃飽，就很難再進食下一餐。這2個品種本質就是如此，所以飼主可以安心。

至於跟牠們一樣體型短胖的血蟒，卻是少吃就會馬上瘦下來。整體來說蟒蛇類比蚺蛇類更容易瘦下來。消化能力應該也是蟒蛇類比較優異。會這麼說，是因為蟒蛇類不太會將食物吐出來，就算吐了也常常是僅此一次。

另一方面，蚺蛇就常常嘔吐，也容易吐成習慣。而在拒食的情況下，蟒蛇只要經過幾次強制餵食就會恢復，蚺蛇就常常因此致命。這邊要轉換一下話題，養成嘔吐習慣的紅尾蚺之中，會先死的通常是公蛇。而且容易有嘔吐習慣的也大多是公蛇。不知為何，紅尾蚺的雄性是壓倒性的脆弱。牠們的身體狀況常常沒有任何徵兆就惡化。不知道究竟是什麼原因，也不是因為進口的個體中比較多雄性所以才會比較常看到雄性個體死亡。這是一個謎。

水蛇

・什麼是水蛇

既然寫成水蛇，意思就是水生蛇類。通常有劇毒的海蛇不會出現在市面上，所以只有棲息在淡水或半海水域的蛇（雖然瘰鱗蛇是幾乎棲息在海水中）。這個分類的蛇外型都比較樸素，除了爪哇和阿拉佛拉瘰鱗蛇之外，體型都不大，也可以只餵食小魚，所以很受一部分的人歡迎。

會將螃蟹扯開再吞食的食蟹蛇（蛇類中會將食物撕成小塊再吃的品種不多）、波加丹蛇、喜歡獵食兩棲鯢的泥蛇等品種也偶有進口，一般來說名稱中有「水蛇」的品種都很容易飼養。

這裡將介紹不屬於任何一類，卻其實很受歡迎的水蛇。順帶一提，牠們幾乎所有品種都帶有微弱毒性，雖然危險性不高，還是要慎防被咬。

・挑選方式

有不少個體都會感染皮膚病。首先，避開身上長有痘痘狀物體的個體會比較保險。另外，釣魚蛇比較難看出狀況的好壞，所以要好好觀察再決定。

特別胖的個體很有可能是已經懷孕，如果找到就毫不猶豫的

COLUMN 07

兩棲爬蟲類的專門術語2

這裡將針對色彩的變異作解說。

●白化（Albino）…本來只要是缺乏某種色素就叫做「Albino」，但在這個嗜好的世界中是專指「缺乏黑色素的個體」，也就是缺黑。褐色的品種會變成橘色或黃色，黑色的品種則會變成白色到奶油色。

●缺紅…缺乏紅色素的個體。通常會變成黑白色調的體色。

●缺黃…缺乏黃色素的個體。使用在本來就沒有紅色素的品種身上也會變成黑白色調。缺紅與缺黃可以當作是缺乏暖色系色素的個體。

●減黑…本來是單指「黑色素減少的個體」，但同時也有暖色系色素增強的傾向。

●雪白…缺黑與缺紅（缺黃）交配生下的雙重異型合子之間再交配可以培育出雪白。因為沒有黑色與紅色（黃色），所以會變成雪白體色。但這是在蛇類的情況下，如果是蜥蜴，會有單純將白色比較明顯的個體稱為雪白的傾向。

●幽靈…減黑與缺紅交配生下的個體，體色較淡。因此即使並非這樣的組合，淡色的品系就有被稱為幽靈的傾向。

●黑化…色彩黑化。日本四線錦蛇的黑化種——烏蛇就很有名。

●輕白化…色彩白化。通常花紋會消失，全身變成白色。有名的有德州隱錦蛇。

●黃化…色彩黃化。黃色或橘色特別鮮豔的個體。有名的有豹貓守宮。

●紅化…色彩紅化。紅色特別鮮豔的個體。有名的有綠鬣蜥。

挑起來吧。出生的幼體用青鱂餵養就沒問題，挑到這樣的個體是很幸運的。

・飼養箱

會使用水槽來飼養，但也要準備堅固的網蓋。就算是水生，牠們畢竟是蛇所以很擅長脫逃，如果沒有加蓋就一定會逃到外面（然後在某處變成蛇乾）。大部分品種使用45～60 cm的水槽就足夠，而爪哇瘰鱗蛇進口時的尺寸就很大，所以需要90～120cm的水槽。這種尺寸沒有大小剛好的專用金屬網蓋，將烤肉網用封箱膠帶緊緊的固定住也可以。

決定好要飼養水蛇後，建議飼主可以先將水槽裝好。濾水器可以使用要連接空氣幫浦的投入式產品，沉水式濾水器也可以。底沙可以使用大磯砂，只要是不會改變水質的材質，想放什麼都可以。

水深就跟一般養魚差不多即可。然後這時飼主可以去一趟觀賞魚專賣店，刻意挑選「會吐色的沉木」和「不會枯萎的水草」購買吧。將這些東西放進水槽再裝上螢光燈就完成了。接下來只要讓水流動1個星期，水就會變成徹底的紅茶色，這樣一來就可以隨時迎接水蛇的到來了。

水溫偏高比較理想，使用觀賞魚用的加熱器維持在27℃左右即可。

・餵食

餵食金魚即可。可以先購買適合牠們嘴部尺寸的金魚，試著投入2～3隻。飼主恐怕會因為牠們奇差的捕食技術而心煩意亂。特別是比較寬敞的水槽，金魚會逃得讓水蛇完全抓不到。

接下來試著餵食浮蛙等食物也很有趣。看到牠們從水面下突然現身，將浮在水面的青蛙拖入水中的模樣，是飼養其他的蛇類所沒有的體驗。牠們平常的主食是金魚，但因為麻煩，也可以用鑷子一隻一隻夾到個體嘴邊。順利的話，飼主一打開蓋子，牠們就會在下方等待。只不過這時候牠們有可能會跳出水槽，要特別注意。萬一牠們真的跳出來了，請不要慌張，使用觀賞魚用的網子抓住牠們吧。絕對不可以一時緊張就直接用手抓。因為大部分的水蛇上岸後就會發狂似的咬人。

COLUMN 08

兩棲爬蟲類的專門術語3

這裡將針對與生物遺傳有關的術語來作說明。

●異型合子…外表看不出來，但帶有某種遺傳因子的個體。所謂「普通體色的白化異型合子」就是指「帶有白化基因的普通體色個體」。帶有複數種基因的個體又稱為雙重異型合子、三重異型合子。

●可能性異型合子…如果讓白化與白化異型合子交配，會出現的是白化個體、異型合子、普通個體。這時異型合子與普通個體從外觀無法區別。這兩者就可以統稱為可能性異型合子。是中獎機率很高的賭注。

●同胞（Sibling）…主要是指共顯性遺傳，或是遺傳因子還不明的個體，意思是「同一窩的兄弟姊妹」。跟基因明確的異型合子不同，讓同胞個體互相交配也不知道會出現怎樣的個體。

●隱性遺傳…白化等遺傳因子只有其中一方親代擁有是不會表現出來的，一定要親代雙方都有才會出現。這時候如果雙親都是白化，子代就會全部都是白化。白化與普通個體的子代則全部都是異型合子。白化與白化異型合子的子代會是白化和異型合子（外表是普通體色）。

●顯性遺傳…不管與什麼個體配對（除了一部分例外）都會表現出原來的型態，所謂的普通體色就屬於這種。兩個普通體色的親代只會生下普通體色。普通體色和白化生下的子代外表都是普通體色（白化異型合子）。

●共顯性遺傳…有名的例子有球蟒的淡彩品系。淡彩與普通體色交配會出現一半一半的淡彩和普通體色。這些普通體色的子代稱為「淡彩的同胞」。兩個淡彩之間的子代會出現表現型更極端的超級淡彩和淡彩、普通體色。共顯性遺傳的品系本身就是異型合子，因此淡彩異型合子這個名詞會產生矛盾，所以不存在。共顯性遺傳的品系繼續交配下去的話，表現型可以說是會愈來愈極端。

蛇類的拿法

沒有比蛇更考驗上手技巧的生物了。雖然也跟個體和種類有關，但蛇是會習慣被觸摸的生物。可是更需要習慣的是拿著牠們的人。技巧太差的話，蛇也會無法安心而特別容易亂動。總之飼主只能習慣。再來是上手的注意事項。意外的容易被忽略的是，人類的體表溫度大約在34℃左右這件事。而蛇是所謂的冷血動物，不管牠們喜不喜歡，都會吸收人手的溫度。因為牠們本來就不是體溫太高的生物，所以幼體或不喜高溫的品種應特別注意不要長時間上手。

加州王蛇幼體的例子

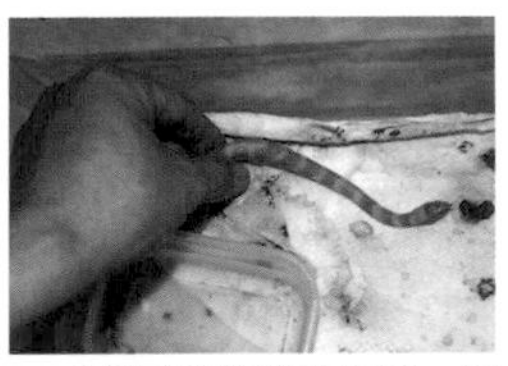

1. 「打開飼養箱的蓋子」和「抓起蛇」這兩個動作可以說是一組的。空腹的加州王蛇特別容易在這個時候纏繞在手指上

2. 順便做健康檢查。看看是否有腫脹、骨骼異常、脫皮不完全的情況

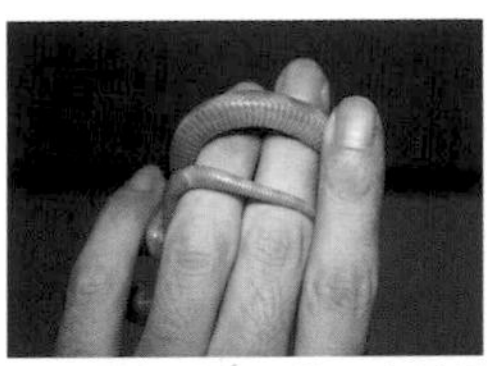

3. 這裡是重點，牠們會穩穩的用尾巴固定自己的身體。怎麼拿緊牠們也是很重要的。身體伸得愈長就代表牠們可以愈自由的移動

另外，這是不會纏繞住食物的蛇類。讓牠們上手也不會纏繞住手指。所以一定要在某種程度上壓著牠們

窩瑪蟒的例子

1. 窩瑪蟒隨時都充滿戰意

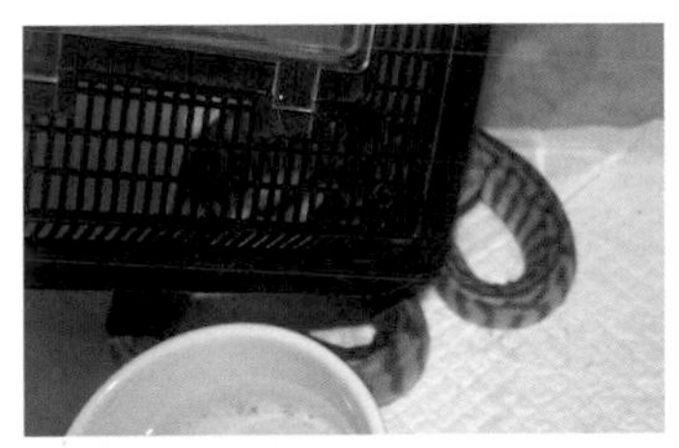

2. 用蓋子遮住臉……

3. 迅速抓起來

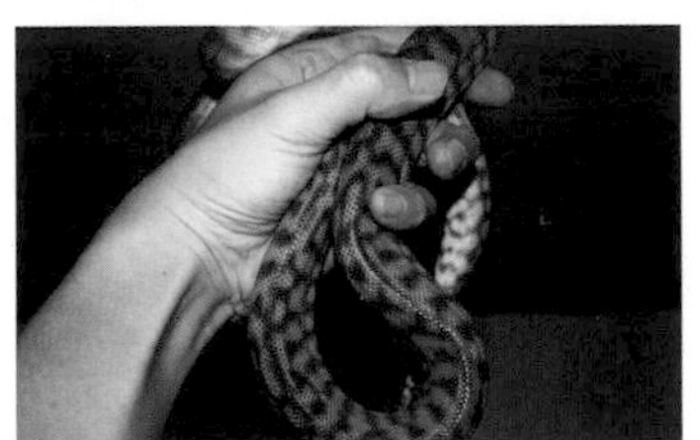

4. 拿起有點長度的蛇時，可以像這樣折起牠們的身體

5. 怎麼樣，很帥吧？

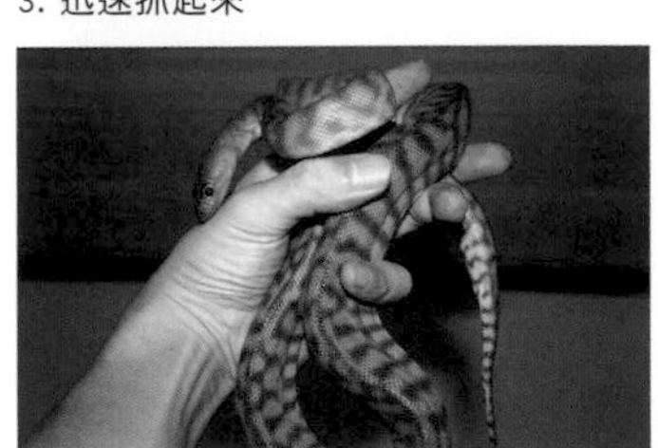

6. 嗯？牠好像在聞什麼味道……因為筆者剛才有摸其他的蛇和蜥蜴嗎？

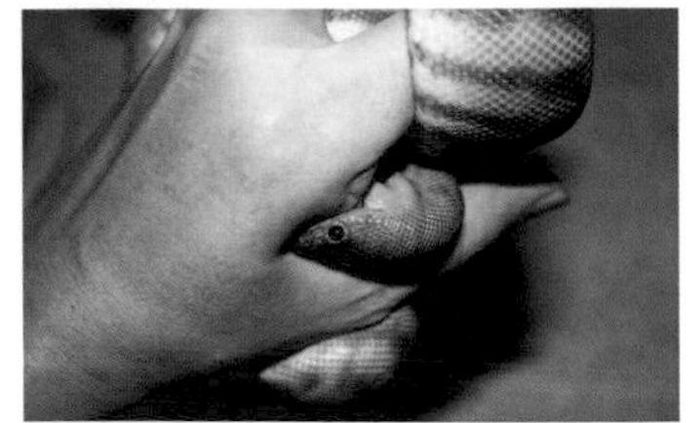

7. 哇啊啊！竟然給我咬了個不得了的地方。牠一口咬住，還拚命想吞下去

8. 像這種情況，要先把捲在手上的部分解開。除非是很笨的個體，否則只要捲起來的身體被拉開就會發現「啊，原來這不是食物」。纏住手的時候可能是因為處在亢奮狀態，所以牠們不會自行鬆開，飼主就先自己拉開吧

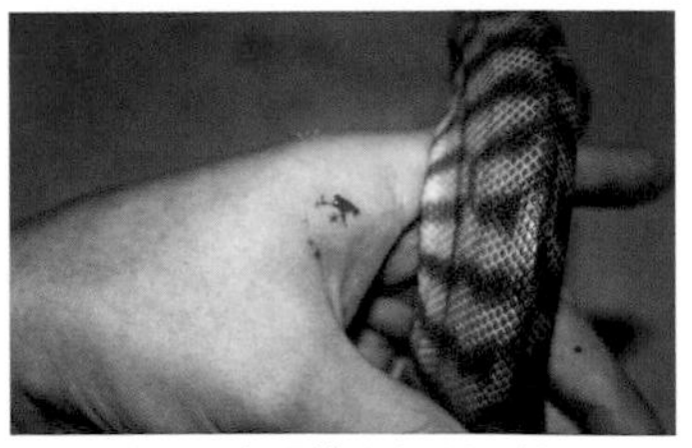

9. 好痛啊。窩瑪蟒和加州王蛇就是這樣才傷腦筋。請各位小心不要發生一樣的情況

AMPHIBIAN

[兩棲類]

和烏龜一樣很容易成為吉祥物的青蛙，那種有點傻傻的感覺就是牠們的優點吧。兩棲類的一方霸主──有尾目，牠們名符其實的活在陰影之下。俗稱的六角恐龍是例外中的例外，而說到無足目的蚓螈……。這樣看來，兩棲類可真是一群不可思議的生物。

散疣短頭蛙

蛙類的飼養實例❶・鐘角蛙篇

[*Ceratophrys ornate*]

鐘角蛙

學名：*Ceratophrys ornate*
分布：南美中部　體長：13cm（平均10cm）
溫度：普通　濕度：普通　CITES：
特徵：此種應該可以說是最熱門的寵物蛙了。過去少數流通在市面上的野外個體繁殖出的後代在轉眼間增加，現在甚至已經可以看到各式各樣的品系。但在這個過程中混入了南美角蛙的血統，所以現在以「純種」名義販賣的品種嚴格來說並不正確。不過，也是可以當作其中一種類型。牠們非常貪吃，看到任何會動的物體都會撲上去。如果被大型個體誤咬到手指會很痛，請務必小心。

飼養箱

通常會使用可以全身進入的水容器，實際上若是健康的個體，又有確實維持濕度的話，就算在脫皮前不泡水也可以完整脫皮。個體變大之後，水容器就可以換成較小的尺寸

底材

這裡將水苔鋪在樹皮碎片上方，讓下半部有較好的排水功能。但是樹皮碎片等大顆粒的材質有時候會跟食物一起被個體誤食下肚，所以一定要透過鑷子餵食。使用腐葉土或椰殼纖維也可以

加熱器

在飼養箱下方鋪設遠紅外線加熱器。考慮飼養箱和加熱器的性能，選擇不會過熱的產品

主要食物

●蟋蟀
●金魚、青鱂
●乳鼠（點心的分量）

飼養鐘角蛙的ONE POINT

此種在自然環境中的主食是昆蟲，而且大部分是小型的昆蟲。有時候當然也會吃較大的獵物，但完全是等待獵物型的牠們，身邊幾乎不會有太大的生物經過。沒錯，牠們本來就是守株待兔型的掠食者。如果每天餵牠們高熱量的食物會怎麼樣呢？簡單來說就是會得到所謂的成人病，也就是肥胖。隨之而來也會出現內臟疾病，絕對無法久活。不只是人類，動物長壽的祕訣也是吃粗食。個體長到雞蛋尺寸之後，一週餵食2次即可。以蟋蟀等昆蟲為主食，也要餵食一些金魚。也可以餵食乳鼠，但要控制在一週1次，每次1～2隻。

剛上陸的幼體時期要配合消化量盡量餵食。就這樣一口氣將牠們養到雞蛋大小。這個時期的代謝能力強。連跟身體同樣大小的金魚也可以一天就消化完畢。其實在自然環境中，牠們在幼體時吃掉同類的比例非常高。吃掉和自己同樣大小的同類並成長到一定程度，對牠們來說是很自然的。因為人工飼養下不可能這麼做，所以才要像這樣製造相似的情況。

蛙類的飼養實例②・綠雨濱蛙篇

[*Litoria caerulea*]

綠雨濱蛙

學名：*Litoria caerulea*
分布：新幾內亞、澳洲
體長：11cm（平均7cm）
溫度：普通～偏高
濕度：略偏乾燥　CITES：
特徵：大型個體的體型很有分量，年老的個體耳朵上方的皮膚會像頭巾一樣垂下來，非常有魄力。既是相當強壯的品種，個性又大膽，所以是很受歡迎的寵物蛙。牠們可以改變自己的體色。繁殖出的個體中有些體色為天空藍，稱為「藍色型」。只要用鑷子將食物夾到牠們面前就什麼都會吃下肚。要讓其他生物與牠們同籠的前提是，尺寸要大於牠們可以吞食的大小。

飼養綠雨濱蛙的ONE POINT

綠雨濱蛙是很強壯的。牠們之所以是樹蛙（樹棲性的蛙類）的入門品種，正是因為進食狀況良好，加上耐乾燥的優點。養蛙類，特別是樹蛙的時候，最需要注意的就是空氣濕度。只要看看快要下雨時就會開始鳴叫的日本雨蛙就知道，牠們的行動很容易受到濕度或氣壓等天候狀況所左右。在人工飼養下即使無法控制氣壓，將濕度調整到對該品種來說最理想的狀態也是很重要的。因為兩棲類本來就是從水中轉為生活在陸地的生物，所以偏好高濕度的空氣。牠們特有的黏膜型皮膚就是為了維持身體的水分，所以通常都不耐乾燥。相反的，人類的居住空間常常是與濕度無緣的場所。除了擁有熱帶魚等生物飼養房的人，家裡濕度較高的地點恐怕就只有浴室了。當然，各位大概是無法將青蛙養在浴室的，所以通常都會在飼養箱內適度的做出潮濕環境。這麼一來，飼養蛙類的時候就需要透過噴水等手段來加濕。雖然這麼說，但分布在世界上的兩棲類是適應了各式各樣的氣候，所以偏好的濕度也都不一樣。要能夠分辨這些細微的差別，在抓到感覺之前是會有點麻煩的。一抓到訣竅就可以應用到幾乎所有的品種身上，但習慣之前飼主也會感到不安。這時候就要提到綠雨濱蛙了。除了一些適應乾燥地區的特異種類之外，在樹蛙之中，牠們可說是對乾燥非常有抵抗力的品種。就算2、3天忘記噴水，對於一定體型的個體來說根本沒什麼。這對剛開始飼養的飼主來說可是一劑強心針。晚上熄燈時嘶地噴一下水。過了一陣子，青蛙就會張開惺忪的雙眼醒過來。只要不斷重複這樣的節奏，飼主也會漸漸抓到噴水的量和時機。就算量有點少，綠雨濱蛙也可以忍受。如果將鑷子拿到因感覺到濕度而增加活動力的個體面前，牠們就會撲上前一口咬下食物。不過，即使沒有如此，這個品種在白天昏昏沉沉的時候，食慾還是好到會將壓到嘴邊的食物統統吞下肚就是了……。

另外，以綠雨濱蛙為首的樹蛙類來講，白天比夜間更乾燥一點會比較好。白天要出門工作的人也可以不用擔心噴水的事，放心地專心工作。晚上回家的時候

飼養箱

使用塑膠盒也可以，但這麼做會像是單純收容生物。另外，從水平或略偏下方的位置餵食對牠們來說比較容易吃，所以前方拉門式的飼養箱是最好的。圖中飼養箱的尺寸是450×300×360（高）mm

照明

不特別需要，可在有放觀賞植物時使用。不需要紫外線

加熱器

這裡將遠紅外線加熱器貼在牆上，鋪在飼養箱下方也可以

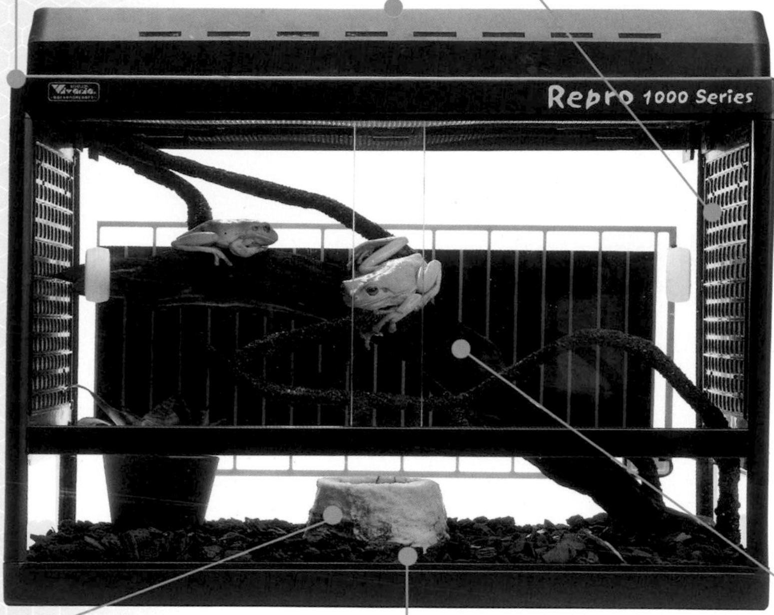

普通的體色。身上大多會有不規則的白色斑點

藍色型。這種個體有體型長不大的傾向

心情惡劣或是身體狀況不佳的時候會變成褐色。有時候可能是單純不適應環境

底材

沒有特定材質。只要有一定程度的保濕力，就可以將重點放在是否方便清理上

水容器

與其讓整個飼養箱潮濕，不如放置水池讓牠們能自行調整濕度。接下來只要有每天噴水就夠了

布局

白天的時候，牠們通常會睡在飼養箱上半部的角落，只有關掉照明的夜晚會待在樹枝上

主要食物

- 蟋蟀
- 巨型麵包蟲（將頭壓扁）
- 乳鼠（點心的分量）

再照慣例噴水、餵食（相隔一天會比較好。雖然也跟分量有關）。像這樣，等飼主習慣了綠雨濱蛙，接下來再進階挑戰環境相似或是要求稍微嚴格一點的品種是最好的。需要注意的是「容易飼養的優點」的另一面，也就是環境太潮濕會讓牠們過量進食這一點。過量進食的部分會在虎紋鈍口螈的項目說明，因為牠們食欲太好，所以很容易就餵食太多。飼主應該決定一次餵食量的上限。所謂的過度潮濕，是因為此種很耐得住乾燥，但相反的，卻不太喜歡隨時都很潮濕的環境。當然，牠們也不是會因此就突然身體不適的脆弱品種。不過，如果不分日夜，環境的空氣濕度與地面底材都濕漉漉的，就不適合此種。這樣的環境下，底材會很快變質，容易滋生細菌。這一點多多少少也可以套用到其他品種的樹蛙身上。雖然有程度上的差別，日夜之間的濕度差異還是很重要的。

紅眼樹蛙

學名：*Agalychnis callydryas*
分布：中美
體長：7cm（平均5cm）
溫度：普通～偏低
濕度：普通（日間）～潮濕（夜間）
CITES：附錄Ⅱ

特徵：有著鮮紅色的眼睛加上綠色身軀、水藍色與黃色相間的側腹部，是體色非常鮮豔的品種。因為牠們的外表非常上相，所以常常被當作設計畫或商品的題材。根據分布的區域不同，眼睛等顏色會有所不同，巴拿馬附近個體的虹膜是較深的酒紅色。因為此種是完全夜行性，所以白天都在樹蔭下休息，很可惜看不到牠們的紅色眼睛。以前是不容易飼養的品種，但因為最近的進出口通路比較發達，飼養難度也下降了。

美國樹蛙

學名：*Hyla cinerea*
分布：北美　**體長**：6cm（平均3cm）
溫度：普通　**濕度**：普通　**CITES**：

特徵：此種是代表美國的樹蛙，可是雖然進口量多、價格又便宜，牠們的知名度卻相對不高。體型比犬吠蛙更細長且苗條。嘴邊的白色線條映照著身上的綠色，看起來很醒目。有些不同的亞種沒有這條白線。此種已知有白化品系，有定期繁殖。白天大多藏身在陰暗處。

犬吠蛙

學名：*Hyla gratiosa*
分布：北美　**體長**：7cm（平均5cm）
溫度：普通　**濕度**：普通　**CITES**：

特徵：在北美的樹蛙之中屬於比較圓潤的可愛體型，因此很受歡迎。色彩從綠色到灰色都有，即使是同一個體也會在瞬間改變。一到了繁殖期，就會在樹上發出像是狗吠的交配鳴叫。牠們平常的叫聲並不像吠叫的聲音。雖然是強壯的品種，但剛進口個體的掌心不知為何常會有磨破皮的痕跡。非常貪吃，會很積極的撲向會動的物體。

虎紋猴樹蛙

學名：*Phyllomedusa hypochondrialis*
分布：南美北部到中部　**體長**：4.5cm（平均3.5cm）
溫度：普通～略偏高
濕度：略偏乾燥（日間）～略偏潮濕（夜間）　**CITES**：

特徵：就像牠們的名稱一樣，會用手抓住樹枝慢慢的移動。幾乎不會靠跳躍移動，是有點不可思議的樹蛙。慢動作的此屬中，每個品種都很受歡迎，但此種是最熱門的。巴拉圭等地有其他亞種，可以靠大腿的花紋和嘴唇上的線條不同來區分。照片中是原名亞種。體色明亮，在乾燥的環境會呈黃綠色，在陰暗潮濕的地方會偏灰色。

蜂巢樹蛙

學名：*Hyla leucophyllata*
分布：南美北部　**體長**：4cm（平均3cm）
溫度：普通～略偏高　**濕度**：略偏潮濕　**CITES**：

特徵：此種的花紋種類非常多樣，除了像照片中有鑲邊的斑紋以外，也有像是長頸鹿的紋路一樣的網紋圖案。而且牠們的顏色會因日夜而改變，白天的色彩偏黃，非常漂亮。雖然體型小，看起來好像很脆弱，但畢竟是雨蛙屬，所以意外的強壯。與箭毒蛙不一樣，就算是比自己的嘴巴大的食物也會撲上去吃掉。可以飼養在布置了植物的飼養箱。

星背樹蛙

學名：*Pachymedusa dacnicolor*
分布：墨西哥　**體長：**10cm（平均7cm）
溫度：略偏高～偏高
濕度：乾燥（日間）～普通（夜間）
CITES：

特徵：墨西哥特有的單屬單種樹蛙。和猴樹蛙類是近親，牠們虹膜的黑色上面散落著細密的白點，看起來水汪汪的，給人一種可愛的印象。體型也是胖嘟嘟的，很受歡迎。和蠟白猴樹蛙一樣是適應了乾燥地區的品種，所以白天的飼養箱內要乾到能讓牠們的身體保持乾燥。牠們的食量很大，但要是餵食太多就很容易引起脫肛，所以要分多次餵食小型的食物。

蠟白猴樹蛙

學名：*Phyllomedusa sauvagei*
分布：南美　**體長：**8.5cm（平均6cm）
溫度：略偏高～偏高
濕度：乾燥（日間）～普通（夜間）
CITES：

特徵：此種棲息在有著乾燥草原的查科地區，所以為了抑制體內水分蒸發，牠們白天會分泌出蠟質的液體塗在身體表面。上蠟的模樣看起來非常有趣。此種是身體健壯又貪吃的猴樹蛙，可以很輕易的用鑷子餵食。白天會讓身體乾燥且待在高溫的地方，所以飼養時有必要先了解這個特殊的習性。一直待在過於潮濕的飼養箱內會讓牠們身體狀況惡化。

巨人猴樹蛙

學名：*Phyllomedusa bicolor*
分布：南美　**體長：**13cm（平均10cm）
溫度：普通～略偏高
濕度：普通（日間）～潮濕（夜間）
CITES：

特徵：是非常大型的猴樹蛙，在這類青蛙中異常的大。有稜有角的體型和大大的灰色眼睛非常有魄力。動作非常緩慢，不到夜深人靜不會開始活動。剛進入新環境、還未習慣飼養箱的時候常常會嘗試逃脫而磨破鼻頭，所以要準備比較大的飼養箱，或是用紗布擋住金屬網的部分做緩衝。食物放進器皿中餵食比較保險。

亞馬遜牛奶蛙

學名：*Phrynohyas resinifictrix*
分布：南美　**體長：**8cm（平均5.5cm）　**溫度：**普通～略偏高
濕度：普通（成體）～略偏潮濕（幼體）　CITES：

特徵：此種的黑白乳牛型斑紋令人印象深刻。從這種外觀來看，會讓人以為此屬中所有品種都有的英文名稱「牛奶蛙」，是專屬此種的名字。有進口人工繁殖的幼體，但最近的個體因為剛上陸所以大部分都還很虛弱，有時候養起來很麻煩。只要成長上了軌道就很強壯。在自然環境是棲息於樹洞中，繁殖等行為也全都在裡面進行。跟此種很相似的巴西牛奶蛙（*P.imitatrix*）恐怕沒有進口。

毒雨蛙

學名：*Phrynohyas venulosa*
分布：南美　**體長：**11cm（平均8cm）
溫度：普通～偏高　**濕度：**普通　CITES：

特徵：背部有很發達的分泌腺，感覺到危險就會分泌出像白膠一樣黏呼呼的刺激性液體。這就是牠們俗名的由來。可是牠們的毒液還不至於危及到性命。因為這些分泌液是白色，所以英文名稱叫做牛奶蛙。因為分布區域很廣，色彩的變化也很豐富。從全身都是褐色到帶有金色花紋的個體都有。有時候會有體型大得驚人的個體出現，非常有魄力。

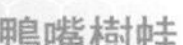

鴨嘴樹蛙

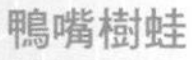

學名：*Triprion petasatus*
分布：中美　**體長：**7cm（平均5cm）
溫度：普通～偏高　**濕度：**略偏乾燥　CITES：

特徵：因為牠們長長的嘴巴就像是鴨子的嘴喙一樣，所以有鴨嘴蛙或鏟鼻蛙的稱呼。會將身體塞進鳳梨科植物的根部，用骨感的頭部和長長的嘴巴蓋住自己，藉此度過乾季。因為牠們本來就棲息在乾燥的地區，所以不喜歡太潮濕的環境。進食狀況好，牠們食欲好到會吃掉同籠的小型蛙類，要小心。與牠們構造類似的品種有南美的冠頂樹蛙（*Trachycephalus jordani*），但其體型更大（P／石渡）。

爪哇飛蛙

學名：*Rhacophorus reinwardti*
分布：東南亞　**體長**：7.5cm（平均4cm）
溫度：普通～略偏低
濕度：普通（日間）～潮濕（夜間）
CITES：

特徵：在樹蛙屬中，四肢上的蹼特別發達的品種稱為飛蛙。英文名稱叫做跳傘蛙。牠們的蹼與其說是用來滑翔，不如說是為了從樹上落下時用來緩衝比較貼切。蹼的顏色會根據品種而有所不同，此種是美麗的金屬藍。母蛙的體型比公蛙大得多，大型母蛙的蹼的顏色會消失。以前曾是難以飼養的蛙類，但最近進口的個體很強壯。

沙漠雨濱蛙

學名：*Litoria rubella*
分布：新幾內亞、澳洲
體長：4cm（平均3cm）　**溫度**：普通
濕度：普通～略偏潮濕　CITES：

特徵：雨濱蛙屬是每個品種都各自適應了各種環境的屬，所以從樹蛙體型的品種到跟黑斑側褶蛙一樣水生性強的品種都有。此種在屬中是比較小型的品種，棲息在略偏乾燥的草原。體色是帶著金色味的奶油色，到了夜晚會轉黑。畢竟是雨濱蛙屬，所以進食狀況良好，但因為體型小，需要餵食小型的食物。飼養環境不需要像牠們的名稱一樣乾燥。

巨雨濱蛙

學名：*Litoria infrafrenata*
分布：新幾內亞、澳洲
體長：13.5cm（平均7cm）
溫度：普通～偏高　**濕度**：普通
CITES：

特徵：總而言之就是大。以長度來算是最大型的雨濱蛙。放眼所有樹蛙，也幾乎沒有其他品種的體型比此種更大。因為體型比綠雨濱蛙細長，所以容易被認為沒有魄力，可是用心飼養的個體也很會長肉，有時候耳朵甚至會垂下來。體色是鮮豔的綠色或棕色，嘴邊的白色線條是其特徵。人工繁殖個體幾乎沒有流通，大部分是野生個體。但是飼養並不困難。

越南大樹蛙

學名：*Rhacophorus* sp.
分布：越南、中國　**體長**：14cm（平均11cm）
溫度：普通　**濕度**：普通　CITES：

特徵：是相當大型的樹蛙，在樹蛙中體型能夠超越巨雨濱蛙的大概就只有此種了。牠們的分類仍有點不明朗，有時被當作大樹蛙（*R.dennysi*）的大型個體群，有時又被當成只棲息在越南的其他品種。四肢的吸盤很大，跳躍能力極佳。也因為如此，常常會有許多磨破鼻頭的個體，不過牠們恢復得比其他品種快，只要飼養在適合的環境，傷口很快就會癒合。

馬來飛蛙

學名：*Rhacophorus prominanus*
分布：東南亞　**體長**：7cm（平均6cm）
溫度：略偏高～普通　**濕度**：潮濕　CITES：

特徵：雖然是以馬來飛蛙的名稱在市面上流通，但不只是馬來半島，也分布在泰國等地。像軟糖一樣有透明感的綠色身體非常漂亮。背部白點的量會有個體上的差異。蹼的顏色是紅色。進口時的狀態常常比爪哇飛蛙更差，不過一旦適應了環境，飼養起來就沒有那麼困難。偶爾會看到顏色偏黃的個體，看來牠們似乎是身體狀況變差，顏色就會轉黃。

苔蘚蛙

學名：*Theloderma corticale*
分布：越南　**全長**：8cm（平均6cm）
溫度：偏低　**濕度**：潮濕　CITES：

特徵：外表像是一塊苔蘚的奇特蛙類。近年來初次登場，為許多愛好者帶來很大的衝擊。擬態能力非常強，不只有苔蘚般的花紋，因為體表長滿細密的刺，所以也很有立體感。此種棲息在溪流附近，雖然外型像是樹棲性，但在人工飼養下比較喜歡待在地面的石頭上，或是半身浸泡在水容器裡。因為牠們對熱天氣沒什麼抵抗力，所以夏天要飼養在通風良好的場所。

莫氏樹蛙

學名：*Rhacophorus moltrechti*
分布：台灣　**體長**：6cm（平均5cm）
溫度：普通　**濕度**：略偏潮濕　**CITES**：

特徵：樹蛙屬之中包含了許多品種，主要是廣泛分布在亞洲的東部區域。此種為台灣特有種，很少出現在市面上。在分類上與日本產的荷氏樹蛙非常接近。和其他的樹蛙屬品種比起來，體型圓滾滾的非常可愛。依據晝夜體色有不同變化，天色亮的時候是黃綠色。大腿內側是深橘色、綴有黑斑。

紅寶石眼樹蛙

學名：*Leptopelis uluguruensis*
分布：坦尚尼亞　**體長**：5cm（平均3cm）
溫度：普通～略偏低　**濕度**：略偏潮濕～潮濕　**CITES**：

特徵：有著酒紅到黑色的虹膜，所以整顆眼睛看起來都像是黑眼珠，給人一種非常可愛的印象。體色相對的淡，是柔和的水藍色或裸色，擁有一種空靈而深奧的美。有些個體的背上有斑點。和健壯的非洲大眼樹蛙比起來稍微脆弱一些，但不難飼養。是很受歡迎的品種，但因為只零星分布在坦尚尼亞的烏盧古魯山脈的幾處，所以流通量並不多。

非洲大眼樹蛙

學名：*Leptopelis vermiculatus*
分布：東非　**體長**：9cm（平均3.5cm）　**溫度**：普通～略偏高
濕度：普通（日間）～略偏潮濕（夜間）　**CITES**：

特徵：此種是有一雙大眼睛的半樹棲性蛙類，因此稱為大眼樹蛙。幼體時期是金屬綠色搭配上細密的蟲蛀狀花紋，非常的漂亮。隨著成長，所有的母蛙和半數的公蛙都會轉變為霧面的褐色。另外，有些個體的綠色快要消失、變成斑塊花紋的時候，看起來就像是別的品種。白天的時候，牠們喜歡鑽進地底下，所以底材要鋪得比其他樹蛙更厚。

南美角蛙

學名：*Ceratophrys cranwelli*
分布：南美中部　**體長**：12cm（平均8cm）
溫度：普通　**濕度**：普通　**CITES**：

特徵：此種就像是鐘角蛙的茶色版本，但也有以綠色為基調的個體。角比較長、嘴巴比較細長等地方都跟鐘角蛙有點微妙的差別。因為有與鐘角蛙雜交的情形，所以人工繁殖的個體大多是混種，但此種也有野生個體出現在市面上，對純種有所堅持的人可以選擇野生個體。飼養方式可以鐘角蛙為準，野生個體的話，飼養在可以挖土而不是只放有淺水的飼養箱會讓牠們比較安心。

銀河星點樹蛙

學名：*Heterixalus alboguttatus*
分布：馬達加斯加　**體長**：4cm（平均3cm）
溫度：普通　**濕度**：潮濕　**CITES**：

特徵：棲息在馬達加斯加的每種葦蛙類的瞳孔都是菱形，所以又稱為菱眼葦蛙。此種是在這類青蛙之中最華麗的品種之一。白天與夜晚的色彩不同，天色亮的時候全身是珍珠般的白色，天色暗下來就會變成黑底上帶有密集的細小白點。與嬌小的身軀相反，食量非常大，所以飼主要確實的餵飽牠們。白天可以用小型的保溫燈照射飼養箱內的部分區域。

麗點葦蛙

學名：*Hyperolius arugus*
分布：東非　**體長**：4cm（平均3cm）
溫度：普通　**濕度**：略偏潮濕　**CITES**：

特徵：屬於非洲小型樹蛙的葦蛙類有許多品種，因為色彩會根據地區、亞種、雌雄而有所不同，所以非常難以分類。此種是比較熱門的品種，公蛙是淡綠色，母蛙是從裸色到黃色，兩者的身上各自帶有大小不一的奶油色斑點。因此有時候也會以不同品種的名義在市面上流通。不論性別體色都帶有透明感。如果在布置了植物的寬敞飼養箱內同時飼養數隻個體的話，看起來會非常漂亮（P／海老沼）。

廈谷穴蛙

學名：*Chacophrys pierroti*
分布：南美中部
體長：7cm（平均5cm）　**溫度：**普通
濕度：略偏乾燥～普通　CITES：

特徵：感覺就像是沒有角的角蛙、體型圓潤。體表質感也不粗糙，像是橡膠球一樣。眼睛大，會骨碌碌的轉動。大部分時間會鑽到地底下，在自然環境中，只有在下大雨之後才會現身。也因為這樣的習性，使牠們的流通量非常不穩定。最近，睽違了10年左右才終於有進口。食欲就和角蛙類一樣旺盛，就算是很大的食物也會整個吞下。色彩上有棕色系和綠色系。

亞馬遜角蛙

學名：*Ceratophrys cornuta*
分布：南美北部到中部
體長：12cm（平均7cm）　**溫度：**普通～偏高
濕度：潮濕　CITES：

特徵：角狀突起比同屬的其他品種都還要長得多，體格和頭部的形狀都很銳利。這樣的外觀讓牠們很受歡迎，但野生個體並不像其他品種如此貪吃，如果用對待鐘角蛙的方式飼養牠們，飼主恐怕會對這層反差感到困惑。因為牠們很神經質，所以要先鋪上厚土，從餵食魚類或活餌用蛙類開始。人工繁殖的個體並不神經質，但因為幼體比鐘角蛙小，餵食的時候會很辛苦。色彩有綠色與茶色，但綠色的野生個體很少。

哥倫比亞角蛙

學名：*Ceratophrys calcarata*
分布：哥倫比亞、委內瑞拉
體長：8cm（平均6cm）　**溫度：**普通～偏高
濕度：普通　CITES：

特徵：此種是小型的角蛙，整體來說體型偏圓。此外，背上的疣狀突起有點尖銳，數量也多。因為牠們的挖洞能力好，飼養時要鋪設厚厚的底材。有一段時間進口過美國的人工繁殖個體，但似乎是因為種源枯竭，現在可以說是完全沒有流通。原產地的生物輸出有嚴格的規定，所以應該很難取得。

圓眼珍珠蛙

學名：*Lepidobatrachus laevis*
分布：南美中部　**體長：**12cm（平均8cm）
溫度：普通　**水深：**偏深　CITES：

特徵：俗稱小丑蛙。像是穿著連身衣的扁平體型和朝上突起的眼睛都給人一種很滑稽的印象。從牠們的大嘴巴也可以想像得到，是非常貪吃的個性。只要習慣了，牠們甚至會吃混合飼料，這在青蛙中算是很例外的。體色上，有些個體的背部是綠色，也有些帶有明顯的橘色。此種的蝌蚪是像魟魚一樣的扁平體型，非常奇特。從幼體開始就會一口吞下青鱂和其他的蝌蚪。

紅斑蛙

學名：*Leptodactylus laticeps*
分布：南美中部　**體長：**12cm（平均10cm）
溫度：普通　**濕度：**略偏乾燥～普通　CITES：

特徵：偏白的底色上綴有鑲著黑邊的紅色斑點，看起來像是豹紋。牠們的外觀非常有衝擊性，因此第一次出現的時候引發熱烈的話題。之後流通量雖有增加，但現在又變得幾乎看不到了。體型比南美牛蛙還要短胖，頭部也很寬。公蛙的胸口和拇指在繁殖期也會出現硬硬的突起。此種的皮膚釋放的液體有強烈的刺激性，所以觸摸後一定要洗手。

貓眼珍珠蛙

學名：*Lepidobatrachus llanensis*
分布：南美中部　**體長**：10cm（平均6cm）
溫度：普通　**水深**：偏深　**CITES**：

特徵：又稱為侏儒小丑蛙，和小丑蛙是血統相近的品種。就如同牠們的名稱，瞳孔是像貓一樣的縱向細長型。體表有點粗糙。現在市面上幾乎沒有流通，頂多有此種與圓眼珍珠蛙的混種個體，以「庫格小丑蛙」的名義流通。珍珠蛙之中還有另一個品種叫做十字小丑蛙（*L.asper*），但最近也有人認為牠們可能就是這種混種個體。

南美牛蛙

學名：*Leptodactylus pentadactylus*
分布：南美北部　**體長**：18cm（平均10cm）
溫度：略偏高～偏高　**濕度**：普通　**CITES**：

特徵：體型相當大的地棲性蛙類。棲息在南美的森林，英文名稱叫做煙叢林蛙。此外，因為在本地也會當作食材，還有山雞的別名。體型很壯，公蛙的前腳更是特別的粗。公蛙的胸部和拇指到了繁殖期就會長出像是玫瑰尖刺一樣的突起物。這些刺似乎會用在爭奪地盤的時候。也有與此種很相似的擬南美牛蛙（*L.knuddseni*）存在。

姬番茄蛙

學名：*Dyscophus insulalis*
分布：馬達加斯加　**體長**：5cm（平均3.5cm）
溫度：普通　**濕度**：潮濕　**CITES**：

特徵：棲息在馬達加斯加一部分區域的小型番茄蛙。色彩不像鏽番茄蛙這麼多變，幾乎都是淡褐色。其中也有些個體有暗色的斑紋。腳上的蹼比鏽番茄蛙更發達，偏好潮濕的環境。市面上不太有流通，很少有機會看到。有些個體會以此種的名義進口，但有時候會是鏽番茄蛙。

智利頭盔牛蛙

學名：*Calyptocephalella gayi*
分布：智利　**體長**：15cm（平均12cm）
溫度：偏低　**水深**：偏深　**CITES**：附錄Ⅲ（智利）

特徵：只分布在智利的大型水生蛙。頭部的皮膚附著在頭蓋骨上，看起來就像是戴了一頂頭盔。市面上流通的通常是8cm左右的亞成體，但此種最大也有達到23cm的紀錄。喜歡冷水，夏天需要準備冷卻裝置等降溫的手段。雖然喜歡低溫，但食量很大，如果沒有調整餵食量就容易引起消化不良，應注意。此種的幼體竟然曾經被誤認為草蜥的一種而登記為新品種（P／石渡）。

鏽番茄蛙

學名：*Dyscophus guineti*
分布：馬達加斯加　**體長**：9cm（平均6cm）
溫度：普通～略偏高　**濕度**：普通～潮濕　**CITES**：

特徵：體型像番茄一樣又紅又圓的高人氣品種。色彩有個體差異，從橘色、偏黃，到背上有明顯菱形花紋等各式各樣的個體都有。有些個體鮮紅的程度甚至和屬於CITES附錄I的另一品種番茄蛙（*D.antongilii*）幾乎沒有差別。在日本國內也有繁殖，市面上會定期出現CB幼體。感受到太大的壓力就會在體表分泌帶有黏性的白色液體，牠們有時候會因為這種黏液引發自體中毒。

人面大葉蛙

學名：*Plethodontohyla tuberata*
分布：馬達加斯加　**體長：**5cm（平均4cm）
溫度：普通　**濕度：**普通～略偏潮濕　CITES：

特徵：輪廓深邃的臉就像人類一樣，所以才有了「人面蛙」的俗稱。馬達加斯加產的*Plethodontohyla*屬和番茄蛙是血統很接近的種類，生態也很相近。因為曾經以馬達加斯加挖洞蛙等名稱流通，所以容易受到誤解，但此種其實並不偏好乾燥。在略偏潮濕的環境，放進遮蔽物飼養會比較好（順帶一提，牠們並不會自己挖洞）。牠們可以吃下比自己體型更大的食物。

馬達加斯加犁足蛙

學名：*Scaphiophryne madagascariensis*
分布：馬達加斯加　**體長：**5cm（平均3.5cm）
溫度：普通　**濕度：**略偏潮濕　CITES：

特徵：犁足蛙屬的每個品種的腳跟都有像犁一樣形狀的突起物，牠們會利用這個特徵挖洞鑽進地底。此種是最常見的犁足蛙，體型比其他品種更結實，頭部也比較寬。花紋是褐色底上有綠色網紋，但其中也有一些是底色的部分較少，看起來像是綠色底上有褐色的斑紋。進食狀況好，是個大胃王。

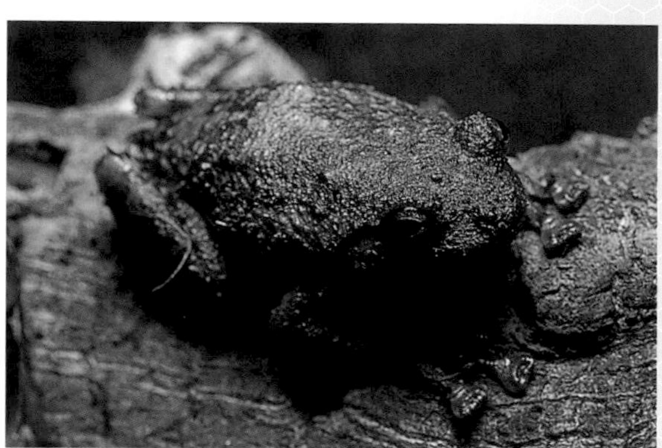

大攀樹姬蛙

學名：*Platypelis grandis*
分布：馬達加斯加　**體長：**7cm（平均6cm）
溫度：普通　**濕度：**略偏潮濕　CITES：

特徵：與粗短的笨重體型相反，這類指尖像圓盤一樣寬大的青蛙可以爬樹。牠們爬樹的動作就像是將手或手指黏貼在樹枝上。此種在屬中算是大型，其他品種都是4cm左右的嬌小體型。就像是會爬樹的狹口蛙，是個感覺很不可思議的品種。馬達加斯加有許多像這樣的奇特蛙類，也有很多愛好者會專門飼養這個產地的蛙類。

花狹口蛙

學名：*Kaloula pulchra*
分布：東南亞　**體長：**7cm（平均5cm）
溫度：普通　**濕度：**普通　CITES：

特徵：此種從很久以前就有進口，知名度卻不怎麼高。頭部小、身體胖，體型像是一顆御飯糰，要是生起氣來更會把身體鼓到極限威嚇敵人。廣泛分布在東南亞，在本地的棲息密度也很高（甚至可以在垃圾下面發現牠們）。這種體型的青蛙幾乎都喜歡把身體埋在土中，此種也不例外。就幫牠們鋪上一層厚厚的、容易鑽入的底材吧。進食狀況良好。

散疣短頭蛙

學名：*Breviceps adspersus*
分布：非洲南東部　**體長：**6cm（平均4cm）
溫度：普通～略偏高
濕度：乾燥　CITES：

特徵：因為頭部很小加上身體圓，整體看來就像是一顆球。牠們是偏好乾燥地區的特殊蛙類，皮膚質感像是包著土一樣乾爽，簡直就像是一顆大福。這樣的外表讓牠們非常受歡迎。討厭滑溜溜青蛙的人也會覺得此種很特別。牠們有一個櫻桃小嘴，會迅速吃掉小型的食物。牠們沒辦法跳躍，只能小步小步的走動。因為此種本來就是地底型的蛙類，所以飼養時要讓牠們可以鑽進厚厚的黑土中。

彩虹犁足蛙

學名：*Scaphiophryne gottelbei*
分布：馬達加斯加　**體長：**4cm（平均3cm）
溫度：普通～略偏低
濕度：略偏潮濕　CITES：附錄II

特徵：體型偏小，卻是最美麗的犁足蛙。擁有白、橘、黑、黃綠這些其他蛙類沒有的典雅色彩，因此有了「花魁」的美名。皮膚質感也比其他品種來的光滑，是一種帶有女性風格的品種。挖洞鑽地的習性一樣很強烈，所以要選用柔軟且保濕力強的底材，並厚厚的鋪上一層。用比其他犁足蛙更小的食物來餵養比較好。

克氏鋤足蛙

學名：*Scaphiopus couchi*
分布：北美　**體長：**8cm（平均6cm）
溫度：普通　**濕度：**乾燥　CITES：

特徵：牠們是適應了乾燥地區的其中一種蛙類，會用後腳的犁狀突起物潛到很深的地底，藉此度過乾燥的季節。下雨的時候會出來覓食和繁殖。人工飼養下也不需要變化太多花樣，平常可以讓牠們鑽到厚厚的赤玉土等底材裡、不用理會。噴水後牠們會在夜間現身，但只可以偶爾這樣讓牠們出來活動。飼主要隨時記得，牠們不是整年都會一直活動的品種。進食狀況本身是非常好的。

紅帶蛙

學名：*Phrynomantis bifasciatus*
分布：東非　**體長：**6cm（平均4cm）
溫度：普通　**濕度：**普通～略偏潮濕　CITES：

特徵：日文是叫做帶狀謎蛙的奇怪名稱，會這麼取名，是因為牠們的分類有很長一段時間都處在曖昧不明的位置。頸部比其他的蛙類更長，所以過去曾被稱為「長頸蛙」。黑色底搭配上粉紅條紋的體色給人有毒的印象，事實上此種的皮膚的確帶有刺激性的毒。碰到就會有灼燒感，所以應該盡量避免用空手接觸牠們。色彩到了夜晚會改變。

斑小狹口蛙

學名：*Calluella guttulata*
分布：東南亞　**體長：**6cm（平均4cm）
溫度：普通　**濕度：**普通　CITES：

特徵：會以緬甸蹲蛙等名稱進口的一種狹口蛙。身體比花狹口蛙更扁平，形狀就像是將此屬蛙類從上方往下壓扁的模樣。背上的花紋具個體差異，有網紋和斑點狀。生氣時一樣會膨脹起身體威嚇敵人。牠們在這個狀態下有時候會上下搖晃，蹲蛙的名稱可能就是這麼來的。

三角枯葉蛙

學名：*Megophrys nasuta*
分布：東南亞　**體長：**14cm（平均7cm）
溫度：普通～偏低　**濕度：**略偏潮濕～潮濕　CITES：

特徵：過去市面上曾有多個品種以這個名稱流通。到現在也還是有印尼的印尼枯葉蛙（*M.montana*）以三角的名稱在市面上流通。此種的角狀突起非常的長。牠們畢竟能夠擬態成枯葉，因此色彩變異也很大，從幾乎全黑到土黃色、茶色、紅色的個體都有。雌雄之間的大小甚至有倍數差別，大型的母蛙非常有魄力。公蛙有時候會在晚上突然發出會讓人嚇一跳的大聲鳴叫。

紅眼長腕蛙

學名：*Leptobrachium hendricksoni*
分布：東南亞　**體長：**6cm（平均4cm）
溫度：普通～略偏低　**濕度：**略偏潮濕　CITES：

特徵：又名馬來亞長腕蛙的地棲性蛙類。鮮明的紅色眼睛是牠們的特色。此種偏好的環境不明，太潮濕或太乾燥都不理想。動作也是慢吞吞的，令人摸不著頭緒。有些個體會馬上進食蟋蟀，有些則是不耐心的餵食麵包蟲類或潮蟲就不願意進食。簡單來說，牠們可以算是飼養起來很憑運氣的品種。用心飼養的個體會相當強壯（P／石渡）。

寬頭短腿蟾

學名：*Brachytarsophrys carinensis*
分布：中國～東南亞　**體長：**14cm（平均11cm）
溫度：普通～偏低　**濕度：**普通～潮濕　CITES：

特徵：短腿蟾是和枯葉蛙血緣相近的種類，體型較寬，四肢也比較短。此種的眼睛上方有2～3根突起，可以從這點跟只有一根突起的緬北短腿蟾（*B.feae*）作區別。另外，因為體表有突起物，所以此種的皮膚比較凹凸不平。嘴巴很大，會吃掉其他的蛙類，同籠時須注意。如果用手戳牠們就會膨脹著翹起身體，再繼續捉弄下去的話，牠們會發出像是怪鳥一樣的巨大聲音來嚇跑敵人。

黃蜂蟾

學名：*Melanophriniscus stelzneri*
分布：南美　**體長：**3cm（平均2.5cm）
溫度：略偏低～偏低　**濕度：**普通～潮濕　**CITES：**

特徵：看起來就像是箭毒蛙類，有著嬌小的身軀和鮮豔的色彩。體色是黑底搭配上明亮的黃斑。這些斑紋的形狀會根據亞種和分布區域而有所不同，巴拉圭產的個體會是細密的斑點狀。腹部是黑、黃、紅混雜的斑紋，牠們有時候會翻過來露出腹部警告敵人（此種的皮膚帶有稍強的毒性）。動作遲緩，理想溫度偏低，幾乎可以像有尾目一樣飼養。

棕樹蟾

學名：*Pedostibes hosii*
分布：東南亞　**體長：**10cm（平均8cm）
溫度：普通～偏低　**濕度：**普通（日間）～潮濕（夜間）　**CITES：**

特徵：雖然屬於蟾蜍科，四肢卻很細長，有吸盤狀的指尖，很適合爬樹。人工飼養下只要布置出立體化的飼養箱，也能欣賞到牠們的動作。皮膚不像蟾蜍屬一樣粗糙，反而很光滑。幾乎所有的雌性都是綴有偏黃斑點的灰綠色，很是鮮豔，但剩下的少數雌性和所有雄性全身都是褐色。雄性比雌性還要嬌小、瘦弱許多。因為牠們棲息在溪流附近，所以對炎熱沒什麼抵抗力。

黃帶箭毒蛙

學名：*Dendrobates leucomelas*
分布：中美　**體長：**3.7cm（平均3cm）
溫度：普通　**濕度：**略偏潮濕～潮濕　**CITES：**附錄Ⅱ

特徵：黑底上有黃色的橫向帶紋，令人聯想到蜜蜂的配色。色彩上，有些個體的黃色部分是檸檬色、有些是橘色，而這似乎不是地區性差異。可能是因為牠們生活在有乾季的區域，所以對乾燥的抵抗力比其他品種強，算是容易飼養的箭毒蛙之一。在日本國內也有繁殖，相對容易取得。可以吃下比自己身體稍大的食物。

細身蟾

學名：*Leptophryne borbonica*
分布：東南亞　**體長：**4cm（平均3cm）　**溫度：**普通～略偏低
濕度：普通（日間）～潮濕（夜間）　**CITES：**

特徵：俗稱姬樹蟾。就像牠們的另一個別名跳蟾一樣，四肢纖細且體型細長，在蟾蜍科之中是少見有跳躍力的品種。雖然如此，但因為牠們的體積小，飼養時也不至於煩惱空間的問題。牠們動作輕快，非常的可愛。真要說的話，可以用箭毒蛙等小型地棲性品種的感覺來飼養。雄性會發出像小鳥一樣的啾啾叫聲。

綠色箭毒蛙

學名：*Dendrobates auratus*
分布：中美、夏威夷　**體長：**4cm（平均2.5cm）
溫度：普通～略偏低　**濕度：**略偏潮濕～潮濕
CITES：附錄Ⅱ

特徵：除了原產地的中美，也已經歸化到夏威夷的有名箭毒蛙。有各種色彩變異，如黑底搭配金屬綠、黑底搭配金屬藍、古銅色搭配金屬綠、黑底搭配金色等。斑紋的形狀也有變化，有斑駁狀和斑點狀花紋。這些花紋是有地域性的。是強壯且容易飼養的箭毒蛙之一。雖然也有害羞的一面但進食狀況好，很適合作為入門品種。

天藍箭毒蛙

學名：*Dendrobates azureus*
分布：委內瑞拉、哥倫比亞　**體長：**4.5cm（平均4cm）
溫度：略偏低～偏低　**濕度：**潮濕　**CITES：**附錄Ⅱ
特徵：是大型箭毒蛙的其中之一。在此屬中是色彩最吸引人的，全身是有漸層變化的鈷藍色。是一種不負「有生命的寶石」美名的蛙類。雖然很受歡迎，但因為被濫捕作為寵物而數量大減，在原產地已經受到保育。只能偶爾看到人工飼養的個體出現。因為牠們喜歡比較涼爽的環境，所以要選用通風良好的飼養箱。牠們體型大，因此可以吃下較大的食物。

金色箭毒蛙

學名：*Phyllobates terribilis*
分布：南美北西部　**體長：**6cm（平均5cm）
溫度：普通　**濕度：**普通～潮濕　**CITES：**附錄Ⅱ
特徵：葉毒蛙屬與箭毒蛙屬是血緣相近的種類，其中有些品種帶有非常強的毒性。此種是毒性最強的品種，牠們的毒性不只在蛙類之中、在所有生物中也是位居第一。但也有學說指出箭毒蛙科的毒性是透過牠們吃下去的螞蟻來合成，因此在人工飼養下會消失。就算如此，還是不要空手觸碰牠們比較好。葉毒蛙屬能比箭毒蛙屬吃下更大的食物，很容易飼養。此種的體色有數種類型。

花箭毒蛙

學名：*Dendrobates tinctorius*
分布：南美北部　**體長：**6cm（平均4.5cm）
溫度：普通～略偏低　**濕度：**潮溼　**CITES：**附錄Ⅱ
特徵：此種在箭毒蛙中算是相當大型的，因為不需要餵食很小的食物，所以是很容易飼養的品種。體色的變化非常豐富，族繁不及備載。大部分是黑底上有深藍色、藍色、黃色等顏色複雜的交織在一起。這些色彩有地區性差異，據說只相隔一個山谷的距離也會有不一樣的色彩。人工繁殖個體與野生個體都有在市面上流通。可以說是箭毒蛙的入門品種之一。

綠斗蓬樹蛙

學名：*Mantidactylus pulcher*
分布：馬達加斯加
體長：3cm（平均2cm）
溫度：普通　**濕度：**潮濕
CITES：
特徵：螂指蛙屬是馬達加斯加特有的種類，牠們已經適應了各種環境並各自進化。從大型的半水生品種到樹棲性強的品種都有，外型也很多變。此種是屬於樹棲性強的小型品種。半透明的綠色身體非常漂亮。可以和曼蛙類一樣，飼養在有經過布置的飼養箱內。牠們和精緻的外觀不同，是意外強健的品種。

金色曼蛙

學名：*Mantella aurantiaca*
分布：馬達加斯加
體長：2.5cm（平均2cm）
溫度：略偏低～偏低　**濕度：**潮濕
CITES：附錄Ⅱ
特徵：在曼蛙類中也算比較小型的品種，但牠們全身卻是最顯眼的橘色。根據個體的不同，也有些個體會比較偏黃或偏紅。與此種很相似的黑耳曼蛙（*M.milotympanum*）在鼓膜上有黑色的斑點，可以與此種區別。最近有些研究指出，曼蛙類的皮膚也和箭毒蛙類一樣帶有毒性。不論如何，都不要空手接觸牠們比較好（P／池田）。

馬達加斯加彩蛙

學名：*Mantella madagascariensis*
分布：馬達加斯加
體長：3cm（平均2.5cm）
溫度：普通～偏低　**濕度：**潮濕
CITES：附錄Ⅱ
特徵：曼蛙屬的蛙類又稱為曼特蛙，是一種體色和箭毒蛙一樣鮮豔的馬達加斯加特有小型蛙。此種的黑色部分形狀就像是穿了某種泳衣一樣。所有的曼蛙類都比箭毒蛙偏好更小型的食物，所以牠們對斷食非常脆弱，飼主有必要頻繁的餵食。將牠們放養在有種植植物的環境中是最理想的。

紅箭血斑蛙

學名：*Rana signata*
分布：東南亞　**體長**：5cm（平均4cm）
溫度：略偏低～偏低　**濕度**：略偏潮濕　**CITES**：

特徵：此種是分布在馬來半島等地的赤蛙屬中的其中一種。在體色大多很樸素的此屬中，此種是黑色身體搭配上金屬色澤的橘色或紅色斑點，非常顯眼，是色彩對比很鮮明的品種。因為牠們的跳躍力強，所以要使用比較寬敞的飼養箱。此種棲息在溪流附近，對炎熱非常沒有抵抗力。另外，有些個體會在運輸途中因為跳躍而弄傷眼睛，使得眼睛變混濁，請注意。也有花紋模糊的類型存在，但近年來似乎已經被改為別的品種。

索羅門島角蛙

學名：*Ceratobatracus guentheri*
分布：索羅門群島　**體長**：8cm（平均6cm）
溫度：略偏高～偏高　**濕度**：略偏潮濕　**CITES**：

特徵：像枯葉蛙一樣是可以擬態成枯葉的品種，但兩者的親戚關係很薄弱，此種分類在赤蛙科。鼻頭尖銳，從上方俯瞰呈倒三角形。色彩很多樣化，從迷彩花紋到黑白色調、雙色調都有。自然環境中也有白化個體存在。跳躍力強，不只是水平方向，也會往垂直方向跳躍，所以飼養箱需要足夠高度。對低溫很脆弱，冬天需要特別注意溫度過低的問題。成長時是直接發育，從卵會孵化出幼蛙。

大綠臭蛙

學名：*Rana livida(Odrana livida)*
分布：中國～東南亞　**體長**：11cm（平均8cm）
溫度：普通　**濕度**：普通～略偏潮濕　**CITES**：

特徵：此種是體型比較大的赤蛙屬蛙類。背部為綠色，是很像青蛙的普通青蛙。體型意外的大，在中國也會作為食材販賣。進食狀況好，但因為牠們有比較大的體格和很強的跳躍力，所以需要尺寸等同塑膠衣箱的寬敞飼養箱。這個屬內還有幾個很相似的品種，有時候會混在一起進口。

亞洲浮蛙

學名：*Occidozyga lima*
分布：東南亞
體長：3.5cm（平均2.5cm）
溫度：普通　**水深**：普通
CITES：

特徵：是小型的赤蛙科蛙類，漂浮在水面是牠們的普通狀態。會捕食掉到水面上的昆蟲。體色有些偏綠，有些則是帶有線條。此種幾乎都是被當作餵食亞洲龍魚的活餌販賣，很少能在專賣店看到牠們（P／石渡）。

艾氏巨諧蛙

學名：*Conrana alleni*
分布：非洲西部
體長：11cm（平均9cm）
溫度：普通～略偏低　**水深**：偏深
CITES：

特徵：與世界上最大蛙類的巨諧蛙同屬的品種。雖然體型不像巨諧蛙一樣巨大，但外觀非常相似。水生性強，幾乎不會上岸。因為跳躍力強，如果嚇到牠們就可能會發狂亂鬧導致撞傷鼻頭。剛進入新環境的時候可以用紙或投影布幕遮住飼養箱，讓牠們安心。另外，也可以在水中用塑膠管或盆栽製造躲避處。

非洲牛蛙

學名：*Pyxicephalus adspersus*
分布：非洲南部
體長：20cm（平均14cm）
溫度：普通　**濕度**：略偏乾燥～普通
CITES：

特徵：販賣中的個體都是可愛的幼體，但是成體、特別是雄性的容貌會有很大的變化，體型也會變得非常巨大。背上會出現條狀突起，體型也會像角蛙類一樣變得矮胖。大型個體的下顎會長出牙齒狀的突起，被咬到會非常的痛。牠們是少數不是因為誤認成食物，而是為了攻擊而咬人的蛙類。將幼體養大是出乎意料的難，均衡的餵食間隔和飲食內容是必要的。

奇異多指節蟾

學名：*Pseudis paradoxa*
分布：南美
體長：8cm（平均6cm）
溫度：普通　**水深**：普通　**CITES**：

特徵：此種的蝌蚪體長達25cm，非常巨大，甚至會被拿來食用。但成體與之相比卻小得多，所以才有奇異之名。分布範圍很廣，有幾個亞種存在，但全都非常相像、難以辨別。與其說是水生不如說是生活在水面，平常會靜靜的維持浮在水面上的姿勢。對食物的反應很快，獵物一掉到水面就會迅速接近並捕食。也會吃其他的蛙類或魚類。

壯髮蛙

學名：*Trichobatrachus robustus*
分布：喀麥隆
體長：13cm（平均9.5cm）
溫度：偏低　**水深**：偏深　**CITES**：

特徵：是一種雌雄之間不只是外觀、連生態都不一樣的特殊蛙類。雄性就如其名，全身長有密集的毛髮狀構造，繁殖期會長得特別長。這個構造的用途不明，但從水生性會在繁殖期變強的情況來看，可以推斷這似乎是用來輔助呼吸器官的。另外，雄性的指尖長有爪狀突起，其目的應該是為了防止被水流沖走。相較之下，雌性是陸生性，除了繁殖期以外幾乎不會進入水中。飼養方式上還有許多不明之處。

東方鈴蟾

學名：*Bombina orientalis*
分布：中國東部、朝鮮半島
體長：5cm（平均4cm）
溫度：普通　**濕度**：潮濕　**CITES**：

特徵：鮮豔的黃綠搭配黑色的斑點，腹部則是看起來有毒性的紅黑配色。這是皮膚上帶有毒性的警告色，牠們受到驚嚇就會翹起四肢、露出腹部，藉此警告對手。因為叫聲像鈴鐺的聲音，因此而得名。飼養起來容易，同時飼養幾對公母也可以以繁殖為目標。有時候也可以看到底色是灰色或褐色而非黃綠的個體。

非洲爪蟾

學名：*Xenopus laevis*
分布：非洲　**體長**：10cm（平均8cm）
溫度：普通　**水深**：偏深　**CITES**：

特徵：因為此種的細胞大、容易觀察，所以被當作實驗動物而大量繁殖，是世界上最常流通的蛙類之一。對環境的變化很能夠適應，水溫的高低和水質的惡化幾乎都不會對牠們造成任何問題。是完全水生性，船槳狀的後腳和流線型的身體都很適合游泳。人工飼養下已知有白化等色彩變異品系。包括混合飼料在內，牠們什麼都吃。只要能吞下，就連魚類也會捕食，同時飼養的時候要注意（P／石津）。

蘇利南爪蟾

學名：*Pipa pipa*
分布：南美北部　**體長**：17cm（平均11cm）
溫度：普通～略偏高　**水深**：偏深　**CITES**：

特徵：以負子蟾之名廣為人知的本壘板形扁平水生蛙。最近已經比較少，但牠們是體型很大的品種，有些個體可以長到人手張開到極限的大小。雌性會將卵揹在背部，讓卵陷進皮膚裡並孵化的習性非常有名。人工飼養下也可以觀察到這個行為，但卵埋沒進皮膚下的速度卻是意外的快。如果可以從卵開始飼養幼體，牠們就會鑽過雌性個體的背部皮膚跑出來。是完全水生，不會離開水中。

侏儒爪蟾

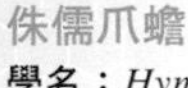

學名：*Hymenochirus boettgeri*
分布：非洲中部　**體長**：4cm（平均3cm）
溫度：普通～略偏高　**水深**：偏深　**CITES**：

特徵：有時候會在熱帶魚專賣店以剛果爪蟾的名義出售，用來作為在水槽中清除貝類的動物。屬於小型的爪蟾，四肢比非洲爪蟾更長。因為尺寸的關係，牠們不會襲擊魚類，所以可以跟熱帶魚養在同一個水槽。牠們是完全水生，所以不需要陸地。牠們會為了呼吸而浮上水面，也常常活動，所以不容易看膩。會吃動作遲緩的螺類、絲蚯蚓、紅蟲，以及混合飼料等食物（P／橋本）。

蛙類的飼養方式

・開始飼養之前

飼養蛙類的時候，其實不需要太複雜的設備。但還是要作各種準備，不知道為什麼，也有許多飼主覺得很辛苦。

原因就在下面這句話。「青蛙是要用環境來養的生物」。這句話的確非常貼切。對於適應了世界上各式各樣的地區、氣候而分化的蛙類來說，準備針對各個品種的最佳環境格外的重要。

至今為止，筆者本身在許多地方使用過這句話，也沒有否定的意思。不過飼養蛙類的時候，其實不需要像這句話給人的印象一樣，嚴謹得太過誇張。如果讀者在圖鑑中找到感興趣的種類，就先稍微深入調查一下吧。了解看看自己想養的品種是棲息在怎樣的環境、飼養的時候需要注意些什麼事。找找相關雜誌的過去刊號、閱讀國內出版的各種飼養相關書籍、詢問懂的人、或在網路上搜尋都可以。

需要注意的是，這些都沒有唯一的標準答案。書籍中記載的資訊都是所謂的平均值，「很了解的人」和「有在養的人」等個人經驗或網路上的資料，皆能當作是統計前的各項資料之一。

只要像這樣找到一些資料，心裡也會有個底。如此一來，接著就只剩下準備適合的東西了。說是準備，其實也不需要像養魚一樣要裝好水槽，然後暫時讓水流動……之類很花時間的步驟。說得極端一點，只要準備好適切的環境，從這個瞬間開始就可以讓個體進入飼養箱了。從飼主的心態來說，一定是從想養的時候開始就希望能盡早把個體放進飼養箱、欣賞牠們的模樣，所以這一點很令人欣慰（本來大部分的爬蟲類就都是如此）。

雖然輕率的衝動購物（飼養）很不可取，但是說實話，爬蟲類或兩棲類的飼養幾乎都是從一股衝動開始的。所以不要給自己太多限制，收集到一定的資料再準備開始飼養就可以了。

・挑選個體

接下來就是實際引進個體了。挑選個體當然是直接跑一趟寵物店最快。雖然有許多人將個體的顏色和花紋當作挑選的第一要件，但蛙類的顏色會因為明暗和濕度、溫度等周圍環境而有很大的變化。色彩變化劇烈的樹蛙就不用說了，令人意外的是，連角蛙類的色調也會因為待在陰暗的環境而變深、待在明亮的環境而變淡。

培育出美麗的改良品系是很盛行的。照片中是有著濃厚南美角蛙血統的「白化鐘角蛙」

變化相對較少的是箭毒蛙類，但牠們也會有一定程度上的變色。這時應該將當下的色調當作參考，看狀態來挑選。

首先就從是否有傷口來檢視吧。最明顯的就是牠們的鼻頭。野生個體或是跳躍力強的個體常會在進口時或運輸中將鼻頭磨破皮。飼主沒有必要特別挑選這樣的個體，不過蛙類的自癒能力是很強的。只要傷口的狀況不太嚴重（如果對其他部分很中意），挑選這樣的個體也大多不會出問題。傷口的狀態要從是否有滲出類似膿的液體、傷口是否有持續出血（每次都摩擦到同樣地方的話，傷口大多會一直無法痊癒）等情況來判斷。

比起鼻頭，問題更常出在體表、背部、腕部等地方。傷到這些部位的話有時候會很難癒合，也常有細菌入侵傷口，所以要避免。如果看得到牠們的側腹部，就要檢查一下四肢的接合處和腹部的顏色。看看有沒有像是內出血一樣滲著紅色。蛙類最常見的疾病之中，有一種稱為「紅腿病」的疾病。原因有幾個，簡單來說就是細菌會從患部進入身體、擴散到全身，最後致死的病。這種病的惡化很快、難以恢復，所以飼主要特別留意比較好。

接下來是體型。胖嘟嘟的個體毫無疑問是很好的，但其中也有些個體像亞馬遜角蛙一樣，腰骨會常態性的有點突出。飼主只要對照一下幾本書就會知道該品種的標準外型是如何。將狀態優良的外觀輸入到腦海，再根據這個模樣，挑選出體型相似的個體吧。

需要注意的是，蛙類可以在體內儲存水分。本來很瘦弱的個體有時候會因為儲存著尿液等水分而讓體型看起來比較脹。這種個體一放進飼養箱，排尿之後就會一口氣變得皺巴巴的（但健康的個體排尿後腹部多少也會凹陷）。

這時候飼主可以連體型一起看看四肢的粗細。四肢瘦弱得浮現骨頭的個體就算身體看起來很胖，其實也大部分都是前面所提到的「虛胖」體型。

還有一點，檢查眼睛也是很重要的。眼球突出在身體外部的蛙類可能會因為某種原因而摩擦到眼睛，使細菌進入，看起來就會混濁偏白。雖然這樣的狀況一眼就可以看出來，但有些個體在白天會閉著眼睛睡覺，要檢查牠們的眼睛狀況可能有點困難。這一點在挑選的時候非常重要，所以可以的話，就請寵物店的店員幫忙叫青蛙起床吧。這麼做之後當然還是有可能不買，所以拜託時要有禮貌一點。將服務當作理所當然的態度並不好。請不要忘記賣家與買家彼此都是對等的關係。

經過這些檢驗，再挑選整體來說自己最中意的個體吧。沒自信的話，就不要客氣，試著詢問店員哪個個體是最好的。對方應該不會刻意推薦狀況不好的個體。只不過，飼養可以說是從這個挑選個體的階段就開始了，所以這也是樂趣之一。飼主可以盡量選擇自己喜歡的個體。

以上的挑選方式只適用於直接前往寵物店的人。最近透過網路從遠方的店家購買個體的情況愈來愈普遍了。沒辦法親自挑選的情況下，就將要求告訴店家，請店員幫忙挑選吧。根據情況也

COLUMN 01

蛙類的雌雄辨別很困難嗎？

蛙類的雌雄很難分辨。不，能夠分辨的就可以馬上看得出來。例如麗點葦蛙等幾種葦蛙類的雌雄有不一樣的體色、有些雄性雨蛙類和蟾蜍類的鳴囊部分（大多在喉部下方）會是黑色或黃色、幾種箭毒蛙的指尖可以看出形狀的不同，而且這些都跟時期沒有關係。

但是，胸口僅在繁殖期長出黑色刺狀突起的雄性細趾蟾屬蛙類，或是拇指僅在繁殖期變黑的雄性蠟白猴樹蛙等品種，就只能在該特徵明顯出現的繁殖期分辨。更不要說沒有這種變化的其他蛙類，牠們的性別到底要怎麼區分呢？

幸好以樹蛙為首的許多品種，母蛙的體型都比公蛙大上許多（非洲牛蛙卻是相反，公蛙的體型大多了）。因為如此，有很高的機率可以正確判別。但偶爾也會出現大型的公蛙，或正在發育中的母蛙。

那會叫的就是公蛙……這一招如何。這是正確答案，而且也幾乎不會錯。可是不會叫的個體也有可能是「還沒開始叫」的公蛙而非母蛙。沒錯，要分辨公蛙很簡單，但要斷定是不是母蛙比登天還難。

而且，也是有像蠟白猴樹蛙和鏽番茄蛙等，母蛙會意思意思鳴叫幾聲的品種存在。好了，這下怎麼辦呢？如果是為了繁殖，沒有一對公母就傷腦筋了……原本以為是母蛙的個體其實是公蛙的話……很遺憾，也只能放棄了。野生蛙類的雌雄比例本來就是公蛙比較多，採集時也要靠鳴叫聲尋找個體，這樣一來公蛙當然也就會比較多。母蛙本來就是非常珍貴的。與其處心積慮的努力分辨雌雄，不如抱著選到母蛙就是運氣好的想法，才是比較健康的心態。

不過到目前為止舉出的例子都比較極端，通常市面上流通的母蛙，大部分都是真正的母蛙。但牠們可不是工業化商品，而是生物。請不要忘記也會有例外出現。最確實的方法恐怕是找獸醫師照X光了。但是真的有必要這麼堅持嗎？

可以請對方用電子郵件等方式傳送照片。但並不是所有的店家都有提供這種服務。不要勉強，而是有禮貌的好好拜託對方。已經傳送照片卻因為不喜歡該個體，而採不回信的方式取消交易是最差勁的行為。不要說照顧生物，連身為一個人該有的禮儀都不懂的人，根本不應該使用本來就難以正確傳達意思的電子郵件。

有點扯遠了，如果要使用網路購物等方式，買主自己也需要有一定程度上的變通。雖然也有居住地等不可抗力因素，但最理想的方式還是親自去看。

・飼養箱與設備

飼養生物就需要使用飼養箱。順帶一提，這邊指的是「Cage」而非「Gauge」。Cage是指籠子或容器。Gauge指的是測量量表的總稱或是鐵軌的寬度。可能會有人記錯，因此為了保險起見再提醒一次。

而這個飼養箱，當然要配合該品種的生態來選擇。飼養水生的負子蟾或爪蟾可不能準備鳥籠，喜歡通風良好環境的樹棲性蛙類也不能使用密閉的保鮮盒。這部分就算不特別提起，以常識判斷也可以知道。

問題是大小。就結論來說是愈大愈好。但每個人的飼養空間是有限的，所以請準備自己能力範圍內最適當尺寸的飼養箱吧。

地棲性品種不需要太高的高度，但平面面積要足夠；樹棲性的品種則要選擇以高度為重點的飼養箱。

可以當作飼養箱的東西不只是專賣店的兩棲爬蟲類專用飼養箱，熱帶魚用的水槽（加上網蓋）、鳥籠（適合飼養喜歡通風的大型樹蛙）、塑膠盒等物也可以。跳躍力強的品種要考慮到寬敞程度和撞擊時的緩衝，可以使用經過鑽子打了幾個通風孔的加蓋塑膠衣箱。簡而言之，只要可以容納生物，材質又不會對個體帶來危害的話，任何東西都可以當作飼養箱。

那麼，決定好飼養箱之後就是溫度控制器了。蛙類不像爬蟲類那麼需要體溫來活動，幾乎所有的種類都使用溫和的暖氣或保溫器具就可以了。而且大部分品種耐寒的能力都很強，在很低的氣溫下也會活動。在關東南部以南的地區，大部分品種在冬天也可以不加溫飼養。在這些地區，冬天需要保溫的有：為了消化而不該讓腹部著涼的蟾蜍類和一部分細趾蟾類、角蛙類，還有晚上可以降溫但日間最好可以讓體溫上升的蠟白猴樹蛙和綠雨濱蛙、星背樹蛙等品種。

前者的地棲性品種要用加熱墊鋪在飼養箱的一部分區域，後者的樹蛙則只在白天用小型的保溫燈照射，製造出比較熱的地點。

除此之外，箭毒蛙要連同整個室內用暖氣保溫，或是把整個飼養箱放在室內溫室比較適合。這種間接保溫方式不只適用於箭毒蛙，也可以使用在幾乎所有的品種身上，在關東以北等比較寒冷的地區飼養的時候可以積極的使用這樣的方法。

沒有在前面特別列舉出來的品種大致上只要溫度不低於20℃，不使用暖氣應該也完全沒有問題。另外，水生的負子蟾和爪蟾可以直接使用熱帶魚用的加熱器。但是絕對不可以忘記加上防燙傷措施。

接下來是照明。照明可以說是會依據飼養箱內布置的物品，或是身為觀賞者的飼主來決定需不需要。會這麼說，是因為幾乎所有的蛙類都和龜類、蜥蜴不一樣，不需要在白天曬太陽。對於蛙類來說，照明的用處頂多就是區別晝夜，如果飼養箱是放在明亮的室內，甚至可以說是完全沒

箭毒蛙有許多美麗的品種，常激起人的飼養欲。尤其是天藍箭毒蛙，美得幾乎可以說是大自然的藝術品

有必要。

但若說是不用裝設照明，倒還是要根據情況判斷。飼養箱內有種植觀賞植物的時候就有必要。就像各位所了解的，植物不照光就無法行光合作用。

另外就像前面所提到的，在區別日夜的目的上，還是要有照明會比較好。對於夜行性品種多的蛙類來說，好好的製造光線的明暗也比較能維持生活的步調。這對提升代謝也有幫助。其中也有些像是箭毒蛙和曼蛙類這樣的日行性品種。飼養這樣的種類，當然就需要裝設照明。

至於令人在意的紫外線的問題，蛙類是不需要紫外線的。所以照明器具只要使用一般的觀賞魚用燈即可。亮度可依該品種的喜好（森林性強的牛眼蛙和枯葉蛙等品種，白天也不喜歡太明亮的環境）調整使用1～2個燈管。

雖然不需要紫外線，但像是紅眼樹蛙和蠟白猴樹蛙等幾種樹蛙除了提高體溫或曬乾身體之外，也會以吸收紫外線為目的而做日光浴。對於這樣的品種，可以裝設能照射出微弱紫外線的專用燈。不管怎麼說，過量的紫外線對蛙類來說都是有弊無利的。筆者個人認為這對幾乎所有的蛙類來說都是不必要的。

好了，既然準備好保溫器具，再來就是飼養箱內部。首先是底材。底材對「用環境來養」的蛙類來說很重要。特別是地棲性和地底型的品種，底材就等於是牠們的活動場域。飼主要根據各個品種偏好的環境鋪設。

幾乎所有蛙類都可以使用水苔、濕潤的椰殼纖維土以及腐葉土。可以將這3種材質混合或是分層鋪設，製造出微妙的濕度差異。喜歡更潮濕環境的枯葉蛙可以水苔為主提高濕度，而比較適合輕微潮濕的南美牛蛙和紅斑蛙，使用顏色變暗一點的微濕椰殼纖維土混腐葉土也很好。

森林型的樹蛙們和葦蛙的底材也可以用這3種材質來組合變換（大多會在椰殼纖維土或腐葉土上鋪適度濕潤的水苔）。箭毒蛙或曼蛙等比較適合連同飼養箱內的布局一同培育的品種，可以在這些底材下鋪透氣性好的浮石等物，若能在表層的水苔上再鋪滿活的苔蘚類（會以莫絲、苔蘚等名稱出售）就更好了。

相對的，喜歡乾燥的品種可以用顆粒細小的赤玉土或不會太濕的鬆散椰殼纖維土。使用燒赤玉土而非普通赤玉土的話，就可以防止因個體或飼養箱內的布置物沾到粉塵而看起來很髒的情況。但這種土有點硬，吃下去的話偶爾會成為消化不良的原因，請飼主留意。

只有在塑膠盒中鋪了水苔的簡易飼養實例。適用於角蛙和非洲牛蛙等品種。水苔每週要水洗一次，洗後還會臭的底材就全部更換吧

在地面上移動的品種要將底材鋪得薄一些，鋤足蛙等會鑽進地底的品種要偏厚（10cm以上），底部與表層的底材要有濕度上的差別比較好。很受歡迎的短頭蛙比較適合用質地更細的土，所以園藝用的黑土是最適合的。一樣要在土層裡做出濕度差異。要讓表層保持乾燥、底部保持潮濕狀態好像很困難，但其實不然。只要在底材鋪到底層的厚度時灑上水，並在上方疊上乾燥的底材就可以了。也可以在鋪完夠厚的底材後，沿著飼養箱的邊緣倒水。

不過，也有些品種是不需要這些底材的。在樹蛙中，白天偏好乾燥環境的蠟白猴樹蛙和綠雨濱蛙、星背樹蛙等品種也可以簡單的使用廚房紙巾當作底材（使用前面提到的底材當然也可以）。這時候就不要雜亂的放一些觀賞植物，頂多布置一些當作棲木使用的沉木就可以了。

可以明顯看出髒污、優點是實用性很高的這種紙類底材如果用在其他品種身上，會給人一種太過平淡無趣的感覺，但所幸蠟白猴樹蛙和綠雨濱蛙、星背樹蛙本身就很有存在感。沒錯，牠們就是很有特色的品種。雖然布局上比較簡約，但相對的可以欣賞到蛙類本身的魅力，從這一點來說，紙類也是很推薦的底材。此外，在彩頁介紹過的人面大葉蛙使用這個方法後狀況也很好。

需要注意的是，紙類和其他底材相比，幾乎沒有分解、吸收排泄物的能力。所以有必要經常更換。不過飼養箱內愈簡單，清理起來也比較方便。一旦髒了就馬上更換吧。

底材決定好之後，就只剩下布局和水容器了。飼養會立體移動的品種和本來就是樹棲性的品種時，要放置可以攀爬的沉木或觀賞植物。

觀賞植物的種類多得光是介紹這些種類就可以寫出一本特輯，或者甚至是可以創立另一本雜誌了，對於照顧植物沒有自信的人，強烈建議可以選擇黃金葛。黃金葛的價格便宜，就算放著不管也會不停的生長。還是不行的話，使用人造的觀賞植物也沒關係。只是脫模過程中可能會使用化學物質，所以一定要事先洗乾淨。不論如何，需要枝葉茂密植物的樹棲性蛙類就要布置一些植物型的造景。

在飼養地棲性品種時也要放造景物。不會用底材直接藏身的品種要設置盆栽或市售的遮蔽物來當作牠們的藏身處。橫倒的沉木也可以。即使是在飼養熱帶魚時派不上用場的小塊沉木，在小型地棲性蛙類的布局上有時候也很有利用價值。

這樣的造景物特別重要的是箭毒蛙類和曼蛙類、小型的斗蓬樹蛙等等。這些品種就跟前面所提到的一樣，是要享受布局的樂趣，將蛙類也當作環境的一部分飼養。以熱帶魚為例，就類似布置水草來飼養小型魚類的感覺。這對喜歡的人來說是極具魅力的一點。用自己喜歡的迷你觀賞植物和小小的沉木就可以自創一個微型世界。與前面所提的「凸顯個性」的廚房紙巾布局法是完全不一樣的樂趣。

最後，不可以忘記的是水容器。不論是棲息環境多麼潮濕的品種，都需要水容器。牠們會在水容器中排便或脫皮，藉此提高代謝。對任何品種，都要準備可以浸泡到全身的水池。均一價商店賣的迷你保鮮盒或貓狗用的飼料碗都可以。市面上也有販賣很適合造景飼養箱的專用水容器。

另外，唯獨短頭蛙的飼養箱內不可以放置水容器。這些小東西完全不會游泳，連在淺淺的水容器裡都可以翻過身而溺水。真是種奇怪的青蛙。

・主要的照顧

蛙類……應該說是兩棲類，飼養上需要做的事大概就是餵食和清掃、噴水而已。大部分的品種只要定期更換底材就可以完成清掃工作。如果平常可以隨時清掉較明顯的糞便更好。所以，日常的照顧工作主要就是餵食和噴水了。

使用沉木和蕨類、苔蘚、水苔等物，創造出像是自然景觀的環境也很有趣

噴水不是為了增加水容器的水或噴濕底材，而是為了提高空氣濕度，增加蛙類的活動力。基本上會在晚上熄燈後噴水。水量會根據該品種偏好的濕度改變，森林性的樹蛙要仔細的噴，偏好乾燥的品種則是適當的噴。這部分無法用數據標示，所以飼主要觀察蛙類的反應，一邊調整一邊學習。

常會有人問是不是不可以對青蛙直接噴水，答案是可以的。但是如果突然對還小的個體噴冷水，有可能會讓牠們休克死亡，所以要先讓用來噴水的水與室溫相同。此外，飼養箭毒蛙類等日行性的品種時，白天也定時噴水會比較好。

餵食的間隔和大小、分量會根據品種而有很大的不同，但基本上會餵食活餌用昆蟲。說是活餌用昆蟲，但最好取得也最方便的就只有蟋蟀了。市面上主要有販賣家蟋蟀和黃斑黑蟋蛙2種，兩者都可以餵食。

另外像是蜜蟲、蠶寶寶、麵包蟲等都是市面上常在販售、可以作為活餌餵食的代表例子。因為麵包蟲的外皮堅硬、不容易消化，所以不宜大量餵食。還有一種蟲外觀像是麵包蟲的放大版，稱為巨型麵包蟲，但外皮同樣很硬，而且下顎強壯，也長有牙齒，如果用來餵食習慣將獵物整個吞下的蛙類，有時候會傷到內臟。另外，這種蟲的脂肪含量非常多，不管是從消化還是從營養的角度來看，都不建議拿來餵食蛙類。

除了這些食物以外，根據品種也可以餵食魚類或乳鼠（雖然不太建議）。也就是說，蛙類是肉食性動物。目前並未發現專吃植物的蛙類。食物的尺寸要看該個體的嘴巴大小來想像。嘴巴或頭部較小的個體只能吃比身體小的食物，像角蛙類這樣有大嘴巴的種類一不小心就可以吃下跟身體差不多大小的食物。

體型小的品種代謝較高，所以餵食間隔要控制在每天或隔一天，比較不活潑的大型品種只要一週餵食2次左右即可。

用鑷子夾到嘴邊的餵食方式比較可以了解進食量且合理，但神經質的個體常常不會在飼主眼前進食。另外像是夜行性強的一部分樹蛙，在天色完全暗下來並清醒之前，有時候不會對食物作出反應。這種情況下要將活餌放進飼養箱，或是放進比較深且爬不出來的陶製器皿中，再靜置在飼養箱內。

餵食的器皿要使用不透明的容器。如果用透明的容器，個體就會一直在容器的外側對看得到的影子捕食，最後可能會對食物產生厭倦。餵食的量在整體來說似乎有點少的程度即可。親手餵食的時候，在個體對食物的反應變得遲鈍時就要停手。

用放置的方式餵食時，如果隔天有剩下，下一次餵食的量就要減少一些，依這樣的方式來調整。箭毒蛙和曼蛙是與外表不符的大胃王，餵食量比其他品種多會比較好。但牠們偏好的食物尺寸比其他品種還要小很多。而某些例外，例如也吃死掉獵物的爪蟾等，則可以像熱帶魚一樣餵食會下沉的壓縮飼料。

鐘角蛙會撲向眼前任何會動的東西。
被一定大小的個體咬到的話，也有可能會流血，請注意

有尾目的飼養實例❶・虎紋鈍口螈篇

［*Ambystoma tigrinum*］

黑底上帶有鮮明黃色花紋的是亞種的寬虎紋鈍口螈

虎紋鈍口螈

學名：*Ambystoma tigrinum*
分布：北美
全長：25cm（平均18cm）
溫度：普通～略偏低
濕度：普通～略偏潮濕　CITES：
特徵：包含了此種的屬中全都是圓形頭部的品種，稱為鈍口螈屬。此種在其中也算是最大等級，大型個體的全長甚至將近30cm。是非常強壯的品種，很適合作為蠑螈的入門品種。對夏天高溫的抵抗力比其他品種更強。但是體型小的幼體和其他品種一樣對高溫很敏感，要特別留意。擁有外鰓的幼體會以水狗的名稱在市面上流通。分布範圍廣，擁有數個亞種。通常流通的是名為寬虎紋鈍口螈的亞種，牠們擁有最不辱虎紋之名的體色。

飼養虎紋鈍口螈的ONE POINT

本書以飼養實例來介紹的4種兩棲類（綠雨濱蛙、虎紋鈍口螈、鐘角蛙、墨西哥鈍口螈）的共通特徵就是「什麼都很會吃」。在兩棲類的飼養上，進食狀況好、不需要太在意食物的大小這2點是非常重要的。兩棲類的飼主不一定都是住家附近有寵物店或是可以自家繁殖活餌的人。這麼一來，大小有點勉強的食物也能順利吞食，或是食物可以冷凍保存的話，對飼主來說有壓倒性的優勢。這些品種可以說是完全符合了這些條件。此種在這4個品種中也算是對食物的反應特別好的一種。只要在牠們眼前搖晃蟋蟀等昆蟲（基本上不推薦巨型麵包蟲。請參照黑白頁面）、金魚等魚類、乳鼠，牠們就會無限制的吃下去。應該說，牠們會反射性的進食。問題在於「無限制」這個部分。鐘角蛙和綠雨濱蛙不管吃下多少東西，只要胃部的容量到了極限，牠們對食物的反應就會減弱。就算飼主鍥而不捨的拿食物在牠們面前搖晃，牠們還是會表現出「我吃不下了」的樣子，有時候會閉上眼睛（其實這只是因為牠們正在將吞下去的食物推進胃裡）表示拒絕。牠們至少有這種本能。但此種卻很難到達極限。只要眼前有食物在晃，牠們不管有多飽都會不顧一切的撲上前去。可是，身為兩棲類的牠們就算消化能力不差，一次可以消化的量還是有限。吃了多少，胃部就會膨脹多少，最後超越極限就會吐出來。面對不知道自己極限的此種，飼主就有必要判斷限度，並適時停止餵食。作為參考的基準，一次餵食的上限是1～2個個體頭部的分量。重點是在覺得好像有點不夠的時候就要停手。以這樣的分量，一週最多餵2～3次。沒有必要每天餵食。就算沒有嘔吐，過量進食對個體來說都不健康。在鐘角蛙的項目中也有提到，並不是胖就等於健康。無限量餵食下巨大化的個體當然很有魅力。但飼主終究還是要耐心的幫個體維持均衡的飲食。有尾目的壽命並不短。只要配合成長，持續慢慢的餵食下去，（雖然最近採集的個體有許多都剛上陸）就算是體型小的個體，總有一天也會確實長大的。飼主不必擔心。另外，長大的個體的糞便也會變大。在代謝量少的有尾目中，虎紋鈍口螈是少見容易弄髒

● 飼養箱

在這個例子中，使用了前方拉門式的飼養箱。使用水槽也可以，但牠們在身體乾燥的時候很適宜攀在牆面上（特別是飼養箱的角落）逃跑，所以有必要加蓋

花紋呈斑點狀的奇特原名亞種。顏色的對比很強烈

原名亞種的普通色彩。橄欖棕色上帶有不規則的黑色花紋

幼體會以水狗的名稱販售

● 陸地

只要有水池，陸地稍微偏乾燥也沒有關係，有鋪上水苔和腐葉土比較好。也可以放置一些能當作遮蔽物的沉木或盆栽碎片

● 水池

這裡布置得比較用心，但使用保鮮盒等物比較方便清掃。水要經常更換

主要食物

- ●蟋蟀
- ●金魚
- ●乳鼠
- ●巨型麵包蟲（將頭壓扁）
- ●各種人工飼料（泡過水）

這樣的飼養方式也OK

底材是濕潤的燒赤玉土，但使用這類底材的時候，一定要透過鑷子餵食。如果將食物直接放進去，就可能會跟底材一起被吃下肚

環境的品種。只要該吃的都有吃下去，該排的終究會排出來。肉眼可見的糞便要馬上清除，底材（擰過的水苔較佳。應避免容易吞食下肚的沙礫）要2週全部換新一次。而水容器的水當然需要更頻繁的更換。兩棲類會在水中脫皮，有時候也會排便，容易將水弄髒。如果放任牠們重複浸泡髒水，就有可能引發自體中毒（重新吸收自己的排泄物和髒污而中毒），飼主應留意。就算肉眼看不出有髒，還是要確實換水。反過來說，比較像是飼養的行為就只有餵食和清掃了。如果連這些事都不認真做，就不知道是否算是在飼養兩棲類。雖然飼主不用太過神經質，但還是要記得「餵食要適量、打掃要勤勞」。

有尾目的飼養實例②・墨西哥鈍口螈篇

人氣品種 PICKUP

[*Ambystoma mexicanum*]

墨西哥鈍口螈

學名：*Ambystoma mexicanum*
分布：墨西哥
全長：25cm（平均16cm）
溫度：普通～略偏低
生態：水生　CITES：附錄Ⅱ
特徵：又稱為「六角恐龍」、「美西鈍口螈」。會維持帶有外鰓的幼體模樣長成成體（幼態延續），是很罕見的蠑螈。飼養時外鰓有很小的機率萎縮、然後變態，但牠們本來是完全棲息在水中的品種。牠們是只棲息在墨西哥一部分湖泊的稀有品種，但因為被當作實驗動物大量繁殖，所以現在市面上有人工繁殖的個體穩定流通。白化與黑化、黃化白子等各式各樣的色彩變異已經固定下來，成為各種品系。對水溫變化很有抵抗力，包含固體飼料在內的任何食物都很能吃。幼體過了一年左右就會成熟，可以繁殖。

白化個體。一般人對這種類型會比較熟悉吧。所謂的「六角恐龍」，一開始就是針對這個類型所取的名稱

這種色彩稱為野生型，是和原種的色調相近的個體（嚴格來說與原種並不相同）

飼養墨西哥鈍口螈的ONE POINT

水生有尾目的飼養非常輕鬆，不需要考慮複雜的空氣濕度之類的問題。而且大部分到嘴邊的食物都會被牠們反射性的吞下去。墨西哥鈍口螈有種不可思議的特性，就是會維持水生型態的幼體模樣而成熟，令人欣慰的是，這也就表示可以一輩子將牠們養在水中。幾乎可以將牠們當作魚類看待也沒關係。此種主要在熱帶魚店和金魚專賣店販售，難怪會這麼受歡迎。只要當作是不加溫飼養小型～中型尺寸的肉食性魚類就可以了。因為牠們是完全水生（畢竟是透過鰓來呼吸），所以要飼養在裝了水的水槽。可以放進迷你水泥管當造景，也可以種植水草。只要再裝設打氣機或放進沉水式濾水器，水槽就完成了。沒錯，就算是昨天為止還在飼養熱帶魚的水槽，只要拿掉加熱器，就可以飼養此種了。實在非常方便。在餵食上，小型個體（在早春時節販賣的吻鰕虎一般的大小）可以使用冷凍紅蟲，長大後可以直接使用青鱂或朱文錦、肉食魚類的混

主要食物

- ●下沉型的人工飼料
- ●冷凍紅蟲
- ●小魚（先讓活餌虛弱或使用鑷子）
- ●小蝦

● 水槽

可以使用小型的成套水槽。除非水位太靠近頂端，否則牠們通常都不會跳出來。因為看起來有點冷清所以放進了一些魚，不過只要養在夠高的水槽且好好餵食，牠們就不會攻擊這些魚。可是相反的，要注意魚可能會去戳弄個體的外鰓。圖中水槽的尺寸是410×250×380（高）mm

● 底沙

不鋪也不會有什麼問題，但有鋪的話水質會比較穩定。不大不小的尺寸容易吞下去卡在身體裡。所以要使用個體吞不下去的尺寸，要不然就是可以直接排出體外的細沙

● 濾水器

這裡使用了外掛式濾水器，不過只要能夠過濾，任何類型都可以。但是沉水式電動濾水器本身會產生熱能，在夏天會讓水溫上升，須注意

還有許許多多的色彩變化喔

黃金紅眼。通常黃金身上不會像這樣有任何黑斑

黑色部分較多的黑襪

一半是白化，另一半是大理石。像這樣每個個體有不一樣的色彩也是一種魅力，收集起來很有意思

是黑襪同時也是黑頭的個體

合飼料（下沉型）等可以用來餵食魚類的食物。

至於鋪在底部的沙礫尺寸，要考慮過比較好。此種有可能會將食物跟沙礫一起吞下，一旦吞下就很難排出體外，而是會堆積在消化器官內，容易產生問題。需要注意的只有這一點和夏天極端的水溫上升。但是在夏天到來前有好好的飼養的話，只要水溫沒有上升太多就沒問題（27～28℃還可以忍受）。想讓魚類愛好者「上陸」，把「培育」兩棲類轉換成爬蟲類的過程中，此種是不可或缺的存在。色彩也有白色與白化、黃金與黑色、原種色的大理石等豐富的變化，很有樂趣。

三趾兩棲鯢

學名：*Amphiuma triactylum*

分布：北美

全長：100cm（平均45cm）

溫度：普通　**生態：**水生　**CITES：**

特徵：是體型大的水生品種，四肢極小，非常不明顯。兩棲鯢屬有3個品種，每個品種的腳趾數目都不同。此種有3根腳趾。體質健壯，對水質和水溫的變化很有抵抗力。臉型細長，看起來就像某種鯊魚。視力不發達，對嘴邊所有的東西都會反射性的咬下去。也有可能對人的手指有反應而咬人，飼主應注意。會捕食魚或螯蝦等活餌。

斑泥螈

學名：*Necturus maculosus*

分布：北美　**全長：**30cm（平均20cm）

溫度：偏低　**生態：**水生　**CITES：**

特徵：和墨西哥鈍口螈等品種一樣，成熟後也會保留幼體時的外鰓。通常體型在20cm左右，偶爾也會出現將近40cm的大型個體。雖然英文名稱叫做「Mudpuppy」（泥巴小狗），但牠們喜歡清澈的乾淨水域，人工飼養下也對水質的惡化很敏感。勤換水和流動性的環境、保持低水溫就是長期飼養的祕訣。以小魚為食，但有時會出現被活餌魚類傳染疾病的情況，飼主要注意。

小鰻螈

學名：*Siren intermedia*

分布：北美　**全長：**50cm（平均20cm）

溫度：普通～略偏低　**生態：**水生　**CITES：**

特徵：成熟後依然會保留外鰓（幼態延續）的品種。屬於鰻螈的品種只有前腳，不存在後腳。此種在科內是中型的品種，雖然體型比更大型的大鰻螈（*S.lacertina*）嬌小，但在有尾目中也是屬於相當大的種類。鰻螈之中還有小型的侏儒鰻螈存在。此種喜歡塑膠管等隧道型的遮蔽物。牠們常常在水槽中四處游動，很有觀賞的樂趣。水溫偏低比較好，但也不需要太注意。

商城肥鯢

學名：*Pachyhynobius shangchengensis*

分布：中國　**全長：**20cm（平均15cm）

溫度：普通～偏低　**生態：**水生　**CITES：**

特徵：此種是完全水生的山椒魚，喜歡有水流動的環境。牠們全身都是黑色，有時候也會出現背上散落著小白點的個體。性喜低溫，但如果只是日本國內夏天的水溫上升，狀態良好的個體就可以忍受。要像前面所提到的，用濾水器等工具製造水流，並在水中放置遮蔽物。複數個體之間可能會互相爭鬥，所以要視情況才可以讓牠們同缸。另外還有外型很相似的品種，稱為瑤山肥螈。

隱鰓鯢

學名：*Cryptobranchus alleganiensis*

分布：北美　**全長：**50cm（平均30cm）

溫度：偏低　**生態：**水生　**CITES：**附錄Ⅲ（美國）

特徵：和日本的大山椒魚一樣屬於隱鰓鯢科，是其中唯一沒有被禁止飼養的品種。但是市面上的數量非常稀少。在科內屬於小型，但在有尾目中是相當大型的品種。擁有扁平的巨大頭部，會貪婪的捕食螯蝦等甲殼類或淡水魚。雖然喜歡待在冷水中，但只要在夏天之前將狀態調整好，就可以忍受一定程度的水溫上升。牠們喜歡躲在岩石下方，飼主可以在水槽中組合扁平的石頭當作遮蔽物（P／石渡）。

寮國瘰螈

學名： *Paramesotriton laoensis*

分布：寮國　**全長：**22cm（平均16cm）

溫度：普通～略偏低　**生態：**水生　**CITES：**

特徵：瘰螈的每個品種體表都有凹凸不平的粒狀突起。此種的這個特徵特別明顯，整體來說給人粗糙的印象。是近幾年才在寮國的一部分水域發現的新品種，因此流通量並不多。黑色身體上遍布偏橘的膚色斑紋。因為其他的瘰螈身上並沒有這種斑紋，所以能夠馬上分辨出來。屬於完全水生，連下沉型的混合飼料（鯰魚的飼料等）也會毫不猶豫的吃下去。對水溫不敏感，很容易飼養。

貴州疣螈

學名： *Tylototriton kweichowensis*

分布：中國　**全長：**25cm（平均15cm）

溫度：普通～略偏低　**濕度：**略偏潮濕　**CITES：**

特徵：此種是陸生的蠑螈，和日本的琉球棘螈不同屬是疣螈屬。在屬內也算是體表特別粗糙的品種，很醒目。體色是黑底加上橘色或偏紅的茶色斑紋，非常美麗。要飼養在沒有濕透的潮濕底材上，並設置遮蔽物。在產卵期捕獲的個體為了產卵，可能會讓長長的尾鰭維持沒有完全吸收的樣子，所以飼養這樣的個體就要準備較寬敞的水池。進食狀況好，但餵食蟋蟀時最好可以將蟲腳折斷。

歐非肋突螈

學名： *Pleurodeles waltl*

分布：西歐、摩洛哥　**全長：**20cm（平均14cm）

溫度：普通　**生態：**水生　**CITES：**

特徵：此種是大型的水生蠑螈，歐洲的一部分個體群最大可達30cm。是很強壯的品種，飼養有尾目的一定會做的防高溫處理對這個品種來說也幾乎沒有必要。牠們很貪吃，從活餌到混合飼料，什麼都很能吃。肋突螈這個名稱是來自用力抓住牠們時，肋骨就會刺出皮膚表面並刺傷對手的這種身體構造。繁殖期不固定，一整年都有可能繁殖。只要在布置了水草的水槽中飼養一對公母，就可以觀察到牠們的繁殖行為（P／石津）。

藍尾蠑螈

學名： *Cynops cyanurus*

分布：中國　**全長：**11cm（平均9cm）

溫度：普通　**生態：**水生　**CITES：**

特徵：此種與分布在日本的紅腹蠑螈為同屬，擁有比較嬌小的短胖體型。整體色彩是淡彩色調，臉頰上有橘色的標誌。雄性的尾巴會在繁殖期出現金屬藍色的斑紋，非常漂亮。這種尾巴斑紋的顏色在日本稱為縹藍色，因此才稱為藍尾蠑螈。因為牠們分布在中國南部，所以非常耐得住水溫的上升。同種間很少爭鬥，是容易飼養的品種（P／石津）。

土耳其條紋歐螈

學名： *Triturus vittatus ophryticus*

分布：中東　**全長：**14cm（平均10cm）

溫度：略偏低～偏低　**濕度：**略偏潮濕～水生　**CITES：**

特徵：此種棲息在水中和在陸地時的形狀會有極大的變化，雄性更是幾乎像其他品種。陸生時的雌雄雙方都沒有特別明顯的特徵，但在冬天入水之後，雄性的背部和尾巴就會出現梳子狀的棘冠，體表也會轉為類似魚類的濕滑質感。牠們在這種形態下對溫度的變化很敏感，只要水溫稍微上升一點，棘冠就會迅速被吸收並變回陸生型態。如果變成這樣，牠們就會突然失去游泳能力而溺水，飼主須注意（P／石渡）。

綠紅東美螈

學名：*Notophthalmus viridescens*
分布：加拿大、北美　**全長：**14cm（平均6cm）
溫度：普通～略偏低　**濕度：**略偏潮濕～半水生　CITES：

特徵：剛上陸的幼體和成熟的成體有不一樣的色彩。幼體時全身是鮮豔的橘色，成體則是橄欖綠色搭配小小的橘色斑點。幼體時期的色彩是為了表現出自己具有毒性，藉此警告敵人。幼體時幾乎不會進入水中，成熟後就會增加待在水中的頻率，最後變成接近水生的生態。幾乎沒有大型成體進口，市面上大多是幼體或顏色剛變化的亞成體。個體還在這種大小時要注意食物的尺寸。

理紋歐螈

學名：*Triturus marmoratus*
分布：西歐　**全長：**16cm（平均12cm）
溫度：普通～偏低　**濕度：**略偏潮濕～水生　CITES：

特徵：有著綠色與黑色的斑紋加上背上的明顯橘色線條，是非常美麗的歐螈。體型稍大，也比同屬的其他品種更粗壯。平常是陸生，到了冬天就會轉為水生，形狀也會有像雄性的背上出現船帆狀的棘冠等變化。陸生型態下對高溫的抵抗力較其他品種強，夏天飼養時也幾乎不需要特別的注意。水生型態下則需要維持在一定的溫度。本來有2個亞種，但稱為加的斯理紋歐螈（*T.pygmaeus*）的小型亞種已經在近幾年成為獨立品種。

火蠑螈

學名：*Salamandra salamandra*
分布：歐洲～中東局部地區　**全長：**22cm（平均16cm）
溫度：普通～偏低　**濕度：**普通　CITES：

特徵：屬於地棲性，擁有非常廣的分布範圍。體色基本上是黑底和黃色花紋，不同的亞種會有不同的面積比例和形狀，除了有不規則斑紋的原名亞種，還有直條紋的庇里牛斯火蠑螈（*S.s.fastuosa*）和法國火蠑螈（*S.s.terrestris*）、黃色面積非常大的義大利火蠑螈（*S.s.gigliolii*）、除了黃色還有紅色斑紋的葡萄牙火蠑螈（*S.s.gallaica*）等亞種。此種對高溫的抵抗力通常較強，但也有些亞種需要在低溫下飼養。進食狀況佳，是強壯的品種。

法國火蠑螈

義大利火蠑螈

葡萄牙火蠑螈
（3張皆為P／石渡）

雲石蠑螈

學名：*Ambystoma opacum*

分布：北美　**全長：**12cm（平均9cm）

溫度：偏低　**濕度：**潮濕　**CITES：**

特徵：此種是比較小型的鈍口螈，尾巴較短、體型短胖。黑底白斑是牠們的特徵，但有些個體的花紋明顯、有些不明顯。牠們生性害羞，喜歡躲藏在陰暗處。因此飼養的時候就需要遮蔽物。不過進食狀況並不差，對食物的反應良好。對高溫的忍耐力比外表看起來更強，但夏天仍須盡量避免氣溫超過25℃，要將飼養箱移動到通風良好的陰涼處。

紅土螈

學名：*Pseudotriton ruber*

分布：北美　**全長：**15cm（平均10cm）

溫度：偏低　**濕度：**潮濕～水生　**CITES：**

特徵：帶有透明感的紅色身體上散落著細小的黑色斑點，是非常美麗的品種。年輕時的體色特別的鮮豔。牠們對溫度很敏感，所以要避免高溫。夏天時最好可以準備冰箱。牠們喜歡待在潮濕底材的下方，但也可以飼養在有設置陸地的水族生態箱之中。要飼養在水生環境的話，就要更注意溫度。有另一個很相似的品種，稱為辣椒蠑螈，但底色是比較淡的橘色。

斑點鈍口螈

學名：*Ambystoma maculatum*

分布：加拿大、北美　**全長：**20cm（平均12cm）

溫度：偏低　**濕度：**潮濕　**CITES：**

特徵：此種是體型略偏細的鈍口螈，但用心飼養的個體會更胖，有著不輸虎紋鈍口螈的魄力。黃色圓點的深淺和大小不一，會根據地區的不同而有某種程度上的差別。生活在地底的習性強，將底材鋪厚就可以讓牠們躲在下面。雖然不方便觀察，但想要將牠們養得健康就適合用這種方法。一反柔弱的外觀，牠們的進食狀況幾乎都很好。大部分個體不會害怕從鑷子上取食。

水蚓螈

學名：*Typhlonectes* sp.

分布：南美　**全長：**50cm（平均30cm）

溫度：普通　**生態：**水生　**CITES：**

特徵：屬於水生的蚓螈，也會以「橡膠鰻」的名稱在熱帶魚店販售。會有多個品種以同樣的名稱進口，非常難以分辨。外觀像是沒有眼睛的滑溜溜鰻魚，喜不喜歡是見仁見智。牠們沒有尾巴，可以從身體末端的排泄口形狀來區分公母。屬於胎生品種，如果飼養複數個體，有時候一不注意就有幼體誕生。牠們會從體表分泌出有毒性的黏液，所以最好可以避免和魚類或其他的兩棲類同缸。

墨西哥蛇皮蚓

學名：*Dermophis mexicanus*

分布：中美　**全長：**50cm（平均30cm）

溫度：普通～略偏高

濕度：略偏潮濕～潮濕　**CITES：**

特徵：蚓螈不屬於無尾目（蛙類）也不屬於有尾目（蠑螈和山椒魚），而是屬於叫做無足目的分類，主要分為水生與棲息在地底的2種類型。此種屬於地底型，廣泛分布在墨西哥到巴拿馬等中美地區。會蠕動蚯蚓一般的體環（環狀的皺褶）在地底移動。眼睛幾乎已經退化，只剩下一點痕跡。牠們會使用嘴邊的觸角狀突起物感知周圍物體。

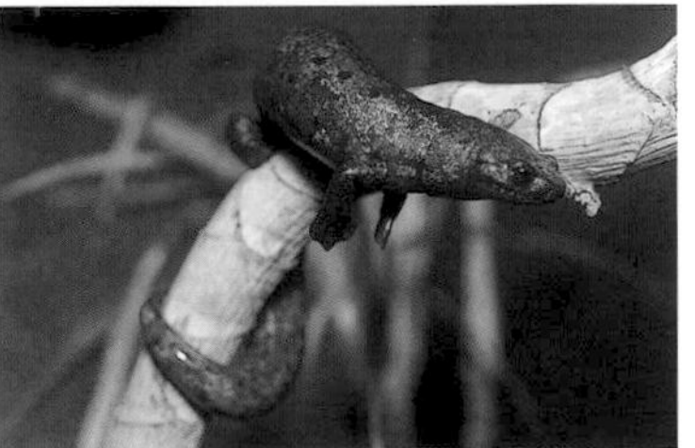

巨型無趾蠑螈

學名：*Bolitoglossa dofleini*

分布：中美　**全長：**18cm（平均15cm）

溫度：普通

濕度：半乾燥～普通　**CITES：**

特徵：擁有形狀像棒球手套的不可思議腳掌，屬於樹棲性蠑螈。此屬在有尾目中很罕見的棲息於熱帶地區。溫濕度的調整有點困難，可以使用較寬敞的飼養箱，讓牠們自己從乾燥區域和潮濕區域中作選擇。總是濕漉漉的底材並不適合牠們。此種如果不喜歡環境或是受到驚嚇就有可能自行斷尾，這樣的話大部分情況下都會致死。飼主不可以突然直接對牠們噴水。

有尾目的飼養方式

・開始飼養之前

有尾目光從字面上看起來，似乎有點困難。好像需要比蛙類更複雜的設備，因為最近又有必須要飼養在低溫下的印象先行霸占人們的腦海，甚至還會有「專用冰箱」等用詞突然浮現心頭。但是，希望各位在判斷前能稍等一下。在廟會上販賣的紅腹蠑螈就是所謂的有尾目。熱帶魚店賣的一臉傻呼呼的「六角恐龍」也就是墨西哥鈍口螈，一樣是不折不扣的有尾目。

的確，飼養其中一些品種需要維持低溫，就不可以缺少冰箱和冷卻裝置。但是分類在有尾目的大部分生物就算不做到這個地步，多下一點工夫也完全可以飼養。話雖如此，但如果不知道哪些品種在怎樣的溫度下到哪種程度是沒問題的話，第一次飼養時都會感到不安。這時，若是在生物圖鑑或類似本書的目錄類書籍找到了有興趣的品種，就請像蛙類的項目中所說的，總之先蒐集資料吧。

此為法國火蠑螈的改良品系：薰衣草白化。因為這個亞種的分布區域廣，所以就算是原種，花紋和腹部的顏色等特徵也會有地區性差異

雖然這麼說有點主觀，但飼養蛙類的時候可以先有蛙再組裝飼養箱，但要是選擇了有尾目這種害怕低溫的品種，之後再準備設備……就有點太晚了。文章一開始就一會兒安撫、一會兒嚇人的真不好意思，還是請各位務必要在事前蒐集資料。這麼做的話，以「一定要維持低溫」為固定說法的歐螈——理紋歐螈其實在陸生型態下，對高溫非常有抵抗力、分布在氣候似乎跟日本很相近（其實並不同）的中國的東方蠑螈（本書的圖鑑中沒有記載），此種如果不飼養在非常低溫的環境就沒辦法順利成長……等等的資訊就會逐漸明朗。只要可以掌握這些資訊就成功了。接下來就只剩開始飼養了。

・挑選個體

一旦知道想飼養的品種是符合自己所準備的飼養環境，就可以引進新個體了。基本的注意事項與蛙類相同，要直接前往寵物店挑選。挑選重點也一樣可以從傷口的檢視開始。只不過有尾目和蛙類不同，體表的傷口大多都難以痊癒。特別是疣螈屬（本書介紹的品種有貴州疣螈），常會有體表的一點小擦傷擴散到全身的情況。若只是輕微擦傷就沒有問題，但若是明顯有體液滲出的傷口，這種個體就要避免。

除了體表的傷口，也跟蛙類一樣要檢查腹部是否有不自然的紅色部分。剛進口的虎紋鈍口螈等品種有時候會感染這種紅腿病，要小心。

挑選水生品種的斑泥螈和鰻螈時，要避免體表的黏膜分泌過多、皮膚出現白點、鰓或身體的一部分像是覆蓋著一層棉花的個體。這些挑選重點和魚類很接近。

除了這些情況，有時候也會看到身體的一部分（前腳腳趾或尾巴前端）有缺損的個體，但大

多數情況下，這種個體都沒有問題。有尾目的再生能力非常強，就算四肢從關節處斷裂也能再生。尾巴的一部分也一樣。雖然在挑選的階段會有一瞬間感到介意，但只要健康狀態沒問題，引進這樣的個體也沒有關係。遲早會長回來的。在水生的蠑螈之間，常常會因為互咬而發生。

可是，大部分陸生蠑螈不是沒什麼再生能力就是再生得很慢。有尾目眼睛混濁的情況並不多。可能是因為跟蛙類相比，眼睛凸出在身體外側的種類比較少的關係。又或許是單純因為牠們不活潑，所以比較不會受到擦傷。

除此之外，像是貴州疣螈等疣螈屬的品種，有時候會因為運輸途中的乾燥等原因，導致眼睛一直閉著睜不開。這種類型的蠑螈眼睛不大且凹陷在眼窩中，所以容易看漏。飼主要注意檢視。

・飼養箱與設備

有尾目中除了隱鰓鯢和兩棲鯢等一部分品種，基本上都是小型，比無尾目（蛙類）更不占空間，所以幾乎所有的品種都可以使用較小的飼養箱。塑膠盒（從地棲性品種較多的性質來說，適合使用扁平型塑膠盒）、打了通氣孔的保鮮盒、或加裝網蓋的水槽等等都可以使用。

而水生品種當然就能夠直接以飼養淡水魚的設備和布局飼養。若是隱鰓鯢和兩棲鯢等大型品種，請準備90cm以上的水槽。其他的品種最多使用30～40cm的水槽就足夠，寬度有60cm甚至是已經太寬敞了。

飼養這些水生品種，要透過打氣增加水中溶氧量，同時製造一定程度的水流。隱鰓鯢要使用動力式濾水器等工具製造相當強力的水流比較好。另外，因為斑泥螈特別喜歡清澈冰涼的水，所以要盡量維持水質的清淨，並頻繁的換水。

中型～大型品種可以在水底鋪上沙礫，不過因為墨西哥鈍口螈從幼體到亞成體都可能會將沙礫與食物一起吞下、無法排出，所以要盡量避免。或者是使用吞下去也不會造成危害的細沙，甚至是反過來使用牠們無法吞下的大顆卵石。

水生品種需要躲藏處，兩棲鯢或鰻螈可使用水泥管狀的物品，為隱鰓鯢組合扁平的石頭作為遮蔽物就可以讓牠們感到安心。對於水生蠑螈類，可以放進水草讓牠們停靠身體或是當作產卵地點。

飼養陸生品種時，標準做法是在飼養箱內鋪上濕潤的水苔或活苔蘚，並準備較淺的水容器。火蠑螈和棘螈類等，底材稍微偏乾比較好的品種就要將水苔徹底擰去多餘的水分再鋪上。

虎紋鈍口螈的成體喜歡略偏乾的底材，可是最近成為市面上

COLUMN 01

兩棲類專欄「不要碰　其1」

不管是有尾目還是無尾目（蛙類），飼養兩棲類的時候，有時候會看到想伸手觸摸的人。兩棲類中的確有像綠雨濱蛙和虎紋鈍口螈、蠟白猴樹蛙以及紅眼樹蛙等容易被創作成擬人角色的品種，忍不住想觸摸牠們的心情也不是不能理解。不過，請等一下。從各種角度來看，都不建議各位觸碰兩棲類生物。

首先請各位站在青蛙的立場想想看。可能有人會想「不用你說我也知道！還不就是青蛙沒有感情，就算被摸也不會開心只會感到害怕之類的話嗎！」這也是一個原因。有人對兩棲爬蟲類會投入感情，但牠們對人類的感情頂多就是「有人在就有東西吃」的程度。而且就算這麼說，我們本來就無法理解兩棲爬蟲類真正的想法，只能原地踏步。正因為這樣才容易意氣用事。

這裡要解釋的比較與物理有關，就是所謂的溫差。就如同各位所知道的，兩棲類是冷血動物。而且牠們的理想體溫比同樣是冷血動物的爬蟲類更是低了許多。蜥蜴可以在保溫燈下曬得暖烘烘，但可沒有身體溫暖的青蛙或蠑螈存在。牠們的體溫幾乎與周圍的環境溫度相等。

而我們人類則是恆溫動物。平均體溫在36.5℃左右。如果我們碰了待在25℃環境中的蛙類，溫差就大約是10℃。對我們來說，就像是接近47℃的高溫物體突然貼在裸露的腹部或背部等地方。47℃就像是相當高溫的熱水澡，非常的熱。如果這種東西滋的一聲貼上來……更不用說理想溫度（體溫）更低的有尾目了，溫差會是20℃，一不小心甚至會逼近30℃。60℃、70℃就算是滾燙的熱水了。這種物體突然接觸到全身各處的話，嚴重時可能會導致休克死亡。

也就是說，對我們來講很平凡的動作，碰到兩棲類就會變成莫大的壓力。就算如此，各位還是想摸嗎？那麼，我們來談談另一個現實的問題吧（接續專欄2）。

外型可愛的泥螈（阿拉巴馬泥螈）。細長的身體上長著像是裝飾的短小四肢

主流的剛上陸的亞成體會比較依賴水，所以使用看起來會滲出水的濕漉漉水苔比較好。另外，雲石蠑螈和斑點鈍口螈常常會鑽進底材中，所以底材要比其他品種更厚。

不管在怎麼樣的情況下，有尾目的特徵就是躲藏習性較強，飼養陸生品種也要布置盆栽碎片等可以當作遮蔽物的造景。土耳其條紋歐螈和理紋歐螈等品種在溫暖的季節要飼養在這種陸生環境，在天氣轉涼使外型改變（體表變得光滑、背上長出棘冠）之後，就要飼養在前述的水生環境中。

棲息在歐洲的蠑螈（條紋歐螈、冠歐螈、理紋歐螈、高山歐螈等品種。統稱為歐螈）幾乎一樣能以這樣的循環來飼養。

有尾目基本上不需要保溫。牠們非常耐得住冬天的寒冷，在低溫的時候也能像平常一樣進食。牠們反而比較需要對抗夏天的酷暑，比如說本書介紹的其中一個品種——紅土螈，夏天要收容在小型的保鮮盒並放進冰箱比較好。這個品種再熱也要維持在20℃以下。

北美產的品種另外還有辣椒蠑螈和西北蠑螈等，牠們也喜歡低溫環境。另外，火蠑螈的幾個亞種（義大利火蠑螈和庇里牛斯火蠑螈等）和阿爾卑斯蠑螈、小鼩螈等棲息在歐洲高山上的蠑螈也一樣。在本書中沒有介紹到的烏爾米螈屬對於高溫也非常脆弱，飼主應注意。這些品種會需要使用冰箱來保冷。

水生時期的歐螈就像前面所說的，喜歡待在冷水中，但這些品種入水的時期是氣溫下降的冬季，夏季會變成陸生型態，所以只需要輕微的保冷。

完全水生品種之中，斑泥螈特別偏好冷水，所以可以的話，最好使用水槽用的冷卻裝置。除此之外的品種雖然不需要做到如此地步，但夏天還是要暫時將飼養箱移動到有冷氣的房間或陰暗涼爽的地方（廁所或泥土地、走廊角落等），讓牠們避暑。

比較例外的是巨型無趾蠑螈，因為此種和其他品種不同，是棲息在熱帶地區，所以環境太冷就會讓牠們身體不適。在室內以常溫飼養比較好。在關東以北的區域需要使用間接暖氣來保溫。巨型無趾蠑螈的樹棲習性強且會爬樹，真要說的話，可以用與偏好乾燥的樹蛙一樣的環境來飼養。順帶一提，只有這個品種絕對禁止激烈地噴水。牠們對溫濕度的變化非常敏感，有可能會突然自行斷尾。

除此之外，像是不屬於有尾目但名稱中有個「螈」的蚓螈類之中，不管是地底型還是水生型都不喜歡過度的低溫，20℃左右是最適當的。

・照顧

筆者必須要不斷強調，有尾目的代謝能力並不強。雖然牠們不會將飼養箱明顯的弄髒（除了虎紋鈍口螈等一部分例外），但就算表面上看起來乾淨，還是每個月將飼養箱內的底材全部換新

這樣的尺寸差不多可以說是兩棲鯢成體的平均大小。大部分人工飼養的個體可以成長到70cm左右

一次會比較好。底材出乎意料的常常因為脫下來的舊皮而變髒。火蠑螈和虎紋鈍口螈等體型大的品種的糞便也大，容易弄髒飼養箱，所以要隨時清除看得到的糞便。

水生品種的換水頻率可以和淡水魚一樣，一週一次，換掉總水量的一半即可。喜歡清澈冷水的隱鰓鯢和斑泥螈就不用遵守這個頻率，而是更頻繁的換水或許會比較好。在夏天等水溫容易上升的時期，水質惡化得特別快速，所以換水的頻率也需要比平常更高。

但如果太頻繁的換水，隱鰓鯢等品種就會不穩定，所以要視情況調整。另外，換水用的水要先用水質穩定劑等方式去除水中的氯。

要定時往飼養箱內噴水以提高個體活動力，這一點和蛙類一樣。虎紋鈍口螈的成體和除去一部分亞種的火蠑螈（義大利火蠑螈要偏濕比較好）、貴州疣螈等品種要稍微噴少一點，喜歡潮濕的品種則要噴多一點水。

就像前面所說的，要注意不可以直接噴水在巨型無趾蠑螈身上，但噴到其他品種是沒有關係的（可是要小心避免噴到溫差極大的水）。這個種類不管在有尾目還是所有兩棲類之中都很特殊，還不習慣的時候會讓飼主不知所措。飼主也不用太過神經質，小心之餘也保持某種程度的放任或許會比較適當。

只要在眼前搖晃食物，幾乎所有的品種應該會反應過來並吃掉。有尾目的代謝能力並不高，因此餵食的次數可以比蛙類更少。許多品種只要一週餵食1～2次即可，食量大的虎紋鈍口螈和水生蠑螈也只要隔2天左右再餵食就好。在彩頁的虎紋鈍口螈的項目中也有說到，就算個體還願意吃，也不可以餵食太多。還有點吃不夠的程度才是剛剛好的。

食物的種類除了市售的蟋蟀和麵包蟲類，飼養雲石蠑螈和貴州疣螈等品種時，也可以自己捕捉動作緩慢的潮蟲或蛞蝓來餵食。也有些人因為不想餵食沒有在專賣店販售的活餌，因而對這些品種敬而遠之。可是活餌的採集也是飼養的一環。對這些品種來說，蚯蚓也是非常好的食物。

COLUMN 02

兩棲類專欄「不要碰　其2」

許多兩棲類的皮膚上多多少少都帶有毒性。各位知道嗎？這可不是為了嚇讀者。而且讀者也沒必要害怕。將有毒和死亡劃上等號就有點太單純了。

所謂有毒，就是指含有刺激性物質。也就是碰到時可能會引起疼痛等症狀。與我們很親近的日本雨蛙皮膚上也帶有在蛙類中比較刺激的毒性。如果摸過牠們之後，又用手揉眼睛的話，下場會有點慘。

作為寵物的品種之中，箭毒蛙類就不用多說了（毒性真的很強的是葉毒蛙屬的3個品種），又稱巨人猴樹蛙的雙色猴樹蛙、海地巨型樹蛙、橡皮蛙、鈴蟾等種類的皮膚黏液中有很強的毒性。手部皮膚比較薄的人碰到橡皮蛙或鈴蟾就會有麻麻的痛感。

即使這些是比較誇張的例子，但就連綠雨濱蛙和蠟白猴樹蛙的皮膚上都含有刺激性的物質。如果用摸了蛙類的手不小心碰到眼睛或嘴巴、鼻子等處的黏膜的話……。

此外，牛奶蛙和鏽番茄蛙、蟾蜍類如果感覺到壓力，就會從腮腺分泌出白色的黏液。這也是毒的一種（應該說就是毒沒錯），如果接觸到傷口就會非常刺激。在有尾目中，黏滑無肺螈的黏液也有很強烈的毒性。可是不論如何，只要不空手觸摸就沒有任何問題。

這樣各位應該可以了解。不只是蛙類，為了人類好，也最好盡量避免觸摸兩棲類。當然，也沒有必要過度的害怕牠們。曾有人問過「碰到箭毒蛙就會死嗎？」這種問題，但答案是只要不吞下野生的金色箭毒蛙就不會死。因為箭毒蛙的毒性似乎是來自牠們在自然環境中捕食的獵物（螞蟻），所以在人工飼養下應該都會消失。

回到正題。雖然飼主沒必要為了不碰到個體而膽戰心驚，但就像前面文章所提到的，為了蛙類和我們自己的安全，就請用實實在在的照顧行動來表現對牠們的愛吧。觸碰兩棲類的行為，說白一點就是件百害而無一利的事。要移動牠們的時候請盡量別用手抓，而是將牠們趕進杯子中，或是連同底材一起撈起來吧。

與飼養的動物保持適當的距離，是這項嗜好中很重要的一點。而且觸碰後一定要洗手。這不只侷限於兩棲類，而是常識。為了不要讓愚蠢的沙門氏菌風波讓自己重要的興趣變成一件見不得人的事，「請一定要洗手」。

棲息在日本的兩棲爬蟲類

這裡將為各位介紹棲息在日本的兩棲爬蟲類之中，
特別大眾化或經常在寵物店看到的品種

文／冨水 明、攝影／海老沼 剛

草龜

學名：*Mauremys reevesii*
甲長：35cm（平均20cm）　CITES：附錄Ⅲ

特徵：此種分布在東亞。人們容易以為牠們是相對於石龜而被稱為草龜，但其實是因為他們害怕時會發出刺激性的臭味，所以才稱為草龜※。會發出臭味的龜類不限於此種。又稱金線龜，幼體會被當作錢龜來販售（本來錢龜是指石龜的幼體。現在，錢龜可以說全都是草龜）。另外，此種與石龜的雜交個體俗稱烏龜。飼養起來很容易，但幼體的皮膚脆弱，所以要特別注意水質的惡化和營養不足。

※譯註：日文中「臭」與「草」同音。

容易被忽略的頭部花紋非常美麗

黃喉擬水龜

學名：*Mauremys mutica*
甲長：20cm（平均18cm）　CITES：附錄Ⅱ

特徵：此種分布在東亞（在日本則是八重山群島和京都）。進口的個體常會附註「大陸產」、「越南產」之類的地區名稱。實際上，加上與其他品種之間的混種，類型非常的豐富。是膽子很大的龜類，白天和夜晚都會活動，雖然水生性強，但也會常常上岸。飼養起來非常的容易，從體型不會太大這點來說，也是可以推薦給新手的品種。以人工飼料為主食也沒有問題。在日本國內繁殖的例子也很多。屬於京都府認定的天然紀念物。

日本石龜

學名：*Mauremys japonica*
全長：20cm（平均15cm）　CITES：附錄Ⅱ

特徵：雖說是分布在日本全國，但地點卻很分散，在某些地區完全看不到蹤跡。在日本產龜類中比較偏好有水流的乾淨場所，隨著這樣的環境減少，此種的數量也跟著減少。人工飼養下很容易罹患皮膚病，對水質的惡化有敏感的一面，所以飼主要記得勤換水，並好好的讓牠們做日光浴。近年來，錢龜指的都是草龜的幼體，但本來是指此種。

（右上）常常在寵物店見到的是這種嬰兒尺寸
（右下）頭部是一片橘色的漂亮個體

中華鱉

學名：*Pelodiscus sinensis*
甲長：30cm（平均25cm）　CITES：附錄Ⅲ

特徵：在日本所謂的鱉就是指此種。實際上會根據產地的不同而有差異，但卻不常受到區別。幾乎是完全水生，不過牠們年輕時會特別頻繁的上岸做日光浴，所以要設置陸地。如果可以鋪上能鑽到底部的一層薄沙，會比較安心。若是飼養在不高不低的水位中，體型很容易就扭曲，所以盡量養在深一點的水中比較好。可以人工飼料為食，發育期特別要大量的餵食，防止牠們消瘦。已經歸化到亞洲廣域、夏威夷等地。

多疣壁虎

學名：*Gekko japonicas*
全長：14cm（平均10cm）
CITES：

特徵：和蟾蜍齊名的「都市中的鄰居」。在環境比較接近大自然的地區反而很少見，主要活動的範圍是城市中的路燈周圍等處。因為可以在牆面上活動，所以能夠養在比較狹小的飼養箱內，可以說是在日本產爬蟲類中最容易飼養的品種。雄性之間可能會彼此爭鬥，所以飼養的數量以不成對的3隻為佳。如果將樹皮或沉木立起來掛著，牠們就會貼在其背面產卵。

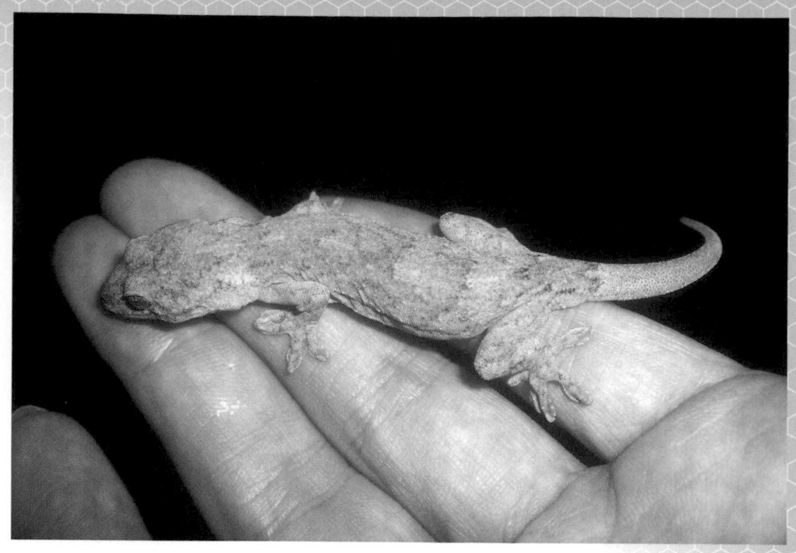

已經成熟，下顎轉紅的雄性個體

日本石龍子

學名：*Plestiodon japonicas*
全長：25cm（平均15cm）　CITES：

特徵：幼體和雄性的尾部是金屬藍色，雌性則是褐色的身體側面有深褐色的樸素模樣。雌雄的體型有差別，雌性的大型個體相當有魄力。在日本產蜥蜴中屬於食性很多元的品種，人工飼養下也有些個體會進食肉類或人工飼料。雄性的地盤意識很強烈，所以飼養複數個體時要注意。另外，如果對牠們太粗魯就很容易使尾巴斷裂，請注意。此外，牠們也很容易缺乏鈣質。

日本草蜥

學名：*Takydromus tachydromoides*
全長：17cm（平均15cm）
CITES：

特徵：英文名稱直翻叫做長尾蜥，尾巴就如其名，非常的長。牠們會利用自己的尾巴保持平衡，很擅長攀爬葉子和樹枝等立體移動。人工飼養下容易因為紫外線和鈣質不足而罹患佝僂病，但本來是強壯且容易飼養的品種。可能是因為地盤意識沒有很強烈，所以同樣的地點會棲息著複數個體，可以在同一處捕獲好幾隻，所以很適合給捕食蜥蜴的蛇類當作活餌。

日本錦蛇

學名：*Elaphe climacophora*
全長：180cm（平均150cm）
CITES：

特徵：不只是日本國內，在國外也是擁有很多粉絲的人氣品種。英文名稱叫做國後鼠蛇（不知為何，北海道國後島的個體很有名）。大多數是以綠色為基調，但色彩變化的幅度大，從茶色到藍色都有。另外，西日本也有像日本四線錦蛇一樣有直線花紋的個體群。在日本產的蛇類中是最容易相處的，白化和輕白化、各地區的個體群繁殖都很興盛。因為牠們的幼體和有毒的蝮蛇非常相似，所以在野外發現的時候，要仔細檢查後再捕捉。

平行線花紋的日本國內CB。花樣很淡，是輕白化的珍貴個體

一般的個體是橫斑型，有些地區（關西較多）的個體會像照片中一樣是縱向的平行線花紋

日本國內的CB。嬰兒時期沒有直線狀條紋，而有紅褐色的斑點零星散布

日本四線錦蛇

學名：*Elaphe quadrivirgata*
全長：160cm（平均150cm）　CITES：

特徵：如果說日本錦蛇是玉米蛇類型，那麼此種就是Racer型的蛇類，活動力強且速度快。此外，牠們的食性也很多元，和主要捕食鳥類、哺乳類的日本錦蛇相比，此種也喜歡吃其他的爬蟲類或兩棲類。雖然兩者常被放在一起討論，但其實差異甚大，將此種養在狹小的地方容易因為壓力而拒食。在室外也有些個體很難和日本錦蛇作出區別，但大多數情況下能夠從此種的紅色眼睛分辨出來。

自然環境中的美麗白化個體

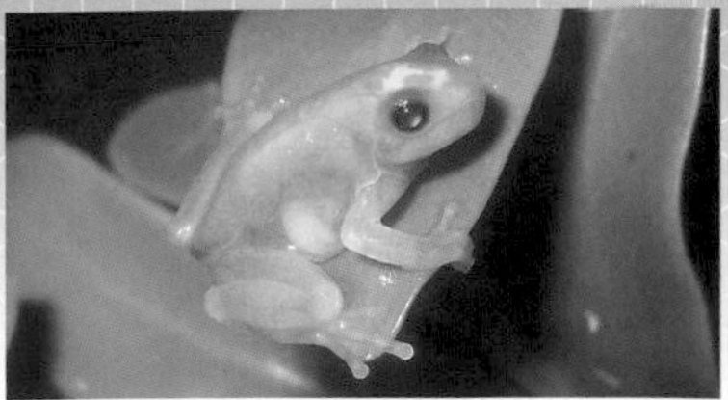

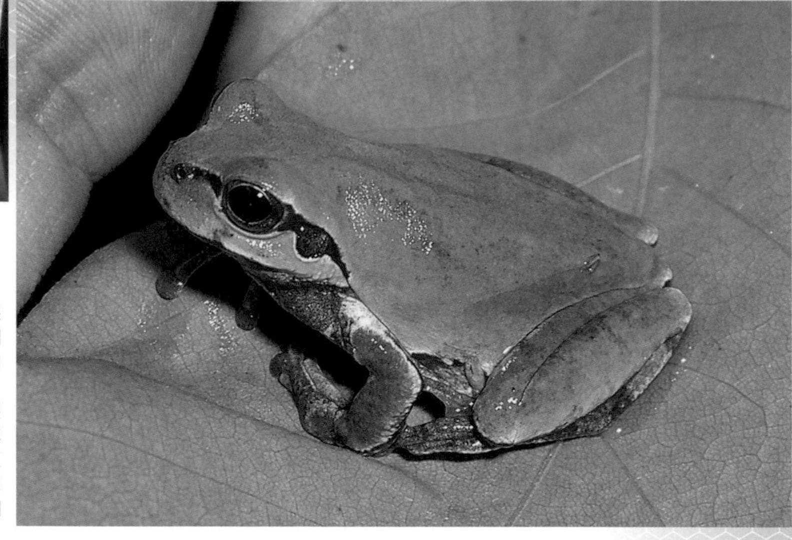

日本雨蛙

學名：*Hyla japonica*
全長：4cm（平均3cm） CITES：

特徵：小型的樹棲性品種。只要能夠確保食物的來源，在日本產蛙類中就算容易飼養的品種。雖然人們有「蛙類＝水邊」的印象，但此種可以忍受相當乾燥的環境，在人工飼養下也很少進入水中。飼養時要放進觀賞植物，並定時噴水以維持空氣濕度。牠們和其他的蛙類一樣有將會動的東西一律當成食物的傾向，如果讓體型不同的蛙類和牠們同籠就可能會互相捕食，飼主須注意。

體色會根據地區和個體的不同而改變。照片中是非常偏紅的個體

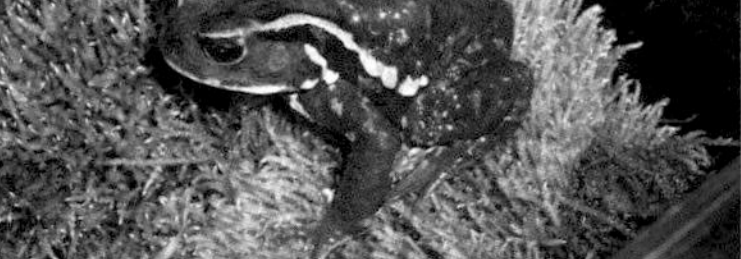

日本蟾蜍

學名：*Bufo japonicas*
全長：18cm（平均13cm） CITES：

特徵：因為此種除了繁殖期以外幾乎不會下水，所以在自然環境少的都會區也可以看到牠們。大型的個體全部都是雌性，雄性的體型較小且纖瘦。而且雄性會以和外型不相符的可愛聲音鳴叫。雖然牠們的外表是青菜蘿蔔各有所好，但卻是非常容易飼養的品種，在人工飼養下也會進食角蛙用的人工飼料等食物。飼養時要鋪設腐葉土或椰殼纖維，並放置泡澡用的保鮮盒，不要讓環境過於濕漉漉。

美麗的萊姆綠色很受歡迎

施氏樹蛙

學名：*Rhacophorus schlegelii*
全長：5cm（平均4cm） CITES：

特徵：在日本產樹棲性品種中屬於大型。第一次在自然環境中看到牠們的時候，筆者甚至以為是外國產的品種被棄養或是脫逃，非常的特殊。背部幾乎沒有花紋，體型略偏細長。擁有跳躍能力，在適應環境前有時候會亂跳導致鼻頭受傷，所以要優先考慮讓牠們安定下來。可以放進葉片堅固的觀賞植物，製造一些可以躲藏的地點。

花紋會根據產地而不同。照片中是有著漂亮紅點的個體

森樹蛙

學名：*Rhacophorus arboreus*
全長：8cm（平均5cm）　CITES：

特徵：屬於樹棲性大型品種。有些地區會將此種認定為天然紀念物，所以捕捉前要事先調查。外表有地區性差異，從幾乎沒有花紋的施氏樹蛙型，到帶著紅褐色複雜花紋的個體都有。有著略偏短的圓潤體型。會在突出池塘的枝頭上產下用泡沫包住的卵的習性很有名。成體的體型能夠輕鬆吃下蟋蟀的成蟲，所以很容易飼養。

紅色的色調和花紋會根據產地和個體而有所不同

紅腹蠑螈

學名：*Cynops pyrrhogaster*
全長：13cm（平均10cm）　CITES：

特徵：在關東地區是最大眾化的有尾目。通常幾乎不會上岸，不知道是不是因為皮膚上有跟河豚一樣的毒性所以很有自信（？），白天都可以看到牠們在水田的水渠等處明目張膽的活動。在大多都很怕高溫的兩棲類中，此種有著相當的抵抗力。此種很容易進食六角恐龍用的人工飼料，飼養起來非常簡單。腹部的顏色和花紋會根據分布區域而不同，收集起來也很有樂趣。

東京小鯢

學名：*Hynobius tokyoensis*
全長：13cm（平均10cm）
CITES：

特徵：雖然日本是山椒魚大國，但其中許多品種都是棲息在高山或溪流，在飼養的時候大部分都需要用到專用的冷卻裝置或冰箱。而此種在其中是棲息在比較低的區域，所以只要不暴露在極端的高溫下就有可能飼養。飼主要鋪上擰緊的水苔，放置保鮮盒作為水池，製造可以讓牠們來往的環境。牠們能學會從鑷子上取食，所以也有可能進食冷凍蟋蟀。

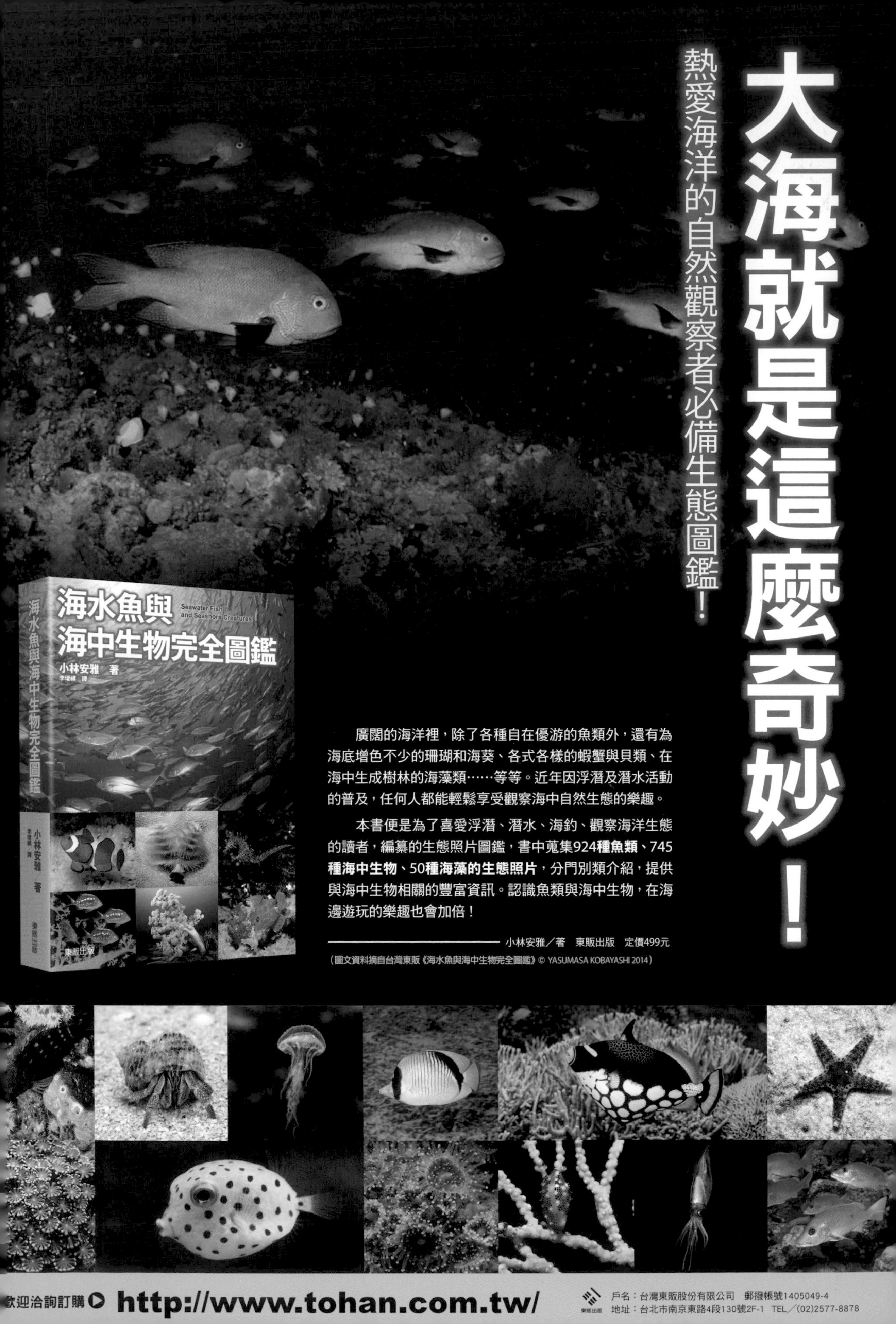
大海就是這麼奇妙！
熱愛海洋的自然觀察者必備生態圖鑑！
海水魚與海中生物完全圖鑑
Seawater Fish and Seashore Creatures
小林安雅 著
李瑷祺 譯
東販出版
廣闊的海洋裡，除了各種自在優游的魚類外，還有為海底增色不少的珊瑚和海葵、各式各樣的蝦蟹與貝類、在海中生成樹林的海藻類……等等。近年因浮潛及潛水活動的普及，任何人都能輕鬆享受觀察海中自然生態的樂趣。
本書便是為了喜愛浮潛、潛水、海釣、觀察海洋生態的讀者，編纂的生態照片圖鑑，書中蒐集924種魚類、745種海中生物、50種海藻的生態照片，分門別類介紹，提供與海中生物相關的豐富資訊。認識魚類與海中生物，在海邊遊玩的樂趣也會加倍！
小林安雅／著　東販出版　定價499元
（圖文資料摘自台灣東販《海水魚與海中生物完全圖鑑》© YASUMASA KOBAYASHI 2014）
歡迎洽詢訂購 http://www.tohan.com.tw/
東販出版
戶名：台灣東販股份有限公司　郵撥帳號1405049-4
地址：台北市南京東路4段130號2F-1　TEL／(02)2577-8878

飼養日本產兩棲爬蟲類的心態與重點

在日本，也棲息著各式各樣的兩棲爬蟲類。其中有幾個種類，一整年都可以在寵物店看到牠們的蹤影。牠們的飼養方式與外國產的品種並沒有很大的差異。因此這裡對飼養方式的敘述將減少至重點整理的程度，並談及飼養時飼主須有的心理準備。

■飼養日本產品種

筆者相信，願意拿起這本書閱讀的人絕對不會將自己飼養的生物放生或是遺棄。那麼，如果是捕獲而來的國產品種又會如何呢？

如果是外國產的品種，「棄養」會造成問題是很好理解的（也會觸犯動物保護法）。但是，應該有不少人會覺得他們只是將國產品種「『放回』本來的棲息地而已」。這麼做是不對的嗎？

如果各位是只有飼養這個單一品種，而且也有好好的將牠們放回本來生活的地方，那就姑且不會有太大的問題。可是如果各位的家中有外國產的品種，而且飼養時是放在相鄰的飼養箱內，或者共用同一支鑷子的話，就絕對不可以放生。

就算不提過去對蛙類造成問題的壺菌病的例子，只要是與其他地區的生物接觸過（不論是直接還是間接）的個體，都不能否定牠們可能帶有我們還不了解的病原體或細菌。

病原體最棘手的就是，在原本帶有的品種身上大多不會發病的這一點。牠們在本來的棲地已經具有抵抗力或免疫力，因此該品種就算帶著病菌也不會死亡。但如果是其他區域的品種受到感染，就有可能出現激烈的症狀而致死。這不只侷限於國產與外國產品種之間，外國產的同一品種也有可能因為地理上的隔絕而在不同的個體群之間發生一樣的情況。

簡單來說，各位飼養了一段時間的動物如果體內帶有某種病菌，將牠們野放就很有可能會把致命的病毒散播到棲息在該地的野生動物身上。所以本來經過人工飼養的個體就應該避免再次放生到野外。

另外，就算是沒有與其他品種接觸過的個體，也絕對不可以放生到本來的棲地以外的地方。這項嗜好的其中一部分樂趣就是欣賞「地區性差異」和「地域個體群」。就算是在小小的日本，同種類只要分布在不同的區域，色彩和花紋、體型也會多少出現變化。這種差異就是「地區性差異」，各個差異會有地理上的分別，聚集了一定數量的個體就叫做「地域個體群」，要欣賞的就是其中的差異。

這種差異更加顯著的話，就會從地域個體群轉變成亞種，但也有像蠑螈一樣雖然外觀沒有什麼變化，但繁殖行為會有地區性差異的例子。如果將其他區域的品種引進這樣的「地域個體群」之中的話會如何呢？就會演變成某種基因汙染。兩棲爬蟲類本來就比較缺乏遷徙能力，常常會在該地區一起進化成獨特的生態。所以如果要野放，前提是一定要放回「本來的棲地」。

不論如何，還是不要存有「反正是國產品種，如果養不下去就再放生就好了」之類的心態比較好。如果有什麼苦衷而不得不脫手的時候，建議可以跟附近的專賣店商量看看。

■帶回時的注意事項

如果將捕獲的個體重新野放會引發生物危害，那麼在此之前，也要考慮捕捉來的個體將病菌帶進家中的可能性。本來不管是外國產還是國產的品種，「引進新個體的時候要設定檢疫期間」都是非常重要的。

就算不放在同一個飼養箱，只要有共用底材或鑷子等物品，病菌就有很高的機率會蔓延開來。蛇和蜥蜴是蝨子，龜類就可能帶進水蛭等體外寄生蟲，也有可能透過糞便將體內寄生蟲傳染給其他個體。

首先，要將新個體單獨飼養在別處至少3個月。就算國產品種沒有問題，如果將致命的病菌帶進外國產的品種之中，就會將本來飼養的所有個體全部殺死。特別是由野外採集個體生下、在溫室成長的

CB，也就是人工繁殖的個體被傳染的話，導致死亡的案例非常多。

■龜類

大部分日本產的龜類成長後甲長會超越20cm。舉例來說，全長160cm的日本錦蛇使用長寬50cm的飼養箱就綽綽有餘，但如果將甲長20cm的龜類養在同樣大小的飼養箱內，就會立刻令人感到狹窄。

龜類本來就是體型巨大的生物。而且除了鱉以外，飼養時絕對需要可以游泳的水池和可以休息的陸地兩種空間。而牠們又是容易髒的生物，如果飼主用輕鬆的心態開始飼養，最後一定會感到厭惡。

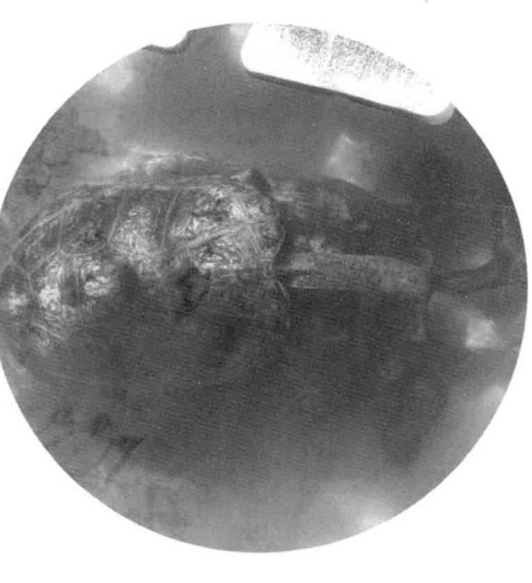

此為飼養在室外塑膠盆內的石龜的交配畫面。平常雌雄是被隔離的，如果在早春從冬眠醒來時將牠們放在一起，雙方就會開始交配

龜類給人一種強烈的「強壯又長壽」的印象，但這單純只是因為牠們「很難死」，想要認真飼養的話，牠們在兩棲爬蟲類中是最繁瑣的。

設置大型水槽並裝置濾水系統也可以，但還是建議可以使用大型的塑膠衣箱或塑膠盆飼養。另外，牠們的立體移動能力意外的強，如果要飼養在庭院或陽台，請一定要加上金屬網蓋，以防止脫逃。

■蛇類

對於捕捉來的蛇類，首先要做的是「製造可以讓牠們感到安心的環境」。因為牠們是非常敏感的生物，所以很少有個體在剛被捕獲的當天就願意進食冷凍鼠。即使是嬰兒尺寸的個體，一個星期不進食也沒有問題，所以要先裝好適當的飼養箱，並放進遮蔽物讓牠們安心。

捕捉時受到粗魯對待的成體特別容易有不願進食的情況。這種時候，大多需要餵食活體的老鼠或小雞、鵪鶉，有些品種也會需要餵食青蛙或蜥蜴等活餌。是否能夠取得這些食物，也應該在飼養前就先考慮。

照順序來說，一開始要使用藥物驅除蝨子，之後要設定讓個體穩定情況的時期，然後再餵食。如果飼主已經習慣照顧外國產的CB熱門品種，面對捕捉而來的野生個體就會覺得很棘手。所以建議各位可以從適應能力強的嬰兒幼體開始。另外，大多數秋天捕獲的個體可以直接進入冬眠，等春天再開始餵食會比較順利。冬眠方式可與北美產的游蛇相同。

順帶一提，蝮蛇和黃綠龜殼花不用說，比較常見的虎斑頸槽蛇等毒蛇品種也被認定為特定動物，所以飼養時需要獲得許可。

■蜥蜴

雖然同為有鱗目，但蜥蜴和蛇比起來，適應力是壓倒性的強。有些採集來的野生個體甚至只要過個幾天，看到飼主的臉就會主動靠近。所以只要備齊食物和器具，牠們在國產的兩棲爬蟲類中是非常容易飼養的。

飼養守宮的方式可以和外國產的樹棲性或牆面型的品種一樣，但如果是日本草蜥和日本石龍子，不準備好一定程度的設備就會失敗。如果飼主不願意為了抓來的蜥蜴花上好幾萬元，在當下就應該打消飼養的念頭。

日本草蜥和日本石龍子都是喜歡做日光浴的品種，日光浴對牠們來說有兩種意義。也就是「體溫的上升（熱源）」和「紫外線的吸收（照明）」。飼主要在飼養箱內的一個定點設置保溫燈讓牠們可以取暖，並使用含紫外線的照明設備。飼養箱內的溫差和紫外線的供給是必須的，要求反而還有比外國產品種更嚴格的傾向。

牠們的食物是市售的蟋蟀等昆蟲，餵食時要塗上鈣質補充劑。如果不同時透過這種方式補充鈣質和照射紫外線，牠們就沒辦法有效率的吸收鈣質。鈣質不足會造成佝僂病，這種病會使四肢曲折萎縮，最後導致死亡。

另外，雖然在自然環境中很少看到，但牠們其實很常喝水，所以要隨時備有水容器。

■蛙類

只要帶回自家的途中有注意摩擦和悶濕、高溫的問題（這也可以套用在所有兩棲類身上），放進飼養箱幾天讓個體穩定下來之後，用鑷子將蟋蟀夾給牠們的話，幾乎所有的品種和個體都會直接進食。

牠們基本上不會對靜止的物體有反應。反過來說，只要是會動

只要好好飼養，國產品種也可以繁殖。照片中是剛孵化的小嬰兒石龜

的東西牠們就會當作是食物。重要的不是「怎麼養」，而是「用怎麼樣的環境來養」。並不是所有的青蛙都適合放養在水中游泳的方式。牠們會根據品種不同而有完全不一樣的棲息環境，所以創造出適合該品種的生存環境是很重要的。

雖然應該會有許多人想要從蝌蚪開始養起，但大多數情況下，都會因為剛從蝌蚪變化為青蛙的這段時間該餵食什麼而大傷腦筋。如果是外國產的中、大型品種，就算才剛上陸也有一定的大小，所以不用煩惱食物的問題，但大部分日本產品種的剛上陸蛙類體型都很小。而且體型小的蛙類如果進食量不足，很快就會餓死。所以有必要買來芝麻大小的蟋蟀，每天餵食，一口氣將牠們養大。只要成長到一定的大小，就算斷食幾天也沒什麼問題。先從能吃下容易取得的蟋蟀尺寸的個體開始飼養會比較保險。

蛙類、兩棲類給人一種「生存在濕漉漉環境」的印象。當然，牠們大多都棲息在水邊，即便是幾乎不下水的蟾蜍，也會鑽到潮濕的落葉下面生活。牠們是離不開水的生物，但其實大部分都對「悶濕」很脆弱。所以飼養箱要使用通風良好但不會過度乾燥的物品。

順帶一提，牠們並不會用嘴巴喝水。水分是經由皮膚吸收。因此不管是樹棲性品種還是地棲性品種，都要放進可以沐浴的水容器，讓牠們在過度乾燥的時候可以自己躲進水池中。此外，定時噴水也很重要。

蛙類進入冬眠的話常常會直接乾燥死亡，所以冬天飼養時也建議要保溫。相反的，牠們對高溫很沒有抵抗力，所以夏天要開啟空調，或是將牠們放在通風良好的涼爽場所。

■蠑螈

幾乎能以和魚類一樣的感覺飼養。飼主還是可以用沉木為牠們製造陸地，但如果水中有水草等物可供休息，也有很多個體就不會上岸。

與同樣待在水中的龜類最大的差別是，牠們會經由皮膚來吸收水分。對龜類來說，如果水髒了還可以選擇「不喝」（因此就算牠們待在水中，還是有可能出現脫水症狀）。可是對兩棲類來說，就算嘴巴閉著也會吸收到體內。也就是說，牠們對水質的惡化更為敏感。飼主有必要頻繁的換水，這時候使用的水最好可以加入觀賞魚用的水質穩定劑。水溫當然也要經過調整。覺得麻煩的話也可以用寶特瓶或水桶先裝水，放置在飼養蠑螈的地點，藉此統一水的溫度。只要放置了數天，也不需要另外再添加水質穩定劑。

所有的兩棲類，特別是蠑螈，皮膚上都有和河豚同樣的毒素。觸摸兩棲類後一定要洗手是理所當然的，而飼養複數個體的時候，如果其中有一隻死亡就要馬上將屍體取出來。因為這個屍體的毒性可能會讓周圍的個體也死亡。

■山椒魚

日本產兩棲爬蟲類之中，飼養難度最高的就屬山椒魚類了。老實說，除非是「非山椒魚不可」的人，否則不建議飼養。牠們大部分棲息在高山或溪流，養在一般家庭的話，夏天沒有冷氣是無法撐過去的。夏天的時候甚至要將牠們放在保鮮盒並放進冰箱裡比較好。

大部分的幼體都跟六角恐龍一樣有毛茸茸的外鰓，且生活在水中。也有些品種會隨著成長而進入陸地，但根據品種的不同，對水的依賴程度也不一樣。雖然也可以說性質特別且難度高就是飼養牠們最有趣的地方，但將牠們飼養在沒有空調的環境，可以說是一種虐待。

關於「CITES」

讓我們來談談關於CITES，也就是所謂華盛頓公約的架構吧。另外，本書的圖鑑所記載的CITES分類是到2014年為止的資料。

編按：台灣雖非華盛頓公約會員國，但仍配合遵循執行公約規範。

■什麼是CITES

CITES是為了「對瀕臨絕種野生動植物的進出口作出規範」而訂定的國際條約。因為第一次的會議是在華盛頓舉辦，因此稱為「華盛頓公約」。

CITES有附錄Ⅰ、附錄Ⅱ、附錄Ⅲ的分類。基於分類就認為附錄Ⅰ的物種是最珍貴且稀少的說法會有些膚淺，最重要的是，基本上列入CITES的品種中，除了一部分以外大多都是「普通品種」。請各位想想看。如果是真的非常珍貴的品種，只要能夠動用這些資源，或許有少數人可以賺大錢，但還是無法產業化。具有商業價值的動植物是因為有一定的數量才有辦法產業化，並且在產業化之後數量才會急遽減少。所以大部分品種的減少是基於被捕捉來食用或剝取皮革等目的，像陸龜或變色龍這樣作為寵物飼養的目的比較少。

為了控制這些行為，就有了CITES的存在。因為本來就是針對「野生動植物」，所以聽起來好像跟CB個體無關，但並沒有方法可以區隔CB和WC，也因為CB原本一定是WC，所以人工繁殖的個體也適用CITES的分類。

CITES會議每2年召開一次，在會員國國內舉行。在會議中討論是否增加新物種、提升層級，或者是將某物種從CITES之中移除。沒錯，CITES是會變動的。

■附錄Ⅰ

給人的印象最為悖德的分類。這也難怪，因為這個分類的商業交易和進出口基本上都是不被允許的。兩棲爬蟲類中有幾種鱷魚是例外，只要通過正規的手續，也可以進口或販賣牠們。除此之外的品種原則上都是不可以的。對於附錄Ⅰ的品種，日本國內也有法律可以規範。那就是「野生動植物保育法」。即使是屬於附錄Ⅰ的品種，如果是日本成為CITES會員國之前進口的個體及其後代、保留的個體等等，只要有附上登記書，就可以展示或販售。

這張登記書是很重要的，沒有登記書就直接展示、販售的話會受到責罰。另外，作為曾是附錄Ⅱ的品種變成附錄Ⅰ的案例，近年來已知的品種有緬甸星龜、大頭龜、紋背鱉、緬甸小頭鱉等。因為牠們曾是附錄Ⅱ的品種，所以進口時一定會留下文件，只要能夠拿出證明就會核發登記書。

近年來並沒有本來不在CITES內的物種被列入附錄Ⅰ的例子，即使是這樣的情況，應該還是可以拿到登記證，但詳細情況不明。

■附錄Ⅱ

有許多品種都分類在這裡。簡單的說明一下流程：如果在國外有想要的附錄Ⅱ動物，首先要對該業者提出請求。這時候該業者會對該國負責的政府機關提出CITES的申請。只要政府有受理申請，該國就會準備一份出口許可證。然後，日本方面也準備好進口許可證的話，就可以光明正大的進口至國內了。

根據品種，有些就算屬於附錄Ⅱ，在國外也得不到許可，因而無法進口。因為CITES單純只規範「進出口」，關於該品種的保育則是交由各國決定。舉例來說，如果是原產於美國的品種，即使在美國受到保育而不允許出口，從歐洲卻可以不受約束的出口。

■附錄Ⅲ

有點尷尬的分類。在日本國內，除了所謂的「天然紀念物」以外，還有「地區認定的天然紀念物」。就跟這個一樣，附錄Ⅲ就是分布在多個國家，且在特定的國家屬於CITES品種，在其他國家卻不受影響的分類。

讓我們代入日本來思考看看吧。假如千葉縣的草龜是屬於附錄Ⅲ。這樣的情況下，將千葉縣的草龜輸送到東京的時候，要經過和附錄Ⅱ一樣的手續。而如果是神奈川縣的草龜，只要有神奈川縣核發的「原產地證明書」就沒有問題了。

兩棲爬蟲類與法律

有幾種法律與兩棲爬蟲類息息相關，這裡將介紹具代表性，而且和我們切身的法律。希望各位讀者記得，法律並不是永遠通用，而是會隨著時代與狀況而變化的。也就是說，法律有可能會在我們不知道的時候改變。因為有時候不知者也無法全身而退，所以生物的飼主就有必要隨時注意這些資訊的動向。詳細內容可以查詢各個網站，請隨時掌握最新的資訊吧。

編按：此跨頁內容為日本情況，台灣情況請參考文後網路資訊。

■動物保護法

動物保護法的主要對象在過去是以犬貓為主的哺乳類。可是到了最近幾年，「哺乳類、鳥類、爬蟲類」都已經明確的列入保護對象之中。雖然如此，基本上還是比較適合犬貓的法律，從爬蟲類飼主（這部分與兩棲類飼主無關）的角度來看，容易對許多地方留下疑問。筆者將從中舉出讀者需要記得的部分。

・執業登記的義務

想販售爬蟲類是有執業登記與接受講習的義務的。寵物店當然有義務，而像是育種家這類會固定繁殖個體來販售的情況下，就要進行執業登記。

※台灣相關法規——動物保護法 http://law.moj.gov.tw/LawClass/LawAll.aspx?PCode=M0060027

・特定動物

也就是所謂的危險動物。牠們並非被禁止飼養，只要提出申請並得到許可就可以飼養。所以其中也包含在寵物店裡可以看到的品種，也有人以私人名義飼養。

特定動物

- 網紋蟒
- 非洲岩蟒（包括納塔爾岩蟒）
- 亞洲岩蟒（包括緬甸岩蟒）
- 紫晶蟒
- 森蚺
- 紅尾蚺（全亞種）
- 毒蛇
- 科摩多巨蜥
- 薩氏巨蜥
- 毒蜥屬
- 大鱷龜
- 鱷魚的所有品種

※台灣相關法規——保育類或具危險性野生動物飼養繁殖管理辦法 http://law.moj.gov.tw/LawClass/LawAll.aspx?PCode=M0120005

■外來生物法

「為防止外來物種威脅本地物種而訂定規範」，就是構成此法的宗旨。內容主要分為「特定外來生物」、「未判定外來生物」、「須注意外來生物」的三個部分。被認定為特定外來生物（這時候屍體不算在內）的進口、買賣、讓渡、繁殖、移動等行為都是禁止的，而且罰則相當的重。

與我們相關，而且離我們特別近的品種有美洲牛蛙和擬鱷龜。如果在野外發現這些品種要怎麼辦？捕捉牠們並不會違法。只要當場放生就沒有問題。但如果一度將牠們帶回家，又放生到別處的話就不行了。就結果來說，我們在野外發現牠們也什麼都不能做。

被認定的品種數量非常的龐大且多樣，各位首先只要將兩棲爬蟲類記在腦海即可。另外，正在飼養的品種變成特定外來生物的情況也不是沒有。關於已經被飼養的品種，只要提出申請，並通過植入晶片等手續，就可以繼續飼養。不過，往後的繁殖和讓渡、買賣當然是會受到禁止的。

※台灣相關網站——外來入侵種動物資訊網 http://ias.forest.gov.tw/invast/Foreign2011_Main.aspx

■野生動植物保育法

就如同第１８９頁所說明的，飼養兩棲爬蟲類的時候，一定

兩棲爬蟲類的活動上會有許多熱情的愛好者齊聚一堂。為了讓所有人都可以永遠享受這項嗜好的樂趣，大家一起守法並在飼養上努力吧

會接觸到的就是CITES，也就是「華盛頓公約」。就像它的名稱一樣是種公約，因而對於進入國內的附錄Ⅱ、附錄Ⅲ的品種，並沒有法律可以加以規範。

另一方面，只有附錄Ⅰ會在「野生動植物保育法」的管轄內。應該會有人心想「反正不要養CITES附錄Ⅰ的品種就好了」，但是CITES每2年就會修改，所以各位飼養的生物也有可能突然被歸類為附錄Ⅰ。這種情況下，只要飼主一輩子不將飼養中的生物脫手，不買賣也不讓渡的話，就可以繼續飼養。但也有可能會因為某種理由而不得不放手。

為了應對這種情況，飼主有必要在變成附錄Ⅰ的時候提出申請，取得登記證。這在某種意義上，就像是該個體的身分證明、居留證一樣的東西，只要持有了，想要讓渡或買賣都沒有問題。如果在未持有登記證的情況下將個體給予他人，就觸犯了野生動植物保育法。順帶一提，附錄Ⅰ的品種就算是屍體（剝製標本）、一片指甲、龜甲的碎片等身體的一部分都會成為規範的對象，請注意。

※台灣相關法規——野生動物保育法
http://law.moj.gov.tw/LawClass/LawAll.aspx?PCode=M0120001

■文化資產保存法

此法的名稱很有威嚴，讓人很難想像它跟生物之間有什麼關係，但它其實是和屬於天然紀念物的生物有關的法律。某人到沖繩旅遊，看到可愛的烏龜就把牠帶回家，是隻龜殼闔起來的烏龜。這種情況下就適用這條法律。

除了任何一處的個體都一視同仁的「特別天然紀念物」，也有些品種只在該地區被認定為天然紀念物。舉例來說，在沖繩可以捕捉黃喉擬水龜，但如果是在京都捕捉可就要被逮捕了。

※編按：台灣文化資產保存法已於2005年修法時刪除動物項目，統一規範於野生動物保育法中。

京都府認定的天然紀念物
——黃喉擬水龜

九劃

十劃